· 工匠精神与设计文化研究论丛 ·

方海　胡飞　主编

二十世纪广东包装设计史

HISTORY OF GUANGDONG PACKAGING DESIGN IN THE 20TH CENTURY

王娟　著

中国建筑工业出版社

图书在版编目（CIP）数据

二十世纪广东包装设计史／王娟著．—北京：中国建筑工业出版社，2019.8

（工匠精神与设计文化研究论丛）

ISBN 978-7-112-23738-8

Ⅰ.①二… Ⅱ.①王… Ⅲ.①包装设计－历史－研究－广东－20世纪 Ⅳ.①TB482

中国版本图书馆CIP数据核字（2019）第092714号

本书将包装设计置于一个较完整的社会政治、经济、文化和生活方式中加以研究，较系统地阐述了从1840年至2000年，从晚清、民国、中华人民共和国成立、"文革"，到改革开放几个历史阶段广东包装设计的发展演变过程和特征。全书共分五个部分：晚清广东的包装设计、民国时期广东的包装设计、中华人民共和国成立至改革开放前广东的包装设计、改革开放以来广东的包装设计、改革开放以来广东包装设计的发展历程。书中重点对改革开放以来广东包装设计的发展脉络进行了较详尽的梳理和历史经验的总结，并对21世纪包装设计的发展趋势进行了展望。全书展示了广东包装设计由近代包装向现代包装转型，由手工业向机械化生产转变，从"工艺美术"向"现代设计"转化的过程，也是广东包装文化的现代性过程。二十世纪我国包装设计发展的状况可从本书中窥见一斑。通过探索二十世纪广东包装设计发展的本质、规律，力图为新世纪我国包装设计的更好发展提供可借鉴的参考，为丰富、完善我国近现代包装设计史的理论研究，推动包装设计学科建设，弘扬民族的包装设计起到促进作用。

本书可供高校或科研院所的中国包装设计史、地域包装文化研究者，以及从事包装设计的设计师或爱好者阅读参考。为广东包装企业、包装设计公司做强做大，实现从包装大省到包装强省的飞跃提供决策参考。

本书为教育部人文社会科学研究项目：20世纪广东包装设计艺术史研究（14YJC760058）成果及广州市人文社会科学重点研究基地成果之一。

责任编辑：吴 佳 吴 绫 李东禧
责任校对：李欣慰

工匠精神与设计文化研究论丛
二十世纪广东包装设计史
王 娟 著
*
中国建筑工业出版社出版、发行（北京海淀三里河路9号）
各地新华书店、建筑书店经销
北京锋尚制版有限公司制版
北京中科印刷有限公司印刷
*
开本：787×1092毫米 1/16 印张：15¼ 字数：344千字
2019年10月第一版 2019年10月第一次印刷
定价：88.00元
ISBN 978-7-112-23738-8
（33866）

总序.

设计与工匠精神断想

从19世纪走到20世纪再到今天，人类生活在一个设计的时代，科技创意与工匠精神是这个时代的重要特征。今天的中国，从中央领导的报告到成千上万学者的论文，“设计”与“工匠精神”从来没有像现在这样频繁地出现。毫无疑问，中国已进入一个几乎是全民强调和关注“设计”和“工匠精神”的时代；但同样不可否认的是，我们的“强调”和“重视”的东西恰好是我们所缺失的东西。

中华民族曾经为人类文明贡献过最精美的设计和工艺，中国的工匠精神曾启发和激励过世界上许多国家和民族。然而，我们却在近现代落伍了。曾几何时，我们的文化先驱们开始睁眼看世界，开始学习“东洋”和“西洋”，经过百年奋斗，我们在诸多方面赶上世界发展的步伐，但中国的诸多设计产品依然有很大的提升空间。我们貌似“什么都有”，实际上却“什么都不精”。中国人发明了纸，但现代造纸工艺却是由芬兰人独执牛耳；中国人发明了漆器，但现代漆器的最高成就却多由日本人取得；中国人发明了瓷器，但在现代瓷器的生产和设计方面，东方的日本和韩国，西方的英国与荷兰等都在相当大的程度上超越中国……为什么会这样？中国现代设计到底缺失了什么？答案是：我们缺失了“设计”、“科技创意”和“工匠精神”。而这些因素恰好是中华民族传统设计的精华元素，对这些中华民族古老的设计智慧，当我们视而不见的时候，西方人却在大量学习和吸收并最终转化为西方当代设计的成就。

诚然，中国自古就有伟大的历史传统，定期总结和整理国故是中华民族千万年来积淀的传统智慧。然而，我们长期关注的是以诗词字画为核心的“高端文化”，却无形中忽视了与我们衣食住行的日常生活息息相关的“设计文化”。亡羊补牢，为时未晚，现在，已经是我们真正认真地对待和研究中国传统设计文化的时候了。芬兰现代建筑大师布隆斯达特说过：“如果你想得到最现代的，你必须关注最古老的。”如果我们回顾自19世纪末以来引领全球设计潮流的现代运动与流派，会发现它们都是源自对自身文化传统的关注和深入系统的研究，并且在对自身文化本体的研究和审视中加入时代的声音和艺术创意化的呼唤。

当我们谈到包豪斯，我们往往完全关注其引领全球的创意思维，从而忽视其深厚的传统基因。包豪斯在现代设计和建筑运动中的集大成贡献源自其对以欧洲为代表的传统文化的系统研究，尤其是源自英国并迅速扩展至欧洲大陆和美国的工艺美术运动，源自比利时和法国并随后在西班牙以及北欧诸国开花结果的新艺术运动，以及源自法国和捷克并波及全球的新装饰运动。有了这些深厚的文化根基，欧洲又陆续迎来法国立体派、荷兰风格派、意大利未来派、俄罗斯构成派等新科学思维引导下的艺术思潮，它们最终在格罗皮乌斯领导下汇集包豪斯，发展出建筑中的国际式和设计中的现代主义风格。伟大的包豪斯虽然只存在了14年，但其影响力是划时代的，尤其是包豪斯一大批灵魂人物如格罗皮乌斯、密斯、布劳耶尔和莫霍利·纳吉在包豪斯被希特勒关闭后都去了美国，从而在美国建立现代建筑与设计的新型中心，并影响全世界。

当人们开始对国际式的冷漠和现代主义风格的单调产生疑惑和疲倦时，北欧学派适时出现，老萨里宁和阿尔托在现代主义设计运动中的卓越贡献使得此北欧学派的成长得天独厚，与此同时，北欧四国的独特文化背景和历史脉络都为北欧四国现代设计“和而不同”提供了天然根基。各自设计文化的精彩纷呈为北欧学派注入了无穷活力，这其中以丹麦和芬兰尤为突出。丹麦历史悠久，视野宽阔，从而主动将世界各地的设计传统都视为丹麦设计的灵感源泉，丹麦学者对世界各民族的设计文化传统都进行过系统而深入的研究，从而为丹麦现代设计打下坚实的基础；芬兰自然条件独特，因此更注重生活本质的研究，由此引申对大自然的极度关注和以人为本的关联性思考，历史遗存的设计模式往往成为现代设计的出发点，材料与科技创新成为设计创意的推手。

意大利学派在第二次世界大战之后设计舞台上的异常突起更离不开其厚实的历史土壤。第二次世界大战中意大利的损失相对较少，城市重建工作远不像德国、英国那样繁重，从而使一大批优秀建筑师、设计师致力于各种细致入微的边缘设计，与此同时，意大利极其丰富的历史文化遗产给设计师提供无穷养分的同时也促进设计师们突破历史局限，从战前的未来派到战后的“后现代主义”思潮，其根本创新理念都来自意大利丰厚的历史遗存和文化积淀。当北欧设计注重大自然和人的关系时，意大利设计更强调设计创意的天马行空，而意大利历史悠久的传统工匠水准又能够将那些“天马行空”的构思以最高的工艺手法呈现，由此形成意大利现代设计的先锋与惊艳兼具的独特品质。意大利设计与艺术创新的井喷式发展也导致大量引领全球设计思潮的杂志的繁荣，创意与传播模式的互动为意大利现代设计增添一层神秘缥缈却又引人入胜的气息。

第二次世界大战后迅速崛起的另一重要设计学派是日本设计，其设计精神的核心则是民艺学和感性工学。日本大和民族最大的特点就是善于学习别人的长处并很快吸收转化成为自身的文化基因，日本在明治维新之前的一千多年主要以中国为师，但随着中国的衰落，日本将学习的目光转向欧美，其“脱亚入欧”的策略获得极大成功。然而，当大多数日本设计的人士都向欧美一边倒时，以柳宗悦为代表的一批设计先哲却重新发现了日本民间设计的独特美感，并拓展至对全球民间设计物品的关注、欣赏和收集，最终建立了影响深远的日本民艺学，其收藏的一万七千余件藏品不仅是日本民艺的全纪录，而且是日本民艺学的基石，鼓舞着一代又一代日本青年设计师，先后担任馆长的柳宗理和深泽直人都是将日本设计带入世界舞台最重要的设计师。日本民艺学的核心是工匠精神和健康诚实的生活态度，它们又转而成为日本感性工学的灵魂，以此为基础构建日本设计的大厦。

中国设计在改革开放的四十年中已有了长足的进步。遗憾的是，我们在设计领域的进步大都集中在“量”的方面，缺乏“质”的突破，从“中国制造”到“中国智造”和“中国创造”，我们任重而道远。一方面，我们追随和参与全球化信息化背景下的设计话题，即时关注开放设计、交叉学科、设计思维与信息系统、环境关系设计、设计行动主义、绿色设计与复杂性原则、文本观念与视觉传达、设计与艺匠的关联性、设计与企业文化、移情设计、社会创新与设计、渐进性创新与激进性创意、人际关系图形系统、交互产品与空间关系、设计中的身份诉求、新媒体设计潮流等；另一方面，我们应该时常停下匆忙的脚步，回头看看祖先留给我们的文化宝库，珍爱本民族优秀的传统文化，用科学的方法研究它们，最终能够全方位领会传统的设计智慧，为现代设计引路。

在过去的一个世纪，我国设计界的诸多前辈筚路蓝缕，开创了对中国传统建筑、传统设计、传统工艺的调研和学科建设，许多高校已成为我国传统工艺的研究中心。近二十年来，全国更多的高校投身于中国传统文化和民间工艺的研究中来，处于粤港澳大湾区核心地区的广东工业大学就是其中之一。广东工业大学的设计学科始于20世纪80年代，艺术与设计学院是世界艺术、设计与媒体院校联盟（Cumulus）成员，拥有“工业设计与创意产品”二级学科博士点和设计学一级学科硕士点、工业设计工程和艺术硕士专业学位点，形成本、硕、博完整的设计与艺术人才培养体系。学院一直秉持工匠精神，以“艺术与设计融合科技与产业”的办学理念，打造“深度国际化、广泛跨学科、产学研协同”的办学特色，培养具有高度社会责任感、全球视野、创新精神的设计与艺术人才。近年来，学院承担国家社会科学基金，国家自然科学基金，国家艺术基金，教育部、文化和旅游部、住房和城乡建设部项目等省级以上科研与教研项目逾百项，获得国家级精品资源共享课、广东省教育教学成果奖、广东省哲学社会科学优秀成果奖等多项教学科研成果。未来学院将走出一条更有特色的设计文化发展道路。

为了更深入挖掘中华民族的传统设计智慧，探索现代设计文化的精彩要义，推动设计学科向更广阔的领域发展，我们推出本套“工匠精神与设计文化研究论丛”，共包含四部学术专著。第一部是王娟教授的《二十世纪广东包装设计史》，系统阐述了从晚清、民国、中华人民共和国成立、“文化大革命”时期到改革开放几个历史阶段广东包装设计的发展演变过程和特征，重点对改革开放以来广东包装设计的发展脉络进行了较详尽的梳理和历史经验的总结，为丰富、完善我国近现代包装设计的理论研究，弘扬民族的包装设计发挥积极作用。第二部是钟周副教授的《中国传统手工纸的设计应用》，研究了我国民间手工纸在书画、书籍、灯饰、工艺品、包装等领域的应用方法，以及其与我国经济、文化、社会共存的模式和提升艺术价值的策略。第三部是丁诗瑶博士的《内蒙古中南部地区汉代炊煮器研究》，从多学科综合的视角对内蒙古中南部地区汉代炊煮器的设计属性、历史脉络和本体设计等方面展开研究，对由物到史、由史到境、由境到物的造物思想进行提炼。第四部是黄蓓老师的《广州历史文化遗产通草画》，以广州外销通草画为出发点进行深入研究，继承通草纸工艺的艺术特色，梳理中西文化交流的脉络，为传统民间手工纸艺术资源的复用和其他民间资源的承传提供借鉴作用。这四本专著从不同的角度和程度阐释了工匠精神与设计文化在新时代的表现形式与发展方向，在学科研究的路上留下了探索的足印与创新的成果，在设计文化的研究空间中将产生积极的回响。

“不忘初心，方得始终”。当前我国正大步向工业强国迈进，培育和弘扬严谨认真、精益求精的工匠精神具有重要意义。在东西文化大融合、新旧文化大交替的历史背景中，我们要深谙文化和设计的关系，立匠心、育匠人，勇于探索创新，在中华民族伟大复兴之路中贡献自己的力量，创造无愧于时代与人民的成果。

方海　胡飞

序.

广东是我国包装工业第一大省，近年来广东的包装工业总产值一直保持占全国包装工业总产值15%左右。包装工业的产值依托什么呢？设计是重要因素之一。包装的生产，首先要通过设计程序，根据产品定位选择相应材料、设计能达到包装功能的结构等再投产。它是否适应市场，关乎企业生存，关乎出口贸易，关乎国民经济的发展。

20世纪70年代，广东省曾因出口贸易引发了一场包装设计民间交流活动。当时设在广州的《中国出口商品交易会》由于包装落后，导致出现“一等产品、二等包装、三等价格”的严重后果，为配合政府部门改进包装的需要，广东的设计界主动发起国内各省市的包装设计单位的交流活动，相继成立了两个各省市包装设计单位联合组成的群众组织，坚持每年一届轮流在各省市举办交流活动，由此揭开了源于广东的全国性的包装设计民间交流序幕。每届活动均进行包装展览观摩、评比颁奖、设计经验交流、论文发布、学术讲座等，设计人员踊跃参加，办得如火如荼。其间于1978年，为了取得政府部门支持，民间交流组织曾以交流会的名义写信给党中央和国务院，反映我国包装设计现状，要求尽早成立国家管理的包装专业机构。得到了党中央和国务院的支持，并属当时的国家经委和轻工业部来抓这项工作，大大鼓舞了全国包装设计从业人员，由此把民间交流活动推向高潮。

由政府重视到成立政府部门管理的包装行业组织不到两年时间。1980年12月，轻工部主持了“全国轻工包装装潢评比大会”，国家经委主持成立了“中国包装技术协会”，并任命国家经委副主任邱纯甫担任会长，广东省经委主任施芝华、广东省包装公司丁为美和广州市经委主任被选为理事，并委托广东丁为美负责筹建中国包协设计委员会工作。1981年3月，中国包协包装装潢设计委员会在北京成立，同年9月广东省包装技术协会、广东省包协设计专业委员会相继成立。20世纪80年代初～90年代初，由全国包装设计民间交流活动开始至政府成立全国性包装行业管理协会这段时间，业界称为“包装设计运动”。这场运动的结果产生了我国第一个行业管理组织：中国包装技术协会。这在当时是破天荒的大事。广东大部分从事设计的人员都经历过这场运动的洗礼，成为这场运动的重要推手。

自从国家经委主持成立了中国包装技术协会及设计委员会之后，各省、市经委纷纷组织成立省级包装技术协会及设计委员会。由此中国包装技术协会设计专业委员会（现称中国包装联合会设计专业委员会）在全国形成庞大的网络系统，至今成为我国成立最早、历史最长、规模最大、参加人员最广的设计行业管理组织 。从这个意义上讲，改革开放的设计史得从包装设计史写起。

20世纪70年代初发生的“包装设计运动”是20世纪广东包装设计发展史上重要的转折点。20世纪80年代初广东省包协设计委员会成立又是一个历史转折点。当时包装设计民间交流活动基本告一段落。由1981年开始，广东省包协设计专业委员会至今37年来不间断地、不遗余力地开展包装设计学术交流、设计评比、展览、出版、设计师培训等活动，对包装设计领域的探索一直走在全国的前端，为推动广东乃至全国的包装设计事业作出了重要的贡献。历年来，广东的包装设计在《广东之星》《中南星奖》《中国之星》设计大赛成绩均名列前茅，广东成为中国的包装工业大省，包装设计的支撑不可或缺。同样，广东改革开放包装设计发展这段历史是广东20世纪包装设计艺术史不可或缺的一部分。

本书《二十世纪广东包装设计史》截取了从1840年至2000年，从晚清、民国、中华人民共和国成立、“文革”到改革开放几个历史阶段，在当时的政治、经济、文化变迁的环境下，包装设计从功能性到结合装饰，从民族风格到中西合璧，从过分包装到绿色化、个性化设计的发展趋向等变化；以纵向的脉络梳理了各阶段历史变迁下广东包装设计的发展历程，以宏观的横向视野，综合分析了社会变化与包装设计之间的密切关系。本书数据资料充分、内容翔实、脉络清晰、史料性强。

本书的作者广东工业大学艺术与设计学院副院长王娟教授，是高校执教包装设计的骨干教师，有多年的包装设计实践经验，是多项包装设计科研项目的主持人，亦是广东省包装技术协会设计委员会资深委员，对广东包装设计发展历程有深刻的了解。《二十世纪广东包装设计史》的出版，填补了广东包装设计艺术史的空白，这不能不说是广东设计界的一件大好事！

设计艺术史是记录历史社会经济环境下设计艺术的发展，它的演变具有潮流性、阶段性，某一特定社会经济环境下，催生出一种新的设计思想、新的设计风格，从而开创了设计的新潮流，这就是所谓设计创新。如果不了解设计史，会使我们看不清设计的发展方向。如果没有设计史论的基础平台，没有承传设计的文化遗产，承传历史经验的积累，设计创新就成了空中楼阁。《二十世纪广东包装设计史》的出版为我们设计界开启了一个回顾、承传包装设计文化遗产的窗户，它将具有承前启后，推动我省包装设计创新的历史意义！

李向荣

中国包装联合会设计专业委员会副主任
广东省包装技术协会设计专业委员会主任
于广州

前言.

中国包装设计100多年来的发展和重大变革，是一次充满革新意义的现代转型，其标志是由传统工艺模式向现代工业模式的转换。包装设计由传统意义上单纯的保护、运输和促销功能，到承担着塑造品牌形象、创造利润、传播文化、保护环境、促进人类社会可持续发展的重任，对我国制造业、食品和轻工业的发展及其产品的国际间流通产生着非常重要的作用。包装工业的发展状况及其包装设计研发水平，是一个国家或者地区经济生活文明程度的重要标志。

广东三面临海，毗邻港澳，自西汉以来，以“海上丝绸之路”为代表的商贸活动日益繁荣，历经唐、宋、元、明、清，清代时由于政府实行海禁政策，广州还曾经是唯一对外“独口通商”的地方。基于优越的地理位置和优良的商业传统，广东对商品包装设计的需求盛行不衰。

1840年鸦片战争以后，西方列强以武力打开中国市场，在半殖民地半封建社会的大环境下，华洋杂处的社会环境逐步形成，商品交换贸易逐渐瓦解自给自足的自然经济，开启了中国近代包装设计的历史。随着晚清广东工商业和外贸的发展，一系列法令政策的颁布出台，印刷技术的改进和包装新技术、新材料的出现，推动了广东近代包装业的发展。

辛亥革命推翻了中国几千年的封建统治，不仅带来了社会制度的革新，同时也为资本主义和现代工业在中国的发展开辟了道路。民国时期，处于我国中西文化交流前沿的广东，以其相对稳定的商业环境及经济政策诞生了众多民族品牌。广东的民族工商企业家具有较先进的经营管理理念，为了促销商品开始重视商品的包装设计。在西方各种设计思潮和设计风格以及审美意识形态的不断冲击下，在岭南本土文化、上海文化以及爱国主义运动的影响下，广东传统的包装设计在西学东渐的社会化浪潮中得到洗礼，向现代设计迈进了一大步。

中华人民共和国成立后，20世纪五六十年代广东包装业主要以恢复生产为主，但由于计划经济模式的限制，商品以产定销，统一供销，商品不需要宣传推广，商品包装仅起到保护、装饰以及政治宣传的作用，包装设计发展比较缓慢。十年“文革”中，内销包装更是承载着浓厚的政治意识。在“文革”后期，由于我国外交路线和外贸工作的需要，广东的出口商品包装设计得到了较大的发展，注重包装材料和结构的改进，强调传统文化与现代风格的有机结合，成为当时的一股设计新力量。

改革开放以后开启了具有完整意义的中国现代包装设计。广东成为我国改革开放的前沿阵地，其包装设计业再次走在了我国前列，珠三角一带汇聚了全国各地从事包装设计的优秀设计师，同时吸引了国内众多的大品牌到广东设计制作包装，广东屡屡在国内外权威包装设计大赛中以绝对优势夺冠，为广东乃至全国的经济发展起到了很大的推动作用。20世纪八九十年代到21世纪初，广东包装无论是设计理念，还是设计形式、设计风格等都得到全方位发展，呈现个性化、民族化、绿色化、人性化等多元设计风格。设计手段和设计理念的百花齐放、百家争鸣成为改革开放以来广东包装设计的主要特征，体现了敢为人先、兼容并蓄、开放创新的岭南文化精神。

包装设计与社会生产、生活息息相关，且受制于社会经济和文化科技的发展水平。20世纪广东包装设计发展的历史进程，是一个由近代包装向现代包装转型，由手工业向机械化生产转变，从“工艺美术”向“现代设计”转化的过程，也是广东包装文化的现代性过程。在20世纪的历史长河中，包装设计嬗变却又代代传承，包装的概念、属性和功能处于不断流变的过程中，从普通包裹物到品牌的外化形象，再到文化信息载体，传承的是一个国家或地区的民族文化精神，如社会意识形态、审美倾向、道德伦理、民俗风尚等。包装文化既有物质性、时代性，更有民族性。广东包装文化采中原之精粹，纳四海之新风，扬岭南之风采，以其鲜明的特色在中华大文化之林独树一帜。本书通过对20世纪广东包装设计和包装文化的历史考察，从一个全新视角来审视传统与现代的碰撞、中与西的融合、民俗风尚的形成与传播、近现代科技的产生与发展，对我们解读和践行当代中国的先进文化，促进设计文化与粤港澳大湾区协同发展，提升文化软实力、实现中华民族伟大复兴的中国梦具有重要作用。

前车之鉴，后事之师！要实现从包装大省到包装强省、从包装大国到包装强国的飞跃，离不开对历史的反思。本书通过回顾20世纪广东包装设计的发展历程，尤其是对改革开放以来广东包装设计的发展脉络进行梳理和总结，以期达到“鉴古知今”的目的，从而寻求当代广东包装设计业发展的新的突破口，助力广东包装设计在21世纪迈上一个更高的台阶，再次走在全国前列。

目录

Contents

总序

序

前言

第1章

晚清广东的包装设计（1840～1911年）

1.1 晚清广东政治、经济与贸易发展概况 …… 002

1.2 锐意进取：务实前行的晚清广东包装业 …… 008

1.3 琳琅满目：各式各样的晚清广东包装设计 …… 013

第2章

民国时期广东的包装设计（1912～1949年）

2.1 民国时期广东政治、经济及包装业发展概况 …… 026

2.2 时代鲜明：多元文化影响下的广东包装设计 …… 037

2.3 华洋杂处：丰富多样的民国广东包装设计 …… 045

2.4 过渡转折：传统与现代接轨的广东包装设计 …… 050

第3章

中华人民共和国成立至改革开放前广东的包装设计（1949～1978年）

3.1 中华人民共和国成立至改革开放前广东政治、经济及包装业发展概况 … 072
3.2 时代新貌：20世纪五六十年代广东的包装设计 ………………… 079
3.3 波折发展："文革"时期广东的包装设计 ……………………… 087

第4章

改革开放以来广东的包装设计（1978～2000年）

4.1 改革开放以来广东政治、经济及包装业发展概况 ……………… 100
4.2 观念转变：现代设计观念与市场经济观念 ……………………… 106
4.3 东情西韵：西方设计风格影响下的广东包装设计 ……………… 118
4.4 师从外道：积极引进国外先进技术和设计理念 ………………… 127
4.5 百花齐放：多元设计思潮下的广东包装设计 …………………… 139

第5章

改革开放以来广东包装设计的发展历程

5.1 专业崛起：《中国出口商品交易会》引发包装设计的民间交流活动… 154
5.2 规模初现：改革开放中诞生的广东省包装技术协会设计委员会和
包装设计机构 ……………………………………………………… 156
5.3 探路先驱：广东包装设计的践行者 ……………………………… 158
5.4 佳作欣赏：21世纪广东优秀包装设计作品选 …………………… 173
5.5 21世纪包装设计的发展趋势 ……………………………………… 184

附录　改革开放以来广东包装设计大事纪………………………………… 193
参考文献……………………………………………………………………… 218
后记…………………………………………………………………………… 228

第 1 章

晚清广东的包装设计（1840～1911年）

本书所指的晚清是指1840年第一次鸦片战争爆发到1911年辛亥革命爆发的这一段历史时期。晚清是近代中国半殖民地半封建社会的形成时期，是中国近代史的开端，也是近代包装业伴随近代工商业和对外贸易的兴起而逐步发展的时期。20世纪广东包装设计艺术发展的历史进程，是一个由近代包装向现代包装转型，由手工业向机械化生产转变的过程，为了避免历史的割裂，本书从晚清开始记录20世纪广东包装设计艺术史。

1.1 晚清广东政治、经济与贸易发展概况

“中国与罗马等西方国家之贸易，要以广州为终点；盖自纪元三世纪以前，广州即已成为海上贸易之要冲矣[1]”。作为我国中西文化交流前沿阵地的广东，三面临海，毗邻港澳，素以商业发达闻名海内外，不仅是我国古代海上丝绸之路的发祥地，在历史上还曾经是我国唯一对外“独口通商”的贸易中心。1840年第一次鸦片战争使中国沦为半殖民地半封建社会。西方现代主义思潮伴随着西方列强的殖民侵略开始进入中国，国内的资产阶级改良派也主张改革，传统的审美观念与视觉接受方式相应地发生了转换与变革。这一时期我国的近代工业开始兴起。随着海外华侨回国置办工厂以及几次改良运动的促进，广东的近代工商业逐步发展，广东的各大企业、商家为了重新赢得国内市场和拓宽海外市场，开始重视对商品的包装和宣传。广东的近代包装业伴随着广东近代工商业和对外贸易的兴起而逐步发展起来。基于优越的地理位置和优良的商业传统，广东对商品包装设计的需求盛行不衰，商品包装从侧面记录了这个时代的政治、经济、文化等社会面貌。

1.1.1 殖民战争的催化作用

世界资本主义的发展历程对晚清的经济、政治和文化环境产生了一定的影响。18世纪60年代起英国开始了工业革命，到19世纪三四十年代，以农业文明为主的生产方式与生产关系被全新的以机械

[1] 冼庆彬. 广州——海上丝绸之路发祥地[M]. 香港：中国评论学术出版社，2007：42.

化为主的工业文明和社会变革所取代。西方资本主义国家随着工业的发展，工业产量急剧上升，“不断扩大产品销路的需要，驱使资产阶级奔走于全球各地”，努力寻找新的资源及产品生存空间。欧美列强为了扩大商品市场、争夺原料产地，加紧了征服殖民地的活动，古老封建的中国成为殖民主义者侵略扩张选择的最佳对象。

1840年，英国发动侵略中国的鸦片战争。1842年第一次鸦片战争以清政府的失败而告终，英国强迫中国签订了第一个不平等条约《南京条约》，中国社会开始沦为半殖民地半封建社会，到1901年，清政府战败后签订了《辛丑条约》，中国完全沦为半殖民地半封建社会。帝国主义的侵略和清政府的无能引发了严重的民族生存危机，中国开始爆发此起彼伏的革命斗争，至1911年辛亥革命取得胜利，成功地推翻了清政府的封建统治，也极大地改变了国内的经济形态。

“自今以后，大清皇帝恩准英国人民带同所属家眷，寄居大清沿海之广州、福州、厦门、宁波、上海五处港口，贸易通商无碍”[1]。南京条约中所述的广州、上海这些沿海城市随着口岸的开放而涌入洋商，广州也成为中国最早开放并且从未关闭过的贸易通商口岸，第二次鸦片战争中，汕头作为通商口岸而被迫开放。随着各个通商口岸的开放，西方列强开始逐步向广东市场进行资本输出和商品倾销，洋商也开始进入广东置办各类工厂。19世纪60年代，外资先后在广州、汕头设立了5家船厂，清光绪四年（1878），英商在汕头开办怡和糖厂，这是外商在广东建立的第一批近代企业[2]，外商引入的资本主义经济在破坏广东原本自给自足的自然经济同时，也刺激了城乡商品经济的发展。自此，洋货开始逐步占领广东市场，旧有的广东的手工业作坊开始衰落倒闭，而部分学习能力强、去过海外的富有华侨开始摸索、仿制洋货：1872年归侨商人陈启沅在南海置办的继昌隆缫丝厂是中国第一家民族资本主义工业；1879年，旅日华侨卫省轩在佛山创办巧明火柴厂；此后，各民族资本开始投资于采矿、造纸等各个行业……广东的近代民族资本工商业在封建势力和帝国主义势力的夹缝中顽强生长起来。

[1] 郑则民. 中国近代不平等条约选编和介绍[M]. 北京: 中国广播电视出版社，1993: 213.

[2] 广东省地方史志编纂委员会. 广东省志. 总述[M]. 广州: 广东人民出版社，2006: 56.

1.1.2 海外侨胞的大力支持

广州是千年商都，自古就有商人出海贸易，商贸活动成为广州的重要标志。在唐宋时期，由广州口岸出发的远洋航运船舶就已经能直达东南亚和西亚国家，有些广东人因航运和商务需要而定居海外，在东南亚、加拿大、美国等地方，有的从事开运河、采金矿等工作，有的则进入工厂工作。据谢清高《海录》一书记载，在乾隆年间（1736～1795），约有数十万广东商人到马来西亚进行商业活动[1]。至鸦片战争前夕，在东南亚各国的华人移民中，广东商人达50～60多万[2]。由于华侨生活在国外，较早的接触到当代资本主义先进的生产方式和工艺技术，资金充裕，消息灵通，他们开始在国内投资办厂，成为广东近代工业的开路先锋。1862年秘鲁华侨黎氏在广州创办万兴隆商行，这是华侨回国投资的鼻祖，这也开创了海外华商投资中国大陆的先河，自此各国的广东华侨纷纷回国创办民族企业。潮汕地区是广东乃至我国著名的侨乡，近代潮汕的工业几乎都是华侨投资和国人合资创办的。据估计，晚清华侨直接创办或参与投资的汕头工业占到汕头工业资本的60%，这直接反映了海外侨胞对广东本地工商业发展作出的巨大贡献。据1862～1949年广东华侨投资各历史时期投资数量变化统计表，在1862～1919年期间，广东华侨回国投资了约1300户[3]，这其中大多为华侨返乡创办，涉及工商、农业、矿业、交通等，而晚清民国政局的不稳定，轻工业投资少、周期快、利润高的特点颇为华侨所青睐，而创办的食品、纺织、火柴、造纸等行业大多开创了该行业在国内的先河。

除了华侨外，也有越来越多的广东人在鸦片战争后选择出国留学。在1872年，清政府首次派往美国的30名公费留学生中，广东人占大多数，达到24名，广州黄埔古港便占了6个[4]。

海外侨胞将国外的资本积累与先进人才带回中国，不仅促进了中国早期资本主义的萌芽，而且商贸活动的推动同时也带动了广东包装业的发展（表1-1）。

[1] 李杨. 广州：辛亥革命运动的策源地[M]. 广州：广东人民出版社，2011：256.

[2] 黄启臣、庞新平. 明清广东商人[M]. 广州：广东经济出版社，2006：342.

[3] 厦门大学南洋研究所历史组编. 近代华侨投资国内企业史资料汇编[M]. 厦门：厦门大学南洋研究所，1960：93.

[4] 徐润. 徐愚斋自叙年谱[M]. 台北：文海出版社，1978：卷17. 19-21.

晚清广东华侨返乡置办的主要实业目录[1]　表1-1

时间	1872年	1879年	1890年	1906年	1907年	1911年
人物	越南华侨陈启沅（南海人）	日本华侨卫省轩（肇庆人）	美国华侨黄秉常（台山人）	马来亚华侨何麟书（琼海人）	日本华侨高绳之（汕头人）	美国华侨冯如（恩平人）
厂址	南海简村	佛山	广州	海南	汕头	广州
厂名	继昌隆缫丝厂	巧明火柴厂	广州电灯公司	琼安公司	汕头自来水股份有限公司	广东飞行器公司
性质	中国第一家机器缫丝厂，中国第一家民族资本主义工业	中国第一家民族资本火柴厂	中国第一家民族资本电灯公司	中国第一家橡胶公司		中国第一家飞机制造厂

1.1.3　改良运动的促进作用

广东在中国近代史上有着重要的地位。在政治上，两次鸦片战争都在广东发生，西方国家用先进的武器打开了广东的大门，激起了广东人民反抗外国侵略的爱国精神。在经济上，广东亦是早期现代化先行一步的地区。这反映在当时广东作为通商口岸之一，珠江口周边地区也是国内与世界市场联系最密切的地区。因此，广东有一定的优势能够了解世界、学习西方新事物，从而成为中国近代化的先驱。

19世纪60年代，在经过两次鸦片战争的失败以及太平天国运动的冲击下，清政府的部分官僚开始认识到西方坚船利炮的威力，为了解除内忧外患，实现富国强兵，以维护清朝统治，洋务派打着“自强”“求富”的旗号，提倡学习西方文化及先进的技术，大力兴办军事工业和民用企业，创办新式学堂，派遣留学生等，开展民族自救运动——洋务运动。在洋务运动期间，广东官办企业主要有三局，织布局、广州机器局和广东钱局。其中织布局在张之洞调离后牵至湖北，广州机器局是清同治十二年（1873年）两广总督瑞麟倡办的军事工业，经过几十年发展也颇具规模。广东钱局由张之洞创办于清光绪十三年（1887年），主要使用机器铸造铜钱和银币[2]。洋务派兴办的企业尽管具有封建性、买办性的性质，但对当时广东各地兴办民族工商业起到了一定的促进作用。由于民族资本大多资金较少，因此大

[1]　作者根据《广东省志．一轻工业志》、《广东通史近代》、《广东省志．经济综述》等资料整理.

[2]　广东省地方史志编纂委员会．广东省志．经济综述[M]．广州：广东人民出版社，2006：78.

部分的民族资本置办轻工业的较多，到了19世纪80年代初，南海、顺德有机器丝厂十余家，至1899年，广州机器缫丝业约有200家土丝出洋，“想将来销场日旺，则缫丝机器亦可料逐渐加多”[1]。1879年，汕头创办了第一家豆饼厂，日产200块，这之后汕头又开办了几家豆饼厂，除了供应潮汕本地外，还远销台湾省[2]。在洋务运动的推动下，广东的民用工业得到了迅速发展，奠定了广东近代化工业的基础。

在民间，一些有识之士发出了“实业救国”的呼声，利用有利时机大力发展民族工商业，据不完全统计，1895～1913年珠江口周边地区兴建机器船舶修造厂10余家，水电厂4家，机器磨粉业6家，建筑材料砖瓦、水泥、玻璃厂4家，火柴厂5家，卷烟厂2家，缫丝厂50余家，机器织布厂10余家[3]，这些大部分为民办的轻工业。至民国元年（1912）时，广东已有工厂2400多家，其中以蒸汽或电力作为动力的有136家，居全国各省之首[4]。随着各类工厂的开办，广东本地工人也开始熟悉各种机器的操作，张之洞督粤期间，对广州工人制作机器的才能深为赞许：“粤工多习洋艺，习见机器，于造枪、造弹、造药、造雷皆知门径”[5]。在民间爱国运动和清政府的短暂支持下，广东的民族工商业得到较快发展。

然而，甲午战争的惨败宣告洋务运动的失败，这也加速了中国社会半殖民地化的进程。1898年6月11日至9月21日以康有为、梁启超为主的维新派人士通过光绪帝进行倡导学习西方，提倡科学文化，改革政治、教育制度，发展农、工、商业等的政治改良运动。其中，兴办新学、改革科举、提倡实业并设立农工商局，都对日后工商业和包装业的发展起到了推动作用。

1.1.4 对外贸易的推动发展

广东大陆海岸线3368.1千米，为全国之冠，有大小港口71个，沿海有面积大于500平方米的岛屿759个[6]，是中国通往东南亚、大洋洲和非洲等地区的最近出海口，这给广东的外贸提供了优越的地理条件。

[1] 广州市地方志编纂委员会办公室．近代广州口岸经济社会概况：粤海关报告汇集[M]．广州：暨南大学出版社，1995：384.

[2] 广东省地方史志编纂委员会．广东省志．经济综述[M]．广州：广东人民出版社，2006：89.

[3] 许檀．鸦片战争后珠江三角洲的商品经济与近代化[J]．清史研究，1994：73.

[4] 广东省地方史志编纂委员会．广东省志．总述[M]．广州：广东人民出版社，2006：94.

[5] 孙毓棠．中国近代工业史资料：1840-1895（第一辑下）[M]．北京：中华书局，1962：35.

[6] 广东省地方史志编纂委员会．广东省志．总述[M]．广州：广东人民出版社，2006：75.

鸦片战争的爆发，使得晚清广东对外贸易转入另一个重大变化的历史时期。战前的广东奉行的是独立自主的对外贸易，而到了战后，随着帝国主义强加的各类不平等条约，广东的对外贸易完全被帝国主义的洋行所控制和垄断，老的洋行规模不断壮大，实力不断增强，新的洋行也纷纷设立，这些洋行垄断了日用品、奢侈品、五金等各类物质的进出口贸易。广东省内亦有华侨开办商行，1862年秘鲁华侨黎某在广州创办万兴隆出口行，随后各类出口行也随之发展，但这些企业也受到了帝国主义、封建主义和官僚资本主义的压迫，能发展起来的少之甚少。

广东的对外贸易“实际上是与外商洋行的贸易，进口贸易也变成外商洋行的进货贸易；出口贸易实际上也是出售给外商洋行的贸易”[1]。第一次鸦片战争后五口通商口岸的开放使得广州失去独占海上贸易的优势，以前经由广州港出口的外省商品现在却在离当地最近的港口进出口，或转由上海这一全新的贸易中心进出口，广东外贸的进出口总值也持续下降，1864年全省出口值仅为1837年的27.66%，这一情况直到19世纪70年代才有所改观。这一时期西方的工业品的成本进一步下降，加之苏伊士运河的通航和钢制轮船的出现促进了海运的迅速发展，广东的进口量不断扩大。而因为受到鸦片战争的影响以及外国资本主义和商品经济的不断冲击，广东的自然经济逐渐解体，在珠江口周边地区的商品经济得到新的发展，为出口提供了新的商品货源；同时，在不断对外开放的环境下，价格低廉的农副产品和原材料受到洋商的青睐，也因此促进广东的出口总量的上升进出口的商品结构也发生了变化，洋货的输入除了原有的棉、毛织制品外，又增加了火油、钢材、水泥、纸张、机器、染料等，甚至还有洋针、洋钉、洋米、洋面粉等杂物，多以工业品为主。至1895年，洋货的进口货值甚至超过了出口货值[2]。这一时期的出口商品则依旧以农副产品为主，生丝、瓷器、茶叶为大宗，但所占比重日趋锐减，而桂皮、猪鬃毛，还有手工业品草席、炮竹等有了较大量的出口，这些土特产大都运销欧美和南洋各地，对外贸易发展的同时也推动了出口商品包装的发展。

[1]　李康华．中国对外贸易史简论[M]．北京：对外贸易出版社，1981：189.

[2]　程浩．广州港史：近代部分[M]．北京：海洋出版社，1986：286.

1.2 锐意进取：务实前行的晚清广东包装业

随着晚清广东工商业和外贸的发展，广东近代包装业开始兴起，一系列法令政策的颁布出台，印刷技术的改进发展和包装新技术和新材料的不断出现，推动了包装业向前发展。

1.2.1 法令政策的颁布出台

鸦片战争以来，随着国内对国外先进技术、制度了解的加深，面对西式洋货潮水般侵占国内市场的状况，一些先进人士开始意识到商业发展在救亡中的作用，宫廷之中也由一些改良派大臣呼吁发展改革。洋务派打出“自强”的口号并开始兴办各式军事工业，随着洋务运动的进行，为了解决这些军事工业原料、燃料、运输等方面的困难，洋务派又打出“求富”的旗号并兴办了一批民用工业，广东近代的造纸、印刷、玻璃制造等行业也是在这一时期建立起来的。

甲午战争后，以维新派为首的诸多大臣纷纷上奏请求学习西方建立专门的工商管理机构。1898年6月12日，光绪帝发布上谕，命各省整顿商务，“前经该（总理）衙门议请于各省设立商务局……即著各省督抚率员绅，认真讲求，妥速筹办”[1]。这也拉开了晚清工商行政管理的序幕。1903年9月，清廷谕令：“现在振兴商务，应行设立商部衙门，商部尚书著载振补授，伍廷芳著补授商部左侍郎，陈璧著补授商部右侍郎，所有应办一切事宜，著该部尚书等妥议具奏。”[2]

商部的开办也标志着晚清政府正式实行实业救国的政策，商部也出台了一系列的法律法规来保障工商业的发展。清政府为了工商业能够得到健康发展，立法保护外国洋货的商标以及国内知名商标不被国人所仿冒，在《商标注册暂拟章程》中规定“有害秩序风俗并欺瞒其人者；国家专用之印信字样及由国旗军旗勋章摹绘而成者；他人已注之商标又距呈请前二年以上，在中国公然使用之商标相同或相类似，而用于同种之商品者；无著名之名类可认者”[3]等情况不予注册；清政府为了能学习以及引进先进的技术，使得国内工商业能得到长足的发展，在《奏定商部章程》中规定，“各省各属土产及制造所出之资

[1] 中国史学会. 戊戌变法[M]. 上海：上海人民出版社，2000：20.

[2] 丁丽. 晚清经济新政与国内商品赛会研究[D]. 石家庄：河北师范大学，2010.

[3] 商标注册暂拟章程[J]. 东方杂志，1904：5.

若干类，又各关各埠出口土货若干类、进口洋货若干类，并各处有无设立工艺局院学堂及沿江沿海省份所设机器仿造丝、纱、布、煤油、火柴各厂……[1]”；为了鼓励、规范商人出国参与赛会，《出洋赛会章程》还对呈报具体手续、事务所设立、赴赛物品种类、包装、运输、货物免税等，作了更加具体的规定[2]。这些保护商标、发展实业、鼓励赛会、规范包装的法律法规都促进了工商业的发展，推动了广东近代包装业的发展。

1.2.2 包装材料的变化革新

18世纪以来，欧洲工业革命带动了工业的发展，也推动了近现代包装材料和包装技术的发展。进入19世纪，科技的发展日新月异，新技术、新材料不断出现，在欧美，马口铁等材料被广泛运用到商品包装中，传统的纸材、玻璃的生产也已实现工业化、批量化。新式包装材料的运用和传统包装材料的工业化带动了晚晴广东包装业的发展。

明清时期，广东的造纸技术借鉴了其他省份的造纸方法，在纸张制作过程中加入稻草、竹皮或树皮，根据纸张的用途发明出不同材质的纸。根据雍正《连平州志》卷八“物产”中记载，当时的连平产有一种油纸“坚韧于布，可裁为雨衣。北路见之，诧为美制”[3]，这种油纸保暖防水，可重复使用而不坏。

晚清，广东除了发展成熟的手工造纸坊外，也开始出现了机器造纸厂。宏远堂造纸厂是广东最早的机器造纸厂，该厂1882年由南海县水藤乡商人钟星溪在家乡创办，机器和技术均引自英国，到1889年已能日产纸62担，1905年该厂因贪污被粤督岑春煊追查后吞并，性质由原来的民办变为官商合办，名字也改为增源纸厂。辛亥革命后被港商李石泉经营，1915年名字改为锦远堂纸厂[4]。1914年，江门造纸厂成立，年产纸约为900吨[5]。鸦片战争后，广东的市场被进一步打开，国外的木浆造纸技术的成熟使得洋纸愈发质美价廉，广东的手工造纸业受到较大的冲击。据统计显示在1912年广东的手工造纸作坊有96家，到了1913年减少到77家，从业人员也由1657人下降到

[1] 上海商务印书馆编译所. 大清新法令[M]. 北京：商务印书馆，2011：77-78.

[2] 章开沅等. 苏州商会档案汇编[M]. 成都：巴蜀书社，2008：461.

[3] 黄世瑞. 明清时期广东造纸及手工编织技术的发展[J]. 岭南文史，1995：48.

[4] 黄启臣. 广东商帮[M]. 合肥：黄山书社，2007：199-200.

[5] 上海社会科学院经济研究所轻工业发展战略研究中心. 中国近代造纸工业史[M]. 上海：上海社会科学院出版社，1989：175-178.

1134人[1]。这些手工作坊生产的多为宣纸、祭拜所用的烧纸，近代工商业所用的纸板只有极少数劣质纸板，而机器造纸厂由于资金、销量、设备等问题，多集中于某一类销量较好的纸类产品，如江门造纸厂早期主要生产新闻纸、火柴纸等，工商业所需的纸板几乎没有。综上所述，在晚清的广东，用于近代工商业所需的包装用纸多来自海外进口，民间则多使用手工作坊生产的油纸、土纸作为简单的包装。

陶瓷是我国古代的伟大发明，早期广东民窑生产的陶瓷质地粗糙。到了明清时期，出口的兴盛使得官窑开始占用民窑烧制陶瓷，原先秘不外传的官窑技术和材料开始传入民间，加上广彩瓷的出口繁荣，广东的民窑在清朝中后期得以迅速发展。佛山、梅县、潮州均有瓷窑分布。而随着国外制瓷的技术成熟以及鸦片战争对于广东手工业的摧残，到了晚清广东的手工制瓷业明显衰落。

而对于金属、玻璃、皮革以及木材等包装材料，在鸦片战争前多是由当地的一些手工作坊制作。以佛山为例，韩国学者朴基水据《乾隆年间佛镇众行捐款筹办某公事残碑》等史料推断，当时佛山各类行会达224个[2]，这里面就包括可以制作铜盒、锡盒、银袋的打铜行、锡行、银器行；还有制作木箱的板箱行等。而这些传统的手工行业在鸦片战争后，均不同程度地受到洋货的冲击而逐渐衰落，新式的机器工业则在外国列强的压迫以及封建势力的束缚下艰难发展起来。

1.2.3 印刷技术的逐步发展

19世纪50年代，西方的印刷术随着工业革命的发展得到了改进，彩色印刷也逐渐得到推广，相应地推动了包装设计的发展。在随后的30年里，彩色印刷被西方的商人广泛地应用在其日用品包装上，尤其是酒包装、香烟、化妆品以及药品包装的设计上[3]。而在同一时期的中国，鸦片战争打开了国门，改变了广东印刷业的格局。一方面，洋人在广东各地出版刊物和宗教读物，西方印刷术随之进入广东，带动了广东新型出版业的发展。维新派和洋务派开始效仿洋人兴办出版机构，带动了民营出版业的发展，至民初仅广州就有报刊36家、书局102家[4]。另一方面，优质、廉价、高效的西方铅印、石印

[1] 彭泽益. 中国近代手工业史资料：1840—1949[M]. 北京：中华书局，1962. 卷二：第628-659页.

[2] （韩）朴基水. 清代佛山镇的城市发展和手工业、商业行会[J]. 中国社会历史评论，2005.

[3] 华表. 包装设计150年[M]. 长沙：湖南美术出版社，2004：3.

[4] 广东省地方史志编纂委员会编. 广东省志·出版志[M]. 广州：广东人民出版社，1997：95.

进入广东市场。

一些企业开始意识到美术和印刷在商品行销和贸易活动中的重要性，例如1898年在广东创立的广生行，聘用画家关蕙农绘制月份牌和美女护肤及香水、化妆品广告以及包装，并于1908年创立自己的美术及印刷部[1]。广东民族企业家对印刷部门以及印刷技术的重视，也从另一角度体现了印刷技术在民族轻工业和包装业发展过程中的重要性（表1-2）。

晚清广东各地区主要的印刷厂家[2] 表1-2

广州	关东雅印务局、维新石印局、石经堂书局、广东书局、广雅书局等	1. 广雅书局由两广总督张之洞创办，于民国前期增加了铅印设备 2. 19世纪80年代后期，关东雅印务局、维新石印局、石经堂书局设有手摇平台印刷机和半自动石印机 3. 1913年，关东雅印务局改名东雅印务公司，并于1914派人到日本学习印刷技术
佛山	南海盐步水藤增源纸厂、商报馆、近文堂、龙文堂、五经堂、文华阁、宝华阁、威德印务公司、文生印务局、南华印务局等20多家	1. 晚清的佛山印刷业为木刻手印，发展到民国初期，大多数的印刷业户拥有1～7台印刷机 2. 增源纸厂位于南海盐步水藤，1879年开始购入国外印刷设备，石印和铅印开始逐步传入，所使用的的石印轮转机有6度机、12度机和14度机，均靠人力手摇转动 3. 商报馆由孙弼臣、周焕然等于1918年创办，为佛山第一家报馆，兼营书籍印刷
江门	文明印书局、侨通、光华等	文明印书局创办于1912年，由何保臣、何剑池、何泽生、何祝南等人合股开办，主要使用铅字凸版印刷书籍、报刊、信封等
潮汕	仁昌印刷公司、练石公司、老图画印务公司、名利轩等	1. 仁昌印刷公司创办于1861年，由彭葵峰在汕头创办，主要使用圆盘印刷机印刷海关外文表格 2. 练石公司主要使用石印印刷商标 3. 老图画印务公司主要印刷宣传画报 4. 名利轩主要使用中文铅字印刷
韶关	万竹园、宝元书局	宝元书局于1909年由粤北绅士刘石樵创办，后分为宝元书局和宝元印务局
梅州	墨林雕刻印刷店	1888年，黄琼清和黄琚清两兄弟在梅城西门街（今仲元西路）开设墨林雕刻印刷店

1.2.4 设计教育的雏形初现

洋务派推崇“师夷长技以制夷”，在纷纷引进机器以及西方制造业的同时，也在积极寻求学习欧美现代科技知识及教育体制。自甲午

[1] 郭恩慈．苏珏．中国现代设计的诞生[M]．上海：东方出版社，2008：29.

[2] 作者根据《广东省志．一轻工业志》、《广东通史（近代）》、《中国近代印刷工业史》等资料整理

战争后，清政府便派遣留学生到日本留学和考察，研究日本的教育体制以及日本的工商业发展与进步。中国近代思想家郑观应在《盛世危言》卷八的《工政篇》中，重点讨论中国应如何培训工艺人才，其中他提出设计工序对整个生产过程的重要性，谈及日后的生产模式不能简单地依靠旧有的师徒制培训人才，而必须要兴办工艺学堂[1]。在晚清新政中，洋务派重臣张之洞提出了新式教育制度。晚清时期政府在1904年1月推行了中国第一个近代学制《奏定学堂章程》，其中规定了各级实业学堂、艺徒学堂均要设工艺专业。此举对中国设计教育以及推动中国工商业的现代化都有重大的意义。

与此同时，在民间社会中，因生产模式以及商贸发展的需要，一些具有篆刻或者雕版经验的工匠模仿洋货的包装，在雕版上刻上了优美的英文字体，雕版刻好后沾上墨汁便可使用，这种便携廉价的设计方式深受小型商家的青睐。如潮汕月光制糖厂商标印模，印模上雕刻了抽象的图形，配上商家名称和相对应的英文名，英文字体为优美的手写体，同时具有实用和装饰的属性（图1-1）。一些有经验的工匠会开设工艺作坊，这种作坊每年不定期地招收学徒，这种传统的学徒制便是广东民间的设计教育。而随着工商业的发展和清王朝的灭亡，传统意义上的宫廷赞助体系已经不存在，所有的画家都被推向“当代”社会经济生活的前台，努力在经常不安稳的创作环境中改善自己的物质生活。城市文化的新发展，促使画家从事更多的职业，他们不仅绘制传统意义上的卷轴书画，也开始为报刊和商业公司绘制插图、设计广告或包装[2]。

图1-1
广东潮汕月光制糖厂商标印模
（图片来源：作者自摄）

晚清的统治阶级重视对画师工匠的培养，在广东开设了一些图画手工专科类的学校和机构（表1-3）。在清政府的推崇下民间私营学堂逐渐设立，广东的各式工艺作坊和私营学堂机构即广东本土设计教育的雏形。先进的洋务派、维新派和民间画师工匠，怀揣美好的理想和实业救国的追求，融合岭南文化经世致用、开放进取的务实精神，将美术创作与商业设计紧密结合，充分发挥美术的实用功能，积极投身传统工艺的设计改良和商品包装、广告的设计制作等。一些具有文化传承与社会责任感的民间画师工匠，将所接受的关于中西方美术与设

[1] 郭恩慈．苏钰．中国现代设计的诞生[M]．上海：东方出版社，2008：33.

[2] 魏祥奇．辛亥革命与广东画坛[D]．北京：中国艺术研究院，2013：14.

计的知识通过设帐授徒、开办专门的私立美术学堂等多种形式播撒美术的种子，为广东的本土设计和设计教育奠定了最广泛的社会基础。

晚清广东开办的设有图画手工专科类的学校和机构[1]　表1-3

广州同文馆	洋务派于1864年创办
广雅书院	张之洞在1887年于广州城西北创办
广州水陆师学堂	张之洞在1887年于广州黄埔长洲创办，为水师诵堂和陆师诵堂的并称
广州教忠学堂	维新派于1902年创办
广州时敏学堂	陈之昌等于1898年创办，后改为时敏中学堂
两广优级师范学堂	溯源于光绪三十一年六月在广州创立的两广速成师范馆，民国后改为广东高等师范学校
撷芳美术馆	尹笛云、温幼菊、潘景吾、程景宣等人创办于广州

1.3　琳琅满目：各式各样的晚清广东包装设计

在半殖民地半封建社会的大环境下，晚清的社会变动频繁，文化碰撞激烈，华洋杂处的社会环境逐步形成，广东近代民族工商业和外贸的发展，促进了商品经济的繁荣和商品包装的发展。包装设计既体现了意识形态上的审美，又体现了当时社会的生产力和物质基础。晚清政治制度、经济结构和文化思潮的变化对于广东包装的创作手法、审美趣味等方面都产生了深刻的影响。

1.3.1　传承岭南

在江西、湖南、两广之间，有一系列蜿蜒曲折的山脉，人们称之为“南岭”，“南岭”以南称之为“岭南”，先秦时期的岭南相当于现在广东、广西、海南全境，以及湖南、江西等省的部分地区，而到了近代岭南的范围逐渐减小，现今人们通常把“岭南”作为广东省的代名词。岭南地域辽阔，山川纵横，在自然环境下的阻隔而产生了不同的文化，利用语言来划分，岭南文化主要有广府文化、潮汕文化和客家文化。岭南文化是我国悠久灿烂的文化长河中不可或缺的重要组成

[1]　作者根据论文《辛亥革命与广东画坛》《民国时期美术人才培养研究》《二十世纪前期中国美术教育目的演变初探》《近代中国艺术教育研究》《广东省志·文化艺术志》等资料整理

部分，岭南文化以南越土著文化为基础，以农业文化和海洋文化为源头，在近千年的发展过程中不断吸取和融汇中原文化和海外文化，进而形成其务实、开放、兼容、创新的文化特质。而岭南的工艺美术是在继承岭南古越族人的原始艺术上，不断进取，力求创新发展而来。

岭南文化，采中原之精粹，纳四海之新风，以其鲜明的特色在我国传统文化中占有十分重要的地位，岭南文化既有中国传统文化的特点，又有其独有的融贯中西优秀文化于一体的特色。

晚清时期，两次鸦片战争的爆发使社会发生转变，西方列强不仅打开了中国的国门，更是摧垮了岭南的传统手工业，原本供应给上流社会的岭南工艺品开始向民间与海外流通。在西方商品文化的影响下，西方的广告、博览会等各种促进商品流通的手段逐渐被大家接受，其商品包装开始注重市场的需求和市民的审美变化。雄厚的财政实力为晚清具有岭南特色的商品推广带来了便利，1905年在比利时城市列日举办的世界博览会中，代表中国参加的只有五个省份，广东省便是其中之一[1]，其他各省皆因财政负担不起而作罢。晚清至民初“实业救国”的思潮也促使政府在广州成立主管工艺品生产的工艺局，推动工艺学校的创办[2]，使得岭南工艺得以传承。总之，鸦片战争虽然摧垮了岭南的传统手工业，但岭南地区商品经济的发展和政府的重视使得岭南的工艺与文化得以传承。晚清广东包装作为商品经济中重要的一部分，体现了寓意丰富的岭南文化与精湛的岭南工艺。

具有岭南文化内涵的晚清广东包装在海内外大放异彩。其特征主要体现在两个方面。首先，晚清广东包装善于采用岭南工艺和材料。千百年来，岭南人凭借天时地利和妙心巧手创造了品类丰富、手工高妙、境界独到的工艺美术，如广州象牙雕刻、潮汕锡器、石湾陶艺、潮汕木雕等，这些岭南的传统工艺美术直接、形象地反映出岭南地区的时代特征、社会风尚、审美情趣和民风民俗等，具有鲜明的岭南文化符号。例如广州牙雕始于汉唐，盛于明清，是岭南最具地方特色的传统工艺美术品，其造型及雕刻技艺在全国独占鳌头。明、清以来，广州的牙雕兼有浓郁的东方民族色彩和精雕细刻的岭南风格，多以花木、山石、龙舟、宝塔、蟹笼等岭南山水景物为题材，擅长精雕细

[1] 杜亚泉主编．商务[J]．东方杂志，1906（3）：45-50.

[2] 黄艳．从历史发展看传统工艺美术的保护[J]．文化遗产，2011.

图1-2
广东象牙雕柳亭人物纹针线盒（晚清）
（图片来源：广东省博物馆）

琢、多层镂空，作品多以牙质莹润、玲珑剔透见长，整体布局热闹，喜繁花似锦，不留空白。例如象牙雕柳亭人物纹针线包装盒，盖盒造型方正，通体满工雕刻具有中国色彩的亭台楼阁纹饰，人物满布其间，小小的一面竟有四五十个人物造型，十分精微，内有18个小格子用于盛放各类针线，品种繁多，门类齐全，都以象牙所制，极为精致奢华，既是包装也是一个精美的工艺品（图1-2）。

其次，晚清广东包装善于体现岭南题材。基于岭南文化的开放性和兼容性，晚清广东包装上的图案既有谷纹、八角星纹、瓣叶纹等代表岭南古越族传统文化的几何形纹饰，也有饕餮纹、龙凤纹、卷云纹、福寿纹等属于汉文化的图案[1]；以及劳动人民喜闻乐见的戏曲人物和民间故事，如“和合二仙”“六国封相”“嫦娥奔月”“三羊开泰”等。“图必有意，意必吉祥”，在传统图形中赋以意象符号象征的意义，并且这种内涵和寓意是民族化的，大众化的，其装饰大多采用比喻、谐音借代、通感联想等手法，把不同时空的具有某种象征寓意的符号或物象巧妙地组合统一在一个画面里。例如广东黑漆地红彩描金花卉人物象牙雕针线盒，盒身遍布蝙蝠、蝴蝶、桂花等，“蝙蝠”与“遍福”同音，象征幸福，如意或幸福延绵无边（图1-3）。又如广东黑漆描金人物纹八角游戏盒，其外包装为黑漆描金的岭南生活场景，四边配以西洋花卉为修饰，游戏盒内刻画的扑克人物则是传统的中国仕女（图1-4）。桂花的“桂”与“贵”同音，寓意贵子，反映岭南人民添丁添子的朴素愿望。盒内还绘有喜鹊和仙桃。喜鹊向来象征好运

[1] 张荣芳，黄淼章. 南越国史[M]. 广州：广东人民出版社，1995.

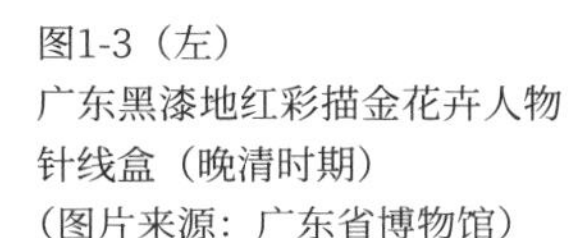

图1-3（左）
广东黑漆地红彩描金花卉人物针线盒（晚清时期）
（图片来源：广东省博物馆）

图1-4（右）
广东黑漆描金人物纹八角游戏盒（清末时期）
（图片来源：广州十三行博物馆）

与福气，仙桃则寓意长命百岁。各种祥禽瑞兽、岭南佳果等的吉祥纹样，体现着人与大自然的和谐。富有岭南风情的装饰美，同时寄寓了岭南人民对美好生活的向往，可谓匠心独运。

晚清广东包装独具岭南特色，是文化传播的载体。岭南文化风格的包装通过不断吸取其他地域和海洋文化的精华，在开放、兼容、创新的精神影响下得以不断传承与发展。在商品流通的过程中，包装作为商品的一部分，使得岭南文化在海内外市场上大放异彩。

1.3.2 华贵宫廷

华贵宫廷指的是晚清广东官员为了迎合以皇帝为主的皇家统治阶级的需求，对进贡的贡品，例如土特产、工艺陈设品、文玩及洋货等进行包装设计而形成的华丽富贵的包装设计风格。广东是晚清的进贡数量较多的省份之一，进贡宫廷的物品需要经历遥远的路程、长时间的运输甚至繁琐的换乘，面对数量惊人、种类繁多的广东贡品，既牢固又华丽的包装显得十分重要。虽然经过两次鸦片战争、甲午战争、八国联军侵华等西方帝国主义的侵略以及太平天国运动、义和团运动等起义运动削弱了清朝宫廷对各地地方政府的统治，但两千多年的封建余威仍在，皇帝和皇室成员依然掌握着朝政大权，拥有至高无上的政治经济地位，因此晚清的广东宫廷包装设计必须首先要满足统治阶级的需求，其特点是：第一，体现统治阶级在政治、经济、军事等方面拥有至高无上的权利；第二，满足统治阶级追求奢靡、华贵的物质生活条件的需求；第三，不计成本地使用各式昂贵的材料和追求无与伦比的制作工艺；第四，在审美趣味上，既要按照古典美学的法则完成对设计对象的加工制作，以达到统治阶级从精神到物质上功利主义的需求，又要保证贡品在运输过程中的完整性。

首先，晚清广东宫廷包装选材考究、工艺精湛。除了比较常见的纸、陶瓷、竹木之外，宫廷包装还不惜成本选用十分考究的上等材料，如紫檀、金银、玉石、象牙、漆器、珐琅、绣制品等。在装饰工艺上，宫廷包装采用广东特有的牙雕、木雕、髹漆贴金等工艺，集雕刻、镶嵌、烧造、錾刻等工艺技法于一体，营造奢华富贵、金碧辉煌

图1-5
广东象牙雕花镜奁（晚清时期）
（图片来源：故宫博物院）

的风格，不仅制作精致巧妙，而且设计合理科学，代表了广东工匠精湛的设计制作水准，展现出浓厚的广东地方特色，充分体现了中国古代造物“材美工巧”的特点。

其次，晚清广东宫廷包装造型新颖、结构严谨。既注重包装物最基本的实用性及保护功能，又强调其艺术创意，在造型上力求创新。例如象牙雕花镜奁采用了当时闻名于世的广州象牙雕来设计制作包装，经过精镂细刻后显得纤细精美、玲珑剔透（图1-5）。该象牙雕花镜奁共分为两层：上层为盒，摇头式开盖，盒内装有镶着象牙框的玻璃镜，使用时盖面则为玻璃镜的支撑腿；下层为柜，左右对称双扇门，右扇门有锁扣；打开后分为两层，分别装有三个抽屉，均嵌银镀金錾双桃、双鱼纹锁扣。该象牙雕花镜奁集实用性和保护性一体，将玻璃镜的外包装和支撑腿巧妙地结合在一起，整件作品设计新颖，布局严谨。

最后，晚清广东宫廷包装图案精致、内涵丰富。宫廷包装的装饰图案题材都具有独特丰富的内涵，代表着以皇帝为首的统治阶级的审美取向。例如广东银累丝烧蓝五蝠捧寿委角盒，整体呈四方委角形，左右两侧设铜镀金提环。各面均以料石围边，内嵌开光，开光内饰银累丝花叶纹及烧蓝花卉、动物等纹饰。盖面的制作尤为精致：四角各錾刻松鼠，活泼可爱，中间嵌烧蓝五蝠捧寿纹。此盒做工精细，富丽堂皇，除了选用美丽优雅的银作为胎底外，中间选用的五蝠捧寿纹则是利用蝠与福的谐音，寓意吉祥福寿，迎合了统治阶级对福寿绵绵的期盼。宫廷贡品包装的装饰图案构图严谨、色彩富丽堂皇，既有代表着至高无上的皇权寓意的图案，也有使用具有浓郁生活气息的民间题材，纹饰制作精美，使包装达到赏心悦目的效果。

晚清的广东宫廷包装追求华贵典雅，追求形式和内容的统一，包装风格虽然带有浓重的统治阶级思想的烙印，但也是从往来宫廷贡品文化、岭南文化以及海外异域文化中借鉴发展而来，这也体现了岭南地区深厚的文化底蕴及兼容开放的民族精神。

1.3.3　质朴民间

鸦片战争促使我国小农经济瓦解，西方列强开始对中国进行大规模的商品输出和资本输出。西方殖民者带来了西方的工业文明，同时清朝统治阶级为了巩固封建统治制定颁发了一系列发展工商业的政策，使得近代工业、材料业、交通运输和商业贸易等方面都得到较快的恢复和发展，虽然这些近代工业或是商业的发展中，多为官办企业，但也促进了民间商业和民间包装的发展。

晚清广东民间包装带有较强的感情色彩和经验性程式化造型特点，制造环境被限制在小农业与手工业相结合的自然经济条件下，创立了“就材加工、材为用、物化创造”的民间造物原则。民间包装的粗糙和朴素并不意味着简陋和粗犷，从包装的选材、造型和图案中体现了淳朴的自然之美。晚清民间包装的设计者和消费者均为社会中下层的劳动人民，劳动人民质朴的生活方式赋予了民间包装独特的魅力。

第一，用材质朴。一方面，晚清广东民间包装的用材质朴体现在所用的材质较为廉价，受人力和成本的限制，多为就地取材，对自然材料进行简单的设计加工，创作起来也更为熟悉。例如竹木、麻绳、植物藤蔓等广泛使用的自然材料随处可得，而且价格低廉，易被改造，用毕即弃，实用价值较高。另一方面，民间包装实用性强，在造型上不追求精雕细琢，而是保留材料原本的质地、光泽和肌理，展现自然的美感。例如陶制容器、锡铜制作而成的瓶罐、质地粗糙的玻璃瓶等。陶罐有着悠久的历史，是常用的民间包装。为了节省工序、时间和成本，陶罐造型简单，表面少有装饰纹样，多为在陶罐上雕刻简单的展示商品和商家信息的文字。除了较为传统的材料外，受到当时西学东渐的影响，广东的民间包装也模仿学习和引进了西方商品的包装样式和西方的技术。如采用玻璃和铜锡材料的瓶罐，例如晚清各大药行出现的行军散，但这些瓶罐有着造型生硬、因加工技术不成熟而留下的杂质等缺点。这类包装散剂类的瓶罐，一般是瓶身扁平，全身使用铜锡，青铜色，瓶身呈椭圆状；刻字均凸起，一面刻有诸葛行军散，“诸葛”两字横排，“行军散”三字竖排；另一面刻有省份和商家名（如粤东广芝馆、广东苏瑞生），省份横排，商家名竖排；瓶盖呈帽装（图1-6～图1-8）。

第二，立意质朴。岭南地区自古陆上交通闭塞，自然环境恶劣，加之海事活动十分活跃，海洋生存环境的风云变化使得民众迫切需要

图1-6（左）
佛省芝兰轩行军散（晚清时期）
（图片来源：作者自摄）

图1-7（中）
粤东广芝馆行军散（晚清时期）
（图片来源：作者自摄）

图1-8（右）
广东保滋堂通关散（晚清时期）
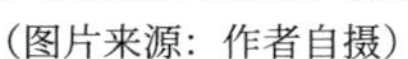
（图片来源：作者自摄）

寻求护佑的神灵，以获得精神上的寄托和内心的安定，表现为用香火和祭品来换取现世的实利，诸如求平安、求子、求寿、求财、求官、求姻缘等朴素的心理，在岭南地区早期的建筑、器物纹样中，可以看到许多祈福、求神、求喜的纹样。其次，晚清的广东先后经历鸦片战争和辛亥革命，其社会性质也从封建社会半殖民地半封建社会，再到民主社会，在这一艰难的转变过程中，那些早已经渗入人们日常生活当中的吉祥寓意、福禄寿全、祈福纳吉等文化传统并没有突然消失，而是延续到了人们的日常生活包括日常用品的包装设计当中。民间包装中那些寄寓如意吉祥的花鸟鱼兽、岭南佳果时蔬，体现浓郁民间生活气息的生活场景、建筑风貌等，无一不表现劳动人民祈祷平安健康、歌颂英雄贤良、寄托美好理想的质朴愿望。此外，书法抒写的文字和图形化的汉字也是民间包装中常见的元素，一方面文字主要用以体现商品的各种信息；另一方面，文字的图形化的处理，使其成为一个视觉符号用以装饰，用以表达吉祥文化的内涵，例如巧明厂制造的万喜牌火花，“万喜千秋”和“巧明厂造”以对联的形式挂在火花的两旁，繁体的万字位于双喜中间，万字和双喜均经过设计，简化了笔画，斜线和曲线则转换为了直线和竖线，双喜两字经过设计呈现出方方正正的几何美，其外形与长方形的火花外形如出一辙，是传统文化和民间智慧的结晶。

晚清广东的民间包装朴实无华，凝聚了独特的岭南文化和地方民俗风情，记载了广东的社会文化、民俗习惯、审美价值、生产工艺、实用价值与经济价值，是文化活动与经济活动的双重载体。

1.3.4 中西结合

随着鸦片战争的战败，中国成为西方资本主义的产品倾销地，广东本土的消费市场也逐渐被洋货所蚕食，在19世纪70年代以前，广东消费洋货的主要是广州、佛山等中心城市的上层人士，到19世纪80年代以后，西方工业的进一步发展使得洋货的价格逐步下降，如1901年，屈臣氏大药房所出售的花露水，“大瓶价银四毫，小瓶价银一毫半”[1]，这是城市中下层人士也能够买得起的价格，洋货开始慢慢进入普通消费者的生活中，消费者的生活方式也相应地发生了改变，如“杂货之中，以煤油自来火两项为最……盖因近年以来各处乡村皆喜用之，咸以从前火石、油灯二物为不便故也”[2]，这说明在乡村煤油灯和火柴已经取代了传统的火石和油灯，洋酒、洋糖、肥皂、香水等各式新潮商品也在广东市场上持续畅销，香烟、纸、钟表等各式洋货的需求量都很大[3]，这些物美价廉的新颖洋货吸引了消费者的青睐，也给本地的商户带来了极大的影响，《南海乡土志》记载：“自通商以来，洋货日盛，土货日绌，农工不兴，商务乃困”，[4]为了赢回市场，一方面，广东的民族企业家一方面开始引进西方先进的包装技术与设备；另一方面也开始模仿西方商品的包装进行设计。因此，在晚清的广东，出现了很多中西风格并存的包装。

第一，中式商品采用西式的包装造型和材料。在这一方面采用西式风格的主要是发源自西方的商品，如化妆品、香烟、汽水、饼干等，即使是产地和销售地都在广东，但为了呼应商品的发源地，凸显商品的档次，包装风格仍会参照西式的包装。化妆品的包装形式十分丰富，但最新颖的还是采用玻璃瓶来包装的商品，与晚清外来的西洋玻璃瓶如出一辙，瓶身各面呈多边形状，瓶盖都为菱形的玻璃球（图1-9）。香烟则是采用卷烟纸盒的包装方式，广东本地产的烟类产品主要为土制的烟丝，包装时采用土纸包裹成圆饼状，消费者则是使用抽烟杆来抽烟，卷烟传入广东后，这种携带、使用方便的工业制品便深得民众喜爱，1906年南洋兄弟烟草公司在香港创牌时的“双喜”牌卷烟包装便是模仿西式的卷烟盒造型，而在其商标和颜色的选择上，则采用了中国传统的双喜和喜庆的红色，西式的包装结合中国的传统

[1] 《屈臣氏鲜花露水》，《安雅书局世说编》，1901年9月2日.

[2] 彭泽益. 中国近代手工业史资料：1840—1949[M]. 北京：中华书局，卷二. 1962：477.

[3] 广州市地方志编纂委员会办公室. 近代广州口岸经济社会概况：粤海关报告汇集[M]. 广州：暨南大学出版社，1995：第956页.

[4] 《南海乡土志》卷15 [M]. 北京：商务印刷馆. 1908：58.

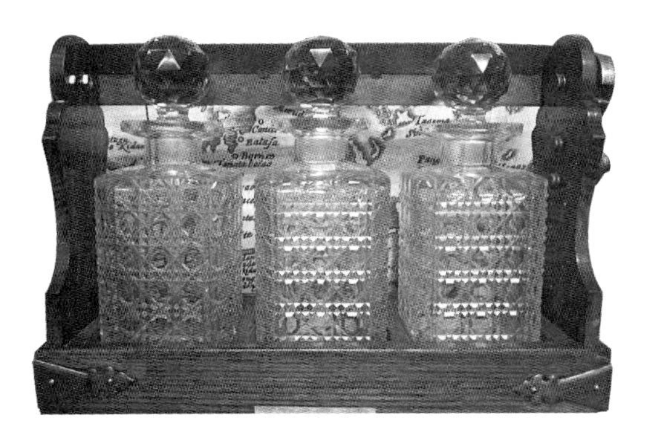

图1-9（上左）
清末外来的西洋玻璃瓶（清末时期）
（图片来源：文仕文化博物馆）

图1-10（上右）
广东南洋兄弟烟草公司双喜牌卷烟（约1906年）
（图片来源：广东中烟工业有限责任公司

文化使得整个包装独具魅力（图1-10）。

第二，中式商品采用西方的文字、科学知识、风格纹饰等元素。19世纪中后期的中国卷起一片西学东渐的风气，而广东作为欧洲唯一的通商口岸，加之对外贸易的蒸蒸日上，西方文化的影响在日常生活以及商品生产中尤为突出。皆因当时欧洲对中国的器物兴致浓厚，为了扩宽销路，满足外商要求，广东商人和工艺师开始学习并模仿西方的绘画技法和各种图案，将西方文化元素融入外销包装中。早期包装上的西方文字和纹饰主要是在外销定制品上面，广东历来有各式的商馆区和各行各业的工匠，这些工匠所制的商品质量好、价格实惠，使得许多洋商跑来订制西式的商品，如外销银，从奥斯蒙德·蒂凡尼（Osmond Tiffany）在1844年记载广州靖远街银器店的日记便可见一斑："或者用很短的时间就能按照西方商人的要求制作一定形状及纹色的叉子。这里的银器十分精细出色，而价格则很低廉。这些银器本质上的价值可和欧洲同样物品比美。有精致华丽的花纹的盒子，或是名片盒"。早期的纹饰以洛可可风格为主，主要见于广彩瓷上面。但19世纪随着"工艺美术运动""新艺术运动"等设计思潮开始发展，广东的工艺师模仿和借鉴当时西方的包装设计风格，新式的纹样开始出现在各式的包装中，这些纹样以缠绕的植物枝蔓与花叶纹、几何图形、西式线框为主。

广州工匠在牙雕制作时，受到西方近代文化艺术的影响，作品上的纹饰除了采用传统的人物、花草、动物、吉祥图案题材外，还吸收了大卷叶、西番莲纹、写实花卉等外国图案的长处，布局往往显得热

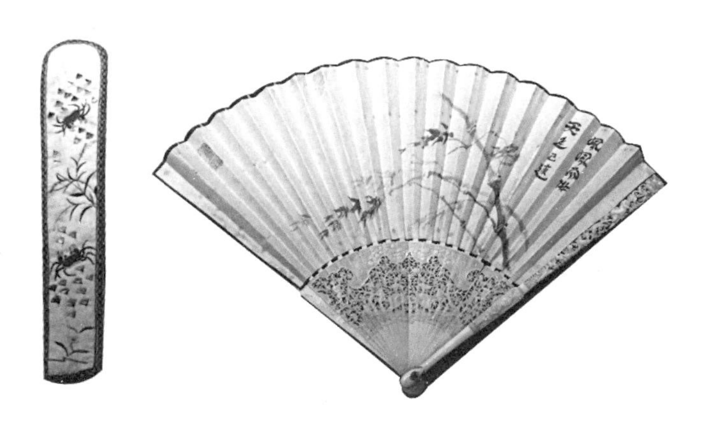

图1-11
象牙纸面绘竹纹折扇与折扇包装设计（约1850年）
（图片来源：东莞市博物馆）

闹、繁花似锦而不留空白。有些图案还吸收了西方美术中的明暗对比法，看上去更有立体感。晚清的外销扇为迎合消费者的口味，也会在包装中结合中西两种不同的元素。如清道光年间象牙纸面绘竹纹折扇（图1-11），纸折扇面用中国传统绘画手法绘制一株青竹，象牙扇骨镂雕处中间雕有两对翩翩起舞的西洋男女，两侧各雕有一位裸体的西洋女性。而折扇的外包装扇套采用广绣，双面绣代表“甲传庐”的两只螃蟹和水草，另一面绣“董昌器”“董昌洗”等象形文字和经简化的青铜器图案，以及红线“花草”图章。除此之外，民间日用品包装也会吸收西方文化的元素，如必得胜大药房出售的必得胜丹和必得胜酒，必得胜取自常见的英文人物名“Pietersen”，在其所售的丹药和酒的包装上均采用了当时风靡世界的新艺术运动风格，各式花卉植物以及流动的曲线和线条，其中文广告语也是采用曲线的排列方式，但英文乱用的现象也常会出现，例如1907年必得胜大药房在第十二期和第十六期的《时事画报》上所刊登的丹药和药酒的广告，从必得胜酒广告的插图可知，瓶贴上出现有英文“wine，wine”指的应是葡萄酒这类酒，但从插图左边的说明文字中可以看到，该酒属于药酒。结合瓶贴的整体风格来看，必得胜酒的瓶贴应是仿制某一款西式的葡萄酒，而生产设计的厂家却只是对葡萄酒的包装进行简单的模仿，仅仅将其商品名和地址替换成中文后便作为自己产品的包装（图1-12）。西方先进的科学知识也开始出现在包装物上，例如1907年第十期的《时事画报》上的刘禄衡补脑汁（丸）包装设计（图1-13），在包装盒正面用简洁的手法刻画了大脑皮层的结构，而旁边的广告画

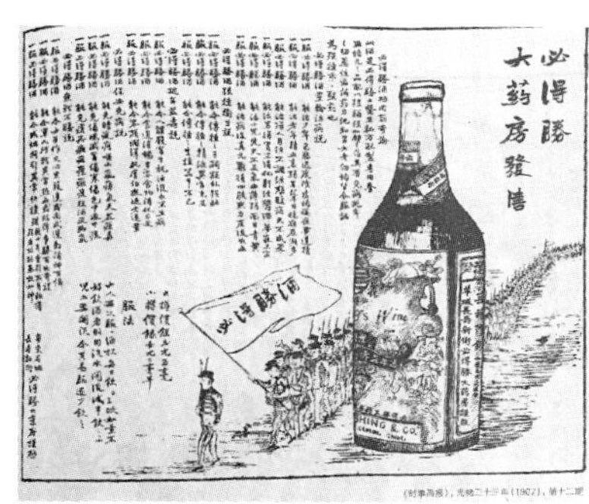

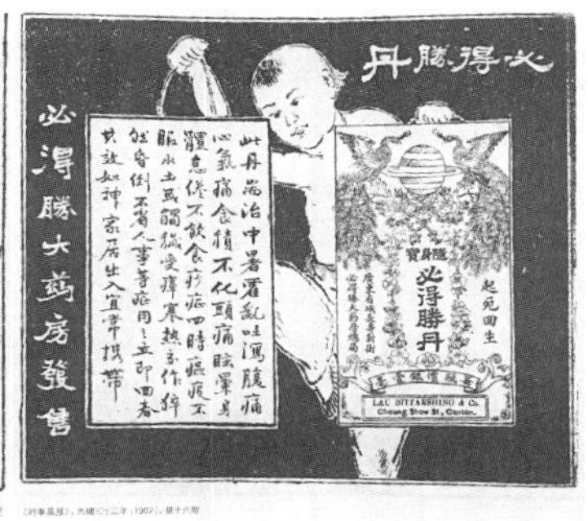

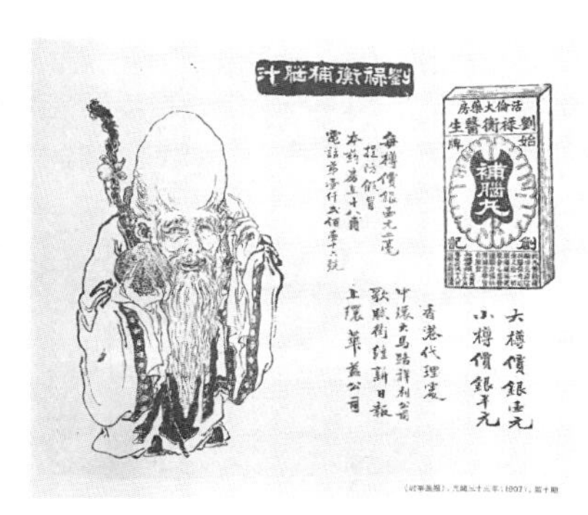

图1-12（上左）
必得胜大药房的必得胜酒和必得胜丹包装设计（1907年）
（图片来源：1907年《时事画报》第十二期和第十六期）

图1-13（上右）
刘禄衡补脑汁（丸）包装设计（1907年）
（图片来源：1907年《时事画报》第十期）

图1-14（下左）
广东黑漆描金象牙国际象棋盘（晚清时期）
（图片来源：十三行博物馆）

图1-15（下右）
广州宏兴威士忌镂空雕花酒瓶（约1880年）
（图片来源：作者自摄）

则绘制了一个顶着硕大脑袋的寿仙，包装盒和广告宣传画相得益彰，显得通俗易懂、风趣幽默。

第三，西方的商品采用中式风格的包装。采用这一类型的主要为西洋进贡品和外商来华的定制品，如广东黑漆描金象牙国际象棋盘，漆盒呈长方形，上下对称一分为二，上下两部分用合页连接，内装的棋子是用象牙雕刻的东方修仙人物，棋子一白一红，合页完全打开则变成正方形的棋盘，原先是漆盒四周的人物纹则变成棋盘的装饰纹路，这件漆盒将包装和商品巧妙地结合在一起，不用打开便可知里面是什么商品，令人赞叹不已（图1-14）。又如广州宏兴威士忌镂空雕花酒瓶，高约16厘米，底錾刻“WH90”“通记”款，是由珠宝银器商店宏兴所造。宏兴是一家声誉良好的大型珠宝银器商店，在19世纪末到20世纪初在广州和香港开设有店铺该酒瓶采用玻璃与纯银两种材质，银质的材料几乎覆盖了瓶身，在墨绿色玻璃瓶身外以纯银雕花装饰包裹，细颈、鼓腹、平底，四面镂空雕刻着相互交织的银质龙纹，制作十分精美（图1-15）。为了迎合外商对中华传统

文化的喜好，当时的广东工匠以精湛的技艺和创新能力，将东方的工艺融入西方商品中，将中西元素融为一体，呈现出了一种独具特色的杂糅之美。

综上所述，鸦片战争以来，广东的社会阶层众多，既有传统的手工业者、封建社会的官僚和贵族乡绅等，又有新兴的洋人、民族资本家等，不同社会阶层的审美观念和生活需求使得晚清的广东包装风格各异。岭南风格包装传承了岭南的工艺美术而独具岭南特色，远销欧美上流社会；宫廷包装华贵奢华，深得宫廷皇族青睐；民间风格包装自然质朴，适合普通市民；中西风格包装异域风情，满足大众消费者崇尚洋货的心理。这几类包装风格虽各具特点，却也相互交织，相互渗透，展示出开放、兼容、创新的岭南文化精神。

第 2 章

民国时期广东的包装设计（1912～1949年）

2.1 民国时期广东政治、经济及包装业发展概况

本书所说的民国时期，是指1912～1949年间，在本书列举某一包装实例时，偶尔也会向前推至晚清时期。

民国时期广东政治上经历了辛亥革命、军阀割据、“五四”新文化运动、中国共产党的成立、国共合作、国内革命战争、八年抗日战争、解放战争等重大历史性政治事件。在经济上，民国时期是中国近现代社会经济发展的重要时期。这一时期西方列强企业在华发展的脚步加快，他们与我国民族企业的激烈竞争是这一时期中国经济和商业发展的主旋律。凭借优势的地理位置，民国时珠江入海口周边区域和潮汕地区海外贸易发达，商品经济发展较好，有很多民族工商企业争相在当地设立工厂，在民初时，广东就已经有广州和汕头两个总商会，并在全国各地分布了60余个大小商会。伴随西方列强殖民侵略和经济侵略而发展起来的近现代商业美术在民国时期崭露头角，以商标广告和包装为典型代表的品牌视觉形象设计也随着商业美术的发展初具形态。民国广东的商品包装设计在西方各种设计思潮和设计风格以及审美意识形态的不断冲击下，开始从传统工艺美术过渡到与现代设计初步接轨。

2.1.1 民国初期广东的政治经济与包装业概况

1911年10月10日，武昌起义爆发，标志着辛亥革命的开始。1912年1月1日，孙中山在南京就任大总统，宣告中华民国临时政府成立。1914年第一次世界大战爆发，欧洲大多数国家都卷入了这场战争。列强暂时停止了对中国的商品倾销和资本输出，民族工业的发展获得了有利的时机，全国掀起兴办实业的热潮，所谓“产业革命者，今也其时矣”[1]。孙中山布告全国，号召全国各族人民“和衷共济，丕兴实业”[2]。辛亥革命后，不少商界人士也参加了各地军政机构，担任要职，制定并颁布了一系列有利于振兴实业的政策法令[3]。

广东是中国民族工商业的重要诞生地之一。广东籍华侨商人在中国近代的商业转型中，发挥了很大的作用。广东四大百货公司光商、

[1] 中华民国工业建设会. 旨趣书[N]. 民声日报. 1912-2-18（1）.

[2] 孙中山. 布告国民消融意见蠲除畛域文[N]. 民立报，1912-2-20（1）.

[3] 中国社会科学院近代史研究所近代史资料编辑组. 辛亥革命资料[M]. 北京：中国社会科学出版社，1981：124.

真光、先施、大新在清末民初纷纷成立，1907年光商公司在广州十八甫开业，是广州首家百货公司；1910年，真光公司在十八甫开业；1900年广东籍澳洲华侨马应彪先在香港创设先施总公司，1914年在广州长堤318号建起五层洋楼开设先施分公司，其生产销售的化妆品出口至香港及西江各地，甚至运销美洲等地，成为当时影响最大的民族企业之一[1]；1918年，大新公司在广州市惠爱路（今中山五路）开业。当时香港的四大百货公司是先施、大新、中华、永安。上海的四大百货公司则是先施、新新、永安、大新。

民初广东工业的发展基础较好，与江浙、山东、河北等省并称"我国工业最盛之省"。广东早期一大批赴海外经商的华侨也在这一时期纷纷回国，他们在吸收西方先进经济思想的基础上，将其应用于广东的经济建设，创办了许多新型工业如糖果饼干、医药、榨油、火柴、橡胶等，为广东的经济和对外贸易开拓了新产品，同时也为广东的新兴工业打下了基础。例如越南华侨陈启沅、陈启枢兄弟在广东南海西樵简村堡创办了全国第一家民族资本的机器缫丝厂——继昌隆机器缫丝厂；旅日华侨卫省轩投资创办了全省第一家火柴厂——佛山巧明火柴厂等。这些轻工业产品在运输、销售中都离不开包装设计，纸、陶瓷、金属、木材是这一时期常用的包装材料，包装技术、印刷制版也在民初开始发展起来。据1912～1913年广东手工业作坊与手工工厂统计，1912年广东造纸业有96家，职工数1657人；印刷刻字业2家，职工数14人；纸制品业6家，职工数56人；窑瓷业642家，职工数7912人[2]。

民国时期广东的商业主要以进出口贸易为主，特别是出口贸易。总的来说，广东出口主要是农产品、土特产以及工业制品，进出口货物多须经由香港办庄[3]。由于当时设备技术的不足，商品的包装往往很简易，而且大部分商品都是在广东完成生产制作后运去国外再进行包装设计，因此这一时期广东包装业的发展比较缓慢。在机制纸大量用于包装前，中国最普遍的商品包装纸是皮纸和草纸。广东人开中国机器造纸业之先河，早在19世纪80年代初广州就已出现机器造纸工业，1882年，广东商人钟星溪等人集资创办了宏远堂机器造纸公

[1]　方志钦，蒋祖缘. 广州通史-现代上册[M]. 广州：广东高等教育出版社，2014：397.

[2]　伍顽立. 广东工业[M]. 广州：广东实业公司，1947：103-104.

[3]　张晓辉. 近代开拓南洋市场的广货商（1912-1937）[J]. 民国档案，2013，（1）：52-58.

司。当时广东经营纸的行业主要有洋纸和土纸两种。民国初期，广东只有佛山和江门有机制土纸出产，洋纸主要来自加拿大、德国、瑞士及日本。其中加拿大的纸张在粤最受欢迎。广州印刷用纸多用洋纸，但其造价较高。土纸的吸水性能较好，利于毛笔的书写，商店的账簿多用土纸，包装纸也多半使用土纸。土纸所用原料主要是稻草，但由于技术匮乏，当时机器是从国外引进，技师也都是洋人[1]。除了包装纸外，20世纪初，我国其他的包装用品如铁盒、铁罐、玻璃瓶等都依靠外国进口，即使是在国内已经设计好的样式也需要拿到国外去印刷制作再运回国内，这样一个来回直接增加了成本，使国货在跟西洋货的竞争中处于劣势。

历史上的广东陶瓷，得海上丝绸之路之便，长期外贸出口行销世界。民初广东的窖瓷业工场数量较多，发展势头良好。例如1915年，广东佛山人黄露堂在广州创办裕华陶瓷公司以及后来的广东搪瓷厂、启华陶业公司、振兴陶业公司等[2]。陶瓷材料广泛应用于食品、药品、化妆品等商品的包装容器制作。木材是我国古代包装材料中应用最为广泛的一种，常用于软木加工，木材表面浸染燃料着色，再用于图案彩绘装饰或书写商号，经久耐用。金属包装材料主要是马口铁罐和金属软管，主要以铁、锡、铝等材料制作。包装成品金属罐保存持久、印刷精美、造型多样且不易损坏。金属软管受湿度影响较小且通体有金属的美丽光泽，多用于化妆品、药品、食品及工业用品种，如广州的先施化妆品公司，当时就有很多产品采用金属软管做包装材料。相比之下，印刷刻字业则只有一两家。

2.1.2 20世纪二三十年代广东的政治经济与包装业概况

1926年7月北伐战争开始，1927年1月国民政府由广州迁往武汉。随着战争和政治形势的发展，广东成为大后方。由此至抗日战争爆发，广东有了难得的自民国建立以来最为平静的时期。20世纪二三十年代的广东，社会治安良好，金融稳定，是民国时期至中华人民共和国成立前广东经济发展的黄金时代[3]。广东的民族工商业和包装业在这一时期得以平稳的发展，逐渐兴旺。

[1] 黄达璋．广东对外经济贸易史[M]．广州：广东人民出版社，1994：223.

[2] 方志钦，蒋祖缘．广东通史近代下[M]．广州：广东高等教育出版社，2010：236.

[3] 杨小凯．民国经济史[J]．开放时代，2001（09）：61-68.

1928年5月，日本侵略者为了阻止国民革命军北伐，策划制造了震惊中外的“济南惨案”。全国人民反日情绪高涨，掀起了广泛的反日帝国主义运动。广东商界一致联合对日货进行经济绝交，振兴国货。进出口贸易的下滑刺激了民族资本主义的发展，广东商品对内陆城市的流通线路逐渐形成，广东的茶叶和橡胶运往上海、广西等内陆地区。商品的快速流通使广东的商品和包装逐渐流入内陆更多地区，加强了商品经济的地区交流。

1929年～1932年，国民党一级上将陈济棠掌握了广东省的党政军大权。在此期间加强了广东省的经济、政治、军事建设。并推行了《广东省三年施政计划》，以广州为中心，先后建立了西村和河南工业区，广州的近代工业生产初具规模。可以说，陈济棠主粤的8年（1929年～1936年），是广东近代工业发展的黄金时期[1]。

广东的商品经济发展虽早，但受地理位置的影响仍然呈现地区发展不平衡的特点，民国时期广东省90%以上的企业都集中在广州及沿海的汕头、佛山和湛江等少数城市。而粤北山区以及海南岛的广阔资源得不到开发和利用，基本上没有近代工业，经济发展严重滞后。以广州为枢纽再经由佛山、东莞、江门、汕头、潮安、韶关、肇庆、雷州等中小城镇，由此连成辐射全省的商业网络，形成活跃的资本主义近代市场。由于长期和国外有经济贸易往来，广东的自然经济解体快于国内其他地区，同国际市场的联系日益加强。

20世纪二三十年代广东的对外贸易一直呈现持续增长的态势。广东主要出口生丝、丝绸、土布、针织品、火柴、罐头、糖果饼干、瓷器、爆竹、电筒电池及多种农副产品。进口的则有燃料、皮革、机器设备、印刷油墨、化妆品、电池等工业原料。粤商以经营进出口贸易的居多，尤其和港澳的联系密切。20世纪二三十年代，广东经济建设发展达到了民国时期的巅峰。一些爱国华侨与国内的一些企业家高举“实业救国”口号，纷纷在粤创办企业，发展经济以对抗外敌。例如1918年后，在日的华侨陆续回广东来开办火柴厂，粤商在中国首设火柴厂、葡萄酒厂、机器缫丝厂、橡胶厂等企业，成为中国民族工商业的开拓者。其中许多企业直接从国外引进技术、设备和经营管

[1]　李明，近代广州[M]．北京：中华书局，2003：62.

理的模式，使广东的经济发展一开始便有了较高的起点。

同时，自给自足的自然经济解体，为民族工商业的发展提供了劳动力市场和国内市场。广东虽政局动荡、连年战乱，但广东的对外经济贸易却一直呈持续增长的态势。难怪外国人对广东的商业在逆境中仍能保持增长表示钦佩。“贸易敏捷，中国各商类优为之，而能占优胜，则以粤省尤为特色者，虽时局或有阻碍，仍能竭力经营，独操胜算”[1]。民族企业纷纷建立，广东同内地的商业往来更加密切，为20世纪二三十年代的商业发展奠定了基础。

至抗战爆发前，广东总计全省各类型民营工厂2000余家，其中属于新式工厂的有350余家[2]。当时的几大百货公司都在广东、上海、香港分别建立了分公司，这样就增强了港、粤、沪的商品流通。广东作为这一时期中西方文化交流的前沿阵地之一，不仅迅速地接受了西方的商品，并且对洋货进行学习改造和仿制，从而形成具有特色的“广货”。这些“广货”商店经营范围较广，涵盖衣食住行各个方面，有洋皂、钟表、玻璃、针织品、化妆品等，在以前被称为“土洋杂货店”。后来这些商店才被称为“百货”商店。商业经济的发展促使商品类别更加细分，用于商品交易的产品也更丰富，为商品包装的发展奠定了良好的商业基础。

商品经济的蓬勃发展催生了一大批优秀的国产商品和洋货“抗衡”。例如当时我国市场上的汗衫品牌竞争激烈，主要有法国的120支纱鹿头牌、德国的100支纱铁塔牌以及英国的120支纱洛士里牌。而广东李裕兴厂生产的42支精选纱“黑妹”牌汗衫，具有洁、爽、滑、薄及色光白度好的优点，选料上乘精工细作，且价格便宜，深受广大民众的欢迎。不仅在广东省销量畅旺，还销往华南、上海、港澳及东南亚等地。“黑妹”牌汗衫夺回了部分被洋货侵占的国内市场，为民族企业争了一口气。20世纪二三十年代，广东地区广州市内已有店铺2万多家，汕头市也有店铺6千多家，成为我国商业最发达的地区之一[3]。商品经济激烈竞争之下民族企业家们自然会更加关注商品的广告和包装设计，包装业随之得到发展。

在民国初期，广东用作包装的纸材主要依靠进口。土纸的出口量

[1] 蔡谦．粤省对外贸易调查报告[M]．上海：商务印书馆，1939：6．

[2] 伍顽立．广东工业[M]．广东：广东实业公司，1947：10-11．

[3] 张晓辉，葛洪波．略论民国时期广东经济发展的特征[J]．广东：广东史志，2002：11．

在1930年前基本上维持在300万元左右，1930年后减少了将近一半。“销数减少十分之八，染纸厂往昔约有百余家，近年则陆续倒闭。”土纸产销之所以落到如此地步，除了洋纸的竞争外，最根本的还是质量问题，“本省所产之纸品质甚劣，人多采用京沪及江西运来之土纸。[1]”发展至20世纪二三十年代，我国已经出现了一批可以进行生产、印刷加工的民族企业，例如著名的民族卷烟企业南洋兄弟烟草公司，是由广东南海人简氏兄弟1905年在香港创设，1909年改名为“广东南洋兄弟烟草公司”，生产“红双喜”香烟。1917年，该公司的香烟包装纸、蜡纸铁罐、锡纸、画片纸等都是从日本等地引入。而到了1919年，这种情况已大大改善，这时南洋兄弟烟草公司的“附属用品，若锡纸、若铁罐、若烟包纸若纸、若盒，则皆上海印务局、商务印书馆及香港总工厂所常供[2]”。1932年底，陈济棠筹建广州纸厂，希望打破洋纸的一统天下。他找了两个曾在麻省理工学习造纸专业的留学生来负责筹建事务，他们抱着“工业救国”的一片赤子之心开始筹建广州纸厂。工厂按照日产50万吨新闻纸的规模设计；全套制浆、造纸机械设备从瑞典卡仕达厂订购；全套动力机器设备从捷克斯可达厂订购，这些在当时都是世界最先进的设备[3]。1934年，广州纸厂破土动工，直至1938年上半年才竣工落成。可惜建成之日就遭到了日军的狂轰滥炸，日本王子制纸株式会社接管了纸厂，他们用进口木浆做原料，在这里造纸谋利。

民初广东地区原来手工业式的印刷制版，逐步被现代西洋印刷制版技艺所取代。日本“明治维新”以后，生产方式由商品输出改为资本输出。日资企业大量侵入我国东南沿海一带，制纸业、火柴业、印刷业、制版业等纷纷占领市场。他们剥削我国廉价劳动力，掠夺原材料，榨取高额利润。

广东的现代印刷制版业就是在外资入侵的过程中艰难发展起来的。广州西关十八甫商业繁盛地段有岭南石印局、昌兴印铁厂、一新印务局、仲平印务所、三友石印局等，精印商标唛头、仿单招纸、广告包装。其中以书画家何雨三1925年在拱日中路创办的三光电版所最为出众。该所开设之初，雇请何荫广的第一个徒弟“侧头彦”为师

[1]　马敏，洪振强．民国时期国货展览会研究：1910-1930[J]．华中师范大学学报（人文社会科学版）．2009，48（4）：69-83.

[2]　中国科学院上海经济研究所，上海社会科学院经济研究所．南洋兄弟烟草公司料[M]．上海人民出版社1958：56.

[3]　张荣光．广纸厂志第2卷1958-1993[M]．广州：广州造纸厂，1996：34.

傅，招收学徒有陈德、钟细华、冯效彬等。何雨三的徒弟中刘义在澳门先进印务局设计商标唛头，黄流芳等一批分布在省港澳佛等地专司美术设计。何雨三的儿子何镜光善写工笔画和北魏体印刷字，适于凸版印刷需求。三光电版所尤以绘写炮竹、火柴、电池唛头招纸，中成药包装仿单、商标等居多。其产品有猴牌火柴唛头、旧装潘高寿川贝枇杷露包、王老吉凉茶包、农夫牌烟丝包、永耀厂飞象牌干电池招纸、宏兴鹧鸪菜药包、苏南山药膏招纸、莲香楼月饼装潢等[1]。中华人民共和国成立后，三光电版所一分为六，何镜光仍主持老三光的工作，吕彬开大华电版所，陈德开建国电版所，邹振雄开胜利电版所，关根开民强电版所，阮芬开华美电版所。这6个电版所就是广州制版厂的前身。这些最初从事印刷制版行业的手工艺人们，就成为这个时代的“设计师”。

20世纪二三十年代广东还引进了包装版纸纸盒、玻璃器皿、铁罐铁盒等包装用品的制作和印刷技术，较完备的包装生产印刷技术，为这一时期的包装设计提供了强有力的物质基础。

2.1.3 抗战和解放战争时期广东的政治经济与包装业概况

抗战爆发后全国各界、各民族党派人士、抗日团体纷纷投身于抗战洪流。在中国共产党的领导下，广东人民在东江、珠江和韩江等地开展了波澜壮阔的敌后游击战争。华南成为继华北、华中之后的全国第三大敌后战场，广东成为华南抗战中的中流砥柱。港澳同胞以及海外华侨在抗战中为广东提供了大量的人力、物力及舆论支持。

广东地区为了适应抗战需要，粤省当局将经济建设的中心从珠江入海口周边地区转移到粤北地区。1937年8月31日，6架日军敌机首次空袭广东，尤其是广州地区遭到了日本敌机的狂轰滥炸，此后4个月仅广州一地，因日机轰炸和时局动荡而倒闭的工商企业厂家达1760余家，经济损失160余万元[2]。1938年日军侵占广东，对广州进行狂轰滥炸。战争造成了巨大的人员、财产损失。沦陷后的广州，民生凋敝，百业零落。佛山石湾的一百多座陶瓷窑仅剩7座，工人由5万多人减少到1千多人，铸造业也从30多家降为四五家，且多数处

[1] 何正. 解放前广州印刷制版业点滴［EB/OL］. 广州：广州文史. http://www.gzzxws.gov.cn/gzws/gzws/fl/gs/200809/t20080916_8426.htm.

[2] 云盈波. 战争爆发前后之广州工商业[J]. 贯彻评论，1938.2：10.

于停工状态。广州沦陷之后，这些工厂要么被日军接管，要么被日商巧取豪夺，广州的工业化进程戛然而止，日寇铁蹄下的民族工业奄奄一息，几近摧毁。面对不断恶化的形势，一些省营工业由于机器搬运不易及内地材料供应不便等原因，没有及时作出保护。日军的突然登陆，使得当局决定立刻炸毁。在日军侵占的几年中广东省的火柴、饼干、橡胶等行业都被日商垄断，从生产到设计都是日本人在操纵，中国人只充当廉价劳动力。也有部分企业在日军笼罩的阴霾下反而坚强的存活了下来。如广东东山火柴厂，当时所生产的火柴芯和木梗都来源于日本，即使在日本人欺骗和压榨下，东山火柴厂也掌握了其中重要的技术，为抗战胜利后几年广东火柴工业的振兴做出了重要的贡献。

战争的到来也使广东的对外贸易状况有了很大改变。1938年广东出口商品销售地有60多个国家和地区，可以说遍布世界各地，但到了1940年，只有20个国家和地区[1]。造成这种局面的根本原因就是第二次世界大战，欧洲列强无暇东顾，加上海上运输不如过去通畅，广东商品出口受阻，同时战争也使港澳对内地的依赖不断加强。"八一三事变"后，上海被日军占领，原来经上海出口的中国内地商品，不得不改为经广州运入香港，广州由此成为对外贸易最重要的进出口岸。

日本全面对华侵略，广东人民抵制日货的爱国运动高涨，使得日货在华南地区销售大减，为改变这一局面，日货以香港为根据地对广东大力开展倾销活动。由于洋货的大量倾销，使本来已滞弱的广东民族工商业更面临困境。国货的市场非常狭小，尤其在广东沦陷后，很多民族企业都被日军抢占，或被烧毁破坏。

1945年日本无条件投降，中国取得了抗日战争的最终胜利，广东的经济亟须恢复正常，百业待兴。据民国广东省建设厅统计，抗战结束后广州地区向省厅登记的工厂987家，除15家省营工厂外，其余皆为民营[2]。8年抗日战争后，中国人民又面临着两种命运的斗争，争取和平民主和坚持内战独裁。最终，中国共产党领导全国人民粉碎了国民党反动派的内战政策和独裁统治，取得解放战争的胜利。

[1] 广东省银行经济研究室编委会．近年广东土货出口价值输出口岸及运销地名统计表[J]．广东省银行季刊．1943（1）：27-29.

[2] 周逸影．广州工业发展与城市形态演1840-2000年[D]．华南理工大学，2014：44.

解放战争时期全国的革命斗争中心在北方，广东省还处于未解放区，这一时期经济社会的发展步履维艰，很多运销内陆地区的商品运输线路被破坏，商品造成了积压。一些包装印刷、广告纸都被作为战时物资而限制使用，如民国广州日报上以往大篇幅刊登的化妆品、药品广告在战时都被限制刊登，更多的是关于战争的消息。1945～1947 年期间，一些工厂纷纷复业，陆续也有一批新工厂开业。但仍没有恢复到战前的水平，许多民营企业工厂由于资金缺乏等原因也无法复工，陈济棠主粤时期所筹建的省营工厂也因损失严重，大多数未能复原。少数恢复的厂家也由于机器陈旧设备简陋，产量低微导致经济效益低下。因此抗战和解放战争的几年，我国经济衰退，广东省也未能幸免，广东的包装业随之停滞和衰退。

抗战期间广东很多企业被日军强制“接管”或破坏炸毁，如广东纸厂在被日本王子制纸株式会社强占后，日本人将纸的价格翻倍谋取暴利，并且在日军投降后把纸厂的机器偷偷运回日本，直至1950年才由中方派人去日本正式接回，印刷制版等包装工业同样也遭受到了这一战争上的浩劫。三光电版所在广州沦陷后就迁往香港，很多机器设备甚至没来得及转移。在抗日战争及解放战争时期包装工业不仅没有发展甚至有些技术设备被偷走或破坏，导致倒退了很多年。

虽然抗战和解放战争时期商品经济发展较慢，但战时广东的商品包装设计并没有停滞不前，受战争影响，很多商品的包装都根据时事进行重新设计，包装上出现了飞机、大炮等军事图案元素，以及抗战爱国的文字信息。这些具有爱国情愫的商品广告和包装，起到了鼓舞士气、团结人民的作用。

广东华侨回国投资开风气之先，推动广东民族资本的产生和发展，那些雨后春笋般建立的工商企业同时也推动了广东商品包装业的发展。在同外国企业的长期竞争中造就了一批懂知识、有技术、会管理的中国民族工商企业家。

2.1.4 民国时期广东的设计教育及机构概况

社会的发展一方面依靠经济的进步，另一方面还要依靠文化教育事业的提高，包装设计的发展也一样。民国时期广东文化教育的发展离不开华侨的帮助。孙中山在1923年12月22日颁布的《侨务局章程》，以及1924年1月11日颁布的《内政部侨务局保护侨民专章》中，就明确提出了保护华侨子弟回国就学、华侨教育及学校注册事项。

广州市市立美术学校、南华美术学校以培养专门的美术人才为办学宗旨[1]。1922年，由广东开平人胡根天创办的广州市市立美术学校，是广东最早的、也是全国最早的艺术专科学校之一。直至1938年日军侵占广州，学校被迫迁到粤北的曲江，后改名广东省艺专。胡根天早年留学于日本，在日本接受了系统的美术训练。这所学校建立时恰处于“五四”新文化运动和大革命的热潮，学校里的师生都充满了革命的朝气。学校同社会各界美术人士先后成立了赤社、中华独立美术协会、现代版画会等学术研究团体。这些团体的成员来自留学归来的画家、美术学校的学生和本地画家。其中由市立美术学校的三位毕业生——李俊英、吴婉、赵世络在1927年创办青年艺术社，是其中较有影响力的一个团体，他们介绍西洋的美术理论、编印艺术出版物、开展艺术批评，在广东的美术史上有特殊的地位。1937年后该社团解散，成员分散于全国各地，仍然从事着和艺术相关的传播工作。在中华人民共和国成立前这些专门的美术学校及美术机构，为当时社会培养了一批重要的设计艺术从业者，奠定了广东美术教育的发展基石。

当时无论是厂商企业还是报馆、出版社大多没有专职的人员来做设计，商业美术吸引了社会上从事各种艺术专业的艺术家来从事设计，逐渐形成中国早期的设计队伍。他们或是民间匠人或是美术专科学校的毕业生，或是回国的留学生，还有一些书画家、文学艺术家同时也参与设计的工作。一新印务局、仲平印务所、三友石印局等制版行业的工作人员，大多是书画家、美术师，他们从事着印刷行业里与美术设计相关的工作。例如有着“月份牌大王”美称的关蕙农，关蕙农的曾祖父关作霖便是十三行时期有名的外销画画家林呱，其在十三行鼎盛时期创办了林呱画室经营出售各式画作，后来关氏家族承袭了其商业模式，并开始在摄影、印刷、广告等领域进一步发展。关惠农

[1] 市立美术学校招男女新生[N]. 广州民国日报，1924-7-1（2）.

幼时随兄健卿学西洋画，后又师从近代岭南著名的国画画家居廉，融中西画法于一体又致力于实用美术研究，他的月份牌作品结合了东方画“写意”和西方画“画真”的旨趣，开创了月份牌的先河。居廉的弟子中，除了关蕙农外，还有一些人从事着商业设计和设计教育（表2-1），由此可见，当时的许多画家在学习完中国传统画后，都会选择去香港甚至是广东本地的西式学校学习商业美术设计，这些画家回到广东后，一边进行商业设计一边办学推广近现代的设计。除了画家和工匠外，还有一些工人也从事着画图设计的工作。民初时期潮汕地区的陶瓷均是由受过简单培训的工人绘制的，培训这些工人的是当时潮汕府寺庙的僧侣和浙江过来的教员[1]。

清末至民初广东主要的设计师和设计教育家[2]　　表2-1

关蕙农（1878～不详）	师从居廉，融中西画法于一炉又致力于实用美术研究，为不少商行设计和绘制月份牌，有着“月份牌大王”美称
高剑父（1879～1951）	师从居廉，中国近现代国画家、美术教育家、岭南画派创始人之一，15岁时入黄埔水师学堂学习，17岁时，转入澳门格致书院，从法国传教士麦拉学习素描，后又东渡日本学习
高奇峰（1889～1933）	师从居廉和其兄高剑父，后又到日本学习装潢设计美术，1918年受广东工业学校之聘任职于该校美术制版科，同时自设美学馆于广州，开馆课徒
陈树人（1884～1948）	师从居廉，后又到日本日本京都市立美术工艺学校图案科和绘画科
潘达微（1881～1929）	师从居廉，辛亥革命前后与高剑父、陈树人等人在广州南武学堂、培淑女校、洁芳女校等担任图画教员，后又为南洋兄弟烟草公司设计月份牌美女画
尹笛云（1860～1932）	擅长药物包装设计，与温幼菊、潘景吾、程景宣等人设撷芳美术馆于广州，开创了广州市美术办学的风气
程景宣（1864～1934）	近代国画家及篆刻家，从事美术教育和创作，设尚美画室于广州西关寓所鬻画授徒，历十余年
麦少石（19世纪末～20世纪初）	擅长于海报画
郑锦（1883～1959）	师从梁启超，中国近代以来第一位留学日本学习美术专业的学生，中国近代第一所公立美术学校——国立北京美术学校（现为中央美术学院）的筹建者与首任校长

[1] 中国海关学会汕头海关小组、汕头地方志编纂委员会办公室. 潮海关史料汇编[M]. 汕头：中国海关学会汕头海关小组，1988.

[2] 作者根据《岭南文化稿论》、论文《辛亥革命与广东画坛》、《广东省志. 文化艺术志》等资料整理.

在传统社会，手工艺被认为是雕虫小技，手工艺匠人的社会地位很低，而此时大量知识分子参与设计，也说明了对于设计的巨大市场需求来说，缺少真正的专门设计工作者。尽管早期设计师有着不同的教育背景和社会阅历，但他们都是在商业竞争中跻身于设计界的，是推动传统工艺美术向现代设计转变的重要动力，他们的理论和实践共同推动了民国时期广东设计教育的发展。

民国时期的包装设计人才主要出自院校培养、企业设计部门相互学习和社会师徒制传承等[1]，这一时期的设计人员对包装材料的选择，构图的形式、色彩的搭配、图案的绘制都有了较完善的研究，使民国时期广东的商品包装设计达到较高的水平。

2.2 时代鲜明：多元文化影响下的广东包装设计

20世纪初，资本主义在中国初步发展，在一些经济发达的地区如广州、上海等城市，由于工业发展和市场的需要，艺术设计得到重视，商业美术设计趋于繁荣。由于洋货在民国商品市场竞争中占有优势，我国的民族企业家也纷纷开始注重商品包装对促进商品销售的作用。民国时期广东商品的包装设计所呈现出的形态和风格是受多方面影响，包装不仅是艺术之物、生活之物，在根本意义上还是文化之物，是时代人文精神的产物。

2.2.1 岭南文化对民国广东商品包装设计的影响

受中国传统哲学思想、宗教和民俗习惯的影响，中国人向来崇尚自然，主张“天人合一”，向往神仙境界；重视家庭的延续，希冀子孙繁衍、幸福平安。这些美好的愿望借由熟悉的事物或神话传说等，通过艺术手法创作出各种祥瑞的图案形象，反映了人们对美好幸福生活的向往和追求。

广东临海而居，三江而育，毗邻港澳，特别是珠江入海口地区更是得水之利，聚水聚财，成为中国经济最发达的地区之一。广东还是佛教、道教、伊斯兰教、天主教和基督教五大宗教齐全的省份。由于

[1] 李锋，杨建生. 我国二十世纪二三十年代商品包装设计研究[J]. 设计艺术. 2004（03）：65-67.

远离中原，自古所受的战乱不多，许多传统习俗保存得比较完整，深受中原文化和海洋文化影响的广东人自古以来对祭祀、传统十分看重：传统的广东人天天早上烧香，初一、十五加放鞭炮，逢年过节更是大小祭品齐上阵……祠堂庙宇、亭台楼阁、商肆家居，无不装饰着各种代表富贵吉祥、平安顺利的吉祥纹样或放置着各种吉祥寓意的物品。

这种文化心理自然也影响到广东的商品包装设计。民国时期广东很多商品包装上常常绘制有龙凤、蝙蝠、五羊、寿桃、松鹤、鸳鸯、牡丹、和合二仙、五子登科、福禄寿禧等具有吉祥寓意的传统图案。岭南花果、鸟兽鱼虫、神话故事、戏曲典故等素材也被搬上了商品的外包装。例如广东饮料厂生产的五羊威士忌，其瓶标主体图形是栩栩如生的五只羊：一只母羊、四只小羊，四周以麦穗等纹样装饰（图2-1）。这个五羊的图案设计来源于“五羊衔谷，萃于楚庭”的美丽传说，“周时南海有五仙人，衣五色衣，骑五色羊来集楚庭，各以谷穗一茎六出留与州人，且祝曰：‘愿此阛阓永无荒饥’言毕，腾空而去，羊化为石，城因以名”[1]，这也是广州又叫“羊城”“穗城”的由来。五羊威士忌不论是产品名称还是瓶标设计都充分体现了岭南文化内涵。

[1] 仇巨川. 羊城古钞[M]. 陈宪猷校注. 广东人民出版社，1993：569.

广东汕头陈泰利牌的神纸包装就运用了刘关张三结义的图案，熟悉的传统历史典故往往能消除消费者的陌生感和防备怀疑之心，从而达到销售目的（图2-2）。设计师用这个经典故事作为包装图案，即使是一个全新的品牌人们也不会对它有陌生感及防备怀疑之心，因为这

图2-1（左）
民国广东饮料厂五羊威士忌包装瓶贴设计
（图片来源：作者自摄）

图2-2（右）
广东汕头陈泰利牌的神纸包装设计
（图片来源：作者自摄）

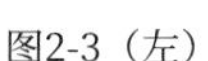

图2-3（左）
汕头广仁号参贝陈皮膏包装设计
（图片来源：作者自摄）

图2-4（右）
汕头纪禄记醋厂鹤牌醋瓶贴设计
（图片来源：作者收藏）

些经典图案描绘的是千百年来存在于人们心中的故事。这款包装设计成功的用传统故事在人们心中的地位驱动了消费者的购买欲望。三国时期的故事并非发生在广东，由此也可以看出当时中原文化已经影响到岭南地区。

汕头市广仁号参贝陈皮膏的葫芦包装造型来源于古代神话故事中神仙手持的葫芦宝瓶，传说具有辟邪和驱除病魔鬼怪的功能，“葫芦”谐音为“福禄”，其茎叶称为“蔓带”，谐音“万代”，故而“蒲芦蔓带”谐音是“福禄万代”，其外形圆滚、入口小而肚量大，具有“聚财”的典型特征。整体像吉字，寓意大吉大利，作为“招财进宝”“福禄吉祥”的象征，民国时期“葫芦”在岭南备受追捧，其造型广泛应用于各种传统食品、药品、化妆品的包装容器设计或平面设计之中（图2-3）。再如广东广州大光火柴厂生产的“中国第一蝠鹿金钱火柴”，其商品名称“蝠鹿”也取了“福禄”的谐音，并且直接用蝙蝠和鹿、铜钱的形象作为包装的图案设计。如汕头纪禄记醋厂生产的鹤牌醋瓶贴，主体图案是一幅椭圆形框内的松鹤延年中国画，四周以卷草花纹装饰，画面以淡青色和白色为主，而装饰边框以金色为主，搭配中英文的商家信息，整体富丽华贵而，传统韵味浓厚（图2-4）。诸如此类“连（莲）年有余（鱼）”“三阳（羊）开泰”“喜（喜鹊）上眉（梅）梢”等谐音寓意吉祥的品牌名称和包装主体图形，在当时不胜枚举。此外，包装图案中成双成对出现的人物、动物、植物等元素，也与“好事成双”的吉祥寓意有关。

英国学者阿奇博尔德·H·克里斯蒂说过“一种激发迷信想象力的补充图形可以使产品身价大增，因而没有一位工匠会忽略因它的出现而给产品增加的价值。如果这一图形或缺——可能只是一个问候或表示“好运”的符号，也会使他的产品具有某种缺憾。”[1]这种图案或特定符号具有深远的文化内涵，渗透在包装的图案或造型设计之中。

2.2.2 海外文化对民国广东商品包装设计的影响

民国时期，在西方现代主义思想的不断冲击下，传统的审美观念与视觉接受方式相应地发生了转换与变革。尤其是20世纪二三十年代，受西方当时盛行的“新艺术”“装饰艺术”“现代主义”等艺术思潮的影响，中国艺术设计开始了从传统向现代主义设计的转型，装饰化与图案化是其主要特征。在商品包装的平面设计上开始大量运用卷曲的枝条、花卉、动物纹样等自然元素以及抽象的几何形作为装饰图案，色彩鲜明强烈[2]。广东自古海内外贸易发达，民国时期的商业主要以进出口贸易为主，深受海外文化尤其是西方文化影响。

民国时广东商品包装的主体图形通常以插画、喷绘等形式绘制的中式人物、动植物或文字为主，辅以西式几何图形、卷曲的欧式花纹或色彩鲜明的色块作为装饰，还常常出现西式盾牌的图形作为装饰。例如广州壹打庄的黄宝善止咳丹包装，正面主要图案为创始人的素描头像，周围用椭圆形的边框和洛可可风格的卷草花纹装饰，背景采用矩形几何线框和波浪形衬线暗纹进行烘托，整体具有明显的西方装饰艺术运动的风格。包装的装饰图案铺满整个画面，与商品的文字信息形成了鲜明的对比，突出了主要要传达的信息（图2-5）。广州时明织造公司出品的“斧头牌”纺织品包装设计，包装盒正中间是单臂持斧头的注册商标形象，商标上方绘有大而醒目的公司英文名称，商标下方绘有四幅小插图和公司中文名称。包装盒四周装饰着卷曲的枝条和花纹，形式简炼而形态非常优美，颇有新艺术运动的风格，而在卷曲的枝条和花纹以外还巧妙装饰有细密的满洲窗格纹样。该包装设计巧妙借鉴了广州满洲窗的设计样式，中西合璧而成，商标、插图、文字等主要信息摆放其中，主题非常突出（图2-6）。南洋兄弟烟草公司

[1] 候晓盼. 方寸故事：中国近代商标艺术[M]. 重庆：重庆大学出版社，2009：39、76.

[2] 张恒. 论工艺美术运动与新艺术运动的发展及影响[J]. 大舞台. 2013（11）：63-64.

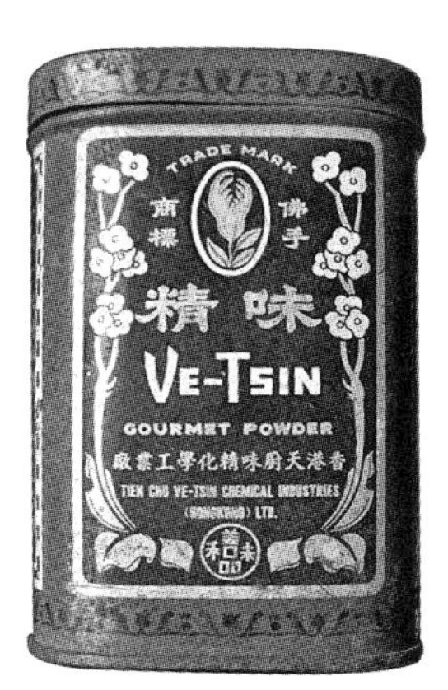

图2-5（左）
广州壹打庄——黄宝善止咳丹包装
（图片来源：作者收藏）

图2-6（中）
广州时明织造公司出品的“斧头牌”纺织品包装
（图片来源：作者自摄）

图2-7（右）
香港天厨味精化学工业厂味精包装
（图片来源：作者自摄）

生产的“地球牌”香烟包装，以“地球”作为品牌名称和包装的主体形象，辅以欧式的卷草纹样和西文字体，以对比鲜明的蓝、黄两色搭配，其设计形式明显受到新艺术和现代主义运动的影响。地球在当时是现代性与科学性的象征，这大概也表现了民国时中国人希望融入世界的一种愿望吧。相比过去烟丝的售卖形式，香烟在这一时代属于时髦的产品，因此其包装风格大都追求西化，与这一时期国民崇洋的心理有很大关系。香港天厨味精化学工业厂生产的味精包装，罐身用军绿色涂装，将商品具体信息以标注的形式印制在罐身的正面和背面，标签中央是“佛手”商标和中英文商品名称以及厂家中英文信息，四周环绕花卉和卷草纹样，颇有新艺术的装饰特征（图2-7）。

在包装的造型设计方面，除了传统岭南特色的包装造型外，民国广东大部分包装用品的造型也是当时西方国家中较流行的，这是由于较先进的包装制品的生产设备和技术都是从西方国家引进的。

2.2.3 “月份牌”画风格对民国广东商品包装设计的影响

“月份牌”画产生于清末民初，盛行于民国时期，它是一种独立的现代商业插画的种类，更确切地讲它属于现代意义上的一种广告形式，是外国资本家在中国倾销商品进行广告宣传的产物。月份牌画起源于上海，由带有节气表、日历表的中国传统木版年画演变而来，通常在月份牌画幅的边沿：或上，或下，或左，或右标注商品名称、商号或产品包装图片[1]。在西方经济文化的双重入侵后，原先传统保守

[1] 李广，杨虹．上海“月份牌广告”的启示[J]．包装工程，2006：254-258.

的年画，从题材上和风格样式上来说，其乡土味与新都市的生活是格格不入的，而传统文化绘画更难在大众消费之中引起共鸣[1]。而中国画改革、油画、摄影和近代印刷技术，改变了月份牌画家的视觉接受方式和艺术创作能力[2]。月份牌画中主要题材从最初的中国传统山水、戏曲故事或古装仕女发展到后来主要以表现知识女性、摩登女郎为主要形象；月份牌画艺术手法从最初的中国传统工笔淡彩或重彩，发展到后来主要以西洋擦笔水彩画进行表现。民国时期，伴随着反帝、反封建和向西方学习的浪潮，月份牌画引领了当时的社会潮流和时代风尚，促进了人们生活方式和社会风尚的转变，迅速在广东等全国其他省市和东南亚、南美洲等国家的华人中流行开来。

一段时期内流行着的艺术风格对所有艺术门类的渗透是“风格的无孔不入”，同时风格与“生活方式”有着密切的联系[3]。月份牌广告画重要的特征之一是以中国画或西洋擦笔水彩画细腻的写实手法表现新时代美女形象，其丰满逼真的彩图十分生动感人。这种表现手法影响到商品的包装设计，尤其是在化妆品、生活日用品、食品、烟酒、布匹的包装图形设计上运用时尚美女的形象是民国广东商业美术中比较多见的。例如广州昌利号荔枝干包装主图案是一个用兰花指轻触樱桃小嘴的美女形象，侧展示面是青山、绿水、荔枝树以及女性在水中划船的景象（图2-8）。广州大中华化妆品公司的双凤唛牌爽身香粉，包装主图案是一个头披波浪发式身着吊带睡裙，正在用爽身香粉的摩登女郎，那略带俏皮表情的形象非常生动，似乎在传达这个香粉的美妙，让人不禁跃跃欲试。广州粤东大中华炮竹厂设计的双福牌炮竹包装设计，主图案用了两个身穿旗袍的相依偎的美女，那望向远方的充满期待与惊喜的眼神，营造出炮竹产品本身带给人们的欢乐气氛（图2-9）。

正如齐奥尔格·西美尔所说：“时尚是既定模式的模仿，它满足了社会调适的需要；它把个人引向每个人都在行进的道路，它提供一种把个人的行为变成样板的普遍性规则，但同时它又满足了对差异性、变化、个性化的要求”[4]。月份牌风格的包装设计多用时代美女图形宣扬一种富裕、美好、进步的生活。波浪发式、各种旗袍、长短大衣、挎包洋伞、风情万种的姿态表情，成为“引人注目的”

[1] 单韩瑶.“月份牌”画风格在现代包装设计中的再生和拓展[D]. 上海师范大学，2011：12-21.

[2] 郑立君. 场景与图像——20世纪的中国招贴艺术[M]. 重庆：重庆大学出版社，2007：15、115.

[3] 贝维斯·希利尔，凯特·麦金太尔，世纪风格[M]. 林鹤译. 石家庄：河北教育出版社，2002：3.

[4] （德）齐奥尔格·西美尔. 时尚的哲学[M]. 费勇，等译. 北京：文化艺术出版社，2001：72.

图2-8（左）
民国广州昌利号飞鹰牌荔枝干包装设计
（图片来源：作者收藏）

图2-9（右）
广州粤东大中华炮竹厂设计的双福牌炮竹包装设计
（图片来源：作者自摄）

时尚符号[1]；女性游泳、赛马、划船等生活方式，代表了妇女解放的信号，这些都使那些尚未达到这个阶层生活水平的下层阶级心生向往与模仿，使观者为之所动，从而达到刺激商品销售的目的。

2.2.4　爱国运动对民国广东商品包装设计的影响

“感人之心，莫先乎情”，人们购买欲望的激发和形成往往与情感活动紧密相连。民国时期，中国处于内忧外患的水深火热之中，仁人志士纷纷团结起来发起爱国运动。为了挽救商品市场被西方资本主义欺行霸市的现状，全国范围内爆发了轰轰烈烈的“国货当自强”运动。广东的民族工商企业家也踊跃加入爱国运动行列，兴办企业，抵制洋货，倡导国货。为了唤起民众的爱国意识，在香烟、火柴盒和布匹等商品的商标和包装上大量出现了表现爱国情怀的文字和图案。一些商标直接命名为“振华牌”“国强牌”“大胜利牌”，一些包装正面标注有“爱国”“国货”等支持国货的字样。例如广东东山火柴厂生产的国耻纪念火柴，是为了纪念1915年5月7日，以袁世凯为首的北洋政府以中国无力抵御外侮为由，同意与日本签订丧权辱国的《二十一

[1]　郑立君. 场景与图像——20世纪的中国招贴艺术[M]. 重庆：重庆大学出版社，2007：15、115.

图2-10（左）
广东李义兰烟庄的黄龙香烟包装设计
（图片来源：作者收藏）

图2-11（右）
民国广东新会李香兰烟庄大胜利香烟包装设计
（图片来源：作者自摄）

条》的“国耻日”。国耻纪念火花画面中间是一枚淡红色心形，“国耻纪念”四个黑色的正楷大字赫然其上，周围有两束稻穗环抱，外加“提倡国货”四个正楷红字。这枚火花纪念了这一历史事件，表达了中国人民不甘心当亡国奴，牢记国耻、奋力挽救中华的爱国之心。

还有一些包装大量运用表现爱国意识的图案，比如黄龙、醒狮、岳飞忠义图、木兰从军图，以及飞机、大炮等抗战场面。例如广东李义兰烟庄的黄龙香烟包装，运用最能代表中华民族的龙纹作为体主形象，不屈不挠、蜿蜒前进的腾龙象征中国人民的坚忍不拔。“黄龙”图案和黄、红两色显示了国货品牌的自信威严。广东鹤山何芸寥烟庄的大飞机香烟包装上，绘有一架飞机翱翔于蓝天的场面，飞机上方有“航空救国”四字（图2-10）。广东新会李香兰烟庄的大胜利香烟包装上，绘有大炮轰炸、硝烟弥漫，士兵顽强抗敌的场景，还有“国民抗战”“著名国产”的字样（图2-11）。这种利用爱国情感的包装设计方式，在响应爱国运动的同时也达到产品促销的目的。

综上所述，由于岭南文化、海外文化、上海月份牌画风格和爱国主义运动的影响，民国时期广东的商品包装设计风格整体来说是华洋共处、中西结合。不同年龄、不同文化阶层的民众对市场上的商品包装设计形成不同的喜好，中老年人喜欢传统的包装样式，年青人尤其是受过西式教育的年青一代，比较喜欢西洋式的包装。民国时期广东的包装设计人员已经能够根据市场需求和不同人群的消费心理、审美情趣和民俗习惯，设计出风格迥异的商品包装。

2.3 华洋杂处：丰富多样的民国广东包装设计

民国时期尽管洋货充斥着中国商品市场，但广东的民族企业家们仍不屈不挠坚持做自己的国货，尽一己之力拯救中国，为了在激烈的市场竞争中占有一席之地，企业家和设计师们开始注重商品包装的促销功能。民国时广东的包装从内容物划分可大致分为食品包装、香烟包装、医药品包装、化妆品包装、生活日用品包装等种类。不同类别的商品包装在其造型、图案、色彩、字体和版式设计中体现了共同的时代特征。

2.3.1 包装造型中规中矩

民国时期广东的商品包装一般以产品形状为基准来进行设计，同时由于包装生产设备和技术的局限，商品包装的造型风格总体来说中规中矩。常见的形态呈盒式、筒式、瓶式、罐式、桶式、袋式、坛式、壶式等。主要包装材料有纸、陶瓷、玻璃、金属、竹木等自然材料为主。同质的产品依据价格的不同，采用不同的包装策略，如食品、纺织品类包装通常用纸张直接包裹比较普遍。但一些售价较高的产品则用铁罐、硬纸盒、玻璃等容器作包装，这些产品的包装造型都比较普通。也有用陶瓷制作成罐形、提篮式、葫芦式等具有传统特色的包装造型，多用于传统食品、化妆品、药品等的包装。

例如汕头市广仁号参贝陈皮膏的包装造型是典型的中国传统葫芦瓷瓶（图2-3），广东佛山海天酱油的包装造型是圆柱形陶罐。相比普通的圆柱形、矩形陶罐的包装，六角形的陶罐造型则显得更加精巧，如广东佛山正牌茂隆柱候酱的包装造型是六角形陶罐（图2-12）。而一些时髦的食品、饮料、化妆品以及一些化工产品还采用当时流行的马口铁制容器包装。由于工业技术尚不发达，金属材料的造型难度较大，马口铁材料的包装造型一般都是方方正正的立方体。但总的来看，这一时期商品的包装造型中规中矩，因为包装技术、材料、工艺落后，主观上来看包装设计的水平尚处在发展阶段。

图2-12
佛山正牌茂隆柱候酱包装
（图片来源：作者自摄）

2.3.2 包装图案写实为主

民国时期广东商品包装装潢的主体图案一般采用写实的具象图形为主，辅助以西式或中式的装饰纹样为边框，整体具有较强的装饰感，“但亦有不用边框而用各种风景、人物、花鸟为装饰的[1]”。主体图案种类有传统吉祥图案、神话故事、历史典故、山水花草、美女形象、现代科技、爱国图案等。“包装纸的绘制法，需要根据商品的题名与质性，如化妆品可用美女娇花，药物要用端严整洁的图案，糖果则以图案花草均宜。总之一切装饰，大部采用图案。”写实的技法主要包含国画、水彩、素描、油彩、版画、喷绘等形式。写实的具象图形可以直观准确地传达商品的视觉形象，对产品的外形、材质、色彩和品质进行真实可信的传达，从而深化消费者印象，激发消费者购买欲望。例如广东江门阜昌公司酥化杏仁饼的包装图案，以写实的手法描绘了一个精美的托盘上盛装的杏仁饼的形象，托盘四周花团锦簇，一派欣欣向荣的景象，烘托出杏仁饼的新鲜酥脆，让人赏心悦目。广东鹤山何芸寥烟庄的“好景象”香烟包装，一面以写实的手法描绘了小桥流水人家的大好景象，一面以五彩的鲜花装饰在圆盘上，突出了品牌和口味（图2-13）。广州谦信针织厂出品的烟斗牌针织衫包装纸上以喷绘技法逼真展现了一个大烟斗的形象，突出了商标，写实的图案特征给人以直观、准确的信息传达，背景用矩形和菱形色块来分割画面，用红色和黑色作为主色调，整体简约而又美观（图2-14）。

2.3.3 包装字体中西结合

文字在包装设计中不但承担着准确地向消费者传达商品信息的功能，还扮演着美化包装设计的作用。经过“五四”运动的洗礼，我国美术字的设计风格由中规中矩的书法字体转向更为自由的美术体。民国时期广东商品包装上的字体设计受到西方现代设计思潮的影响，表现出中西结合的风格特征，并且在易于识别的基础上对字体进行装饰美化，达到雅俗共赏的目的。字体设计的新观念在当时的设计师中已经运用起来。例如达美织造厂线衫包装盒上“达美织造厂”几个汉字

[1] 萧剑青．工商美术[M]．澳门：世界书局，民国二十九年初版：87-89.

图2-13（左）
广东鹤山何芸寥烟庄的“好景象”香烟包装设计
（图片来源：作者收藏）

图2-14（右）
谦信针织厂烟斗牌针织衫包装设计
（图片来源：作者自摄）

图2-15（左）
广东达美织造厂的针织包装盒
（图片来源：作者自摄）

图2-16（右）
湛江华侨卷烟厂华厦牌香烟包装设计
（图片来源：作者收藏）

的字体笔画被一些弯曲的线条和简洁的几何形态取代，字体自然流畅、装饰感强，就算今天看来也不过时（图2-15）。湛江华侨卷烟厂出品的华厦牌香烟包装，整个包装除华侨卷烟厂出品、华夏牌几个字之外，全部都是英文字体。包装用现代风格的建筑作为主体图案，配合经过精心设计的西文字体，整体显得比较高端时尚（图2-16）。

针对当时民众的崇洋心理以及出口的便利，民国时期广东的香烟、鞭炮、化妆品、纺织品以及时髦如饼干等食品从名称到包装均普遍将中西文字体结合使用，还有将原有西文字体字形倾斜或局部进行变化。广州大中华化妆品公司生产的化妆品包装上普遍使用醒目的西文字体表示产品名称或公司名称。广州生平烟草公司设计的莲花香烟包装主展示面上运用了4种不同的西文字体和两种中文美术字，经过变形的中文美术字使得原本的商品信息更加生动有趣、易于记忆，不同的西文字体也使包装视觉上变得丰富并且很好地分辨出主次关系。

2.3.4　包装色彩喜用纯色

民国时期广东商品包装的色彩受中国传统“五色观”以及西方绘画风格和色彩的影响，以红、黄、蓝（青）、绿、黑、白为主。又由于当时印刷技术的限制，大部分包装的主体图形采用写实的具象图案，底色以平涂的纯色为主，各种颜色的纯度变化不大。在主体图形与背景色、图形与文字之间常常巧妙运用补色的对比关系，形成强烈的视觉效果。“运用适当的明度和纯度，使任何一种色相与另一种色相或一组颜色取得和谐[1]。”其中黄色是出现频率最高的颜色，常使用金黄色和红、蓝、绿等色搭配，有的甚至呈现金碧辉煌的效果，黑色、白色常出现在字体或边框装饰上。广东新兴烟丝厂出品的香花生切烟王包装，就选用黄色作为背景色，搭配绿色的装饰花纹及红色白色字体，色彩对比强烈，风格特征明显。

[1]　玛乔里·艾略特·贝弗林. 艺术设计概论[M]. 上海人民美术出版社，2006：51

广东佛山、南海、东莞是炮竹烟花的主要产地，远销南洋及欧美各国。这些出口的鞭炮烟花常用佛山剪纸做包装纸，而佛山剪纸工艺独特，色彩艳丽浓烈，非常引人注目，既有浓郁的岭南文化特色又有很好的促销效果。广东广恒声炮竹包装的色彩选用鲜艳的红、黄、绿为主色，蓝、紫为点缀，十分绚丽，使消费者感受到浓浓的喜庆、祥和的气氛（图2-17）。广州市三凤粉庄燕子蛋香粉的包装，背景图案用蓝色、绿色描绘了燕子归巢的生动形象，其上用红色、黄色重点突出了品牌名称和产品名称，有主有次，对比鲜明（图2-18）。这种对比强烈、高纯度的色彩观体现了中国传统民间艺术的审美原则：用有限表达无限，单纯表现丰富，用直观的方法表

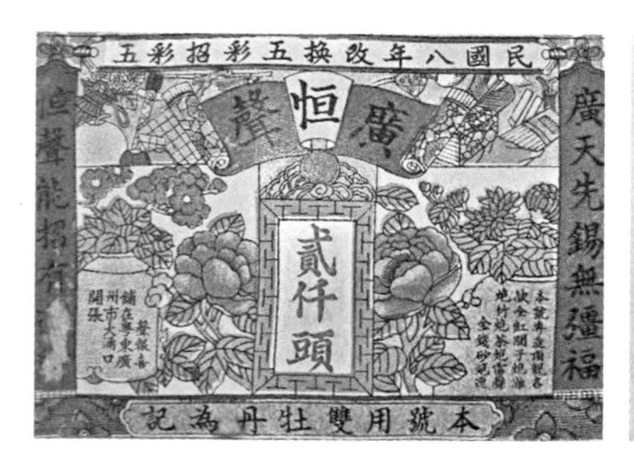

图2-17
广东广恒声炮竹包装设计
（图片来源：作者收藏）

图2-18
广州市三凤粉庄的燕子蛋香粉包装设计
（图片来源：作者自摄）

图2-19（上）
广州市河南太平坊日鹿火柴包装设计
（图片来源：作者收藏）

图2-20（下）
香港宏兴药房小儿中药鹧鸪菜包装设计
（图片来源：作者自摄）

现形象[1]。民国时期广东的包装设计人员已经知道选择合适的包装色彩来促进商品的销售。

2.3.5 包装版式对称均衡

民国时期广东商品包装上的图案和文字多使用对称和均衡的版式设计。基于中庸平和、相对保守的民族性格，中国人历来追求造型形式上的完整和圆满，尤喜对称的形式：对称的建筑、对称的家具、对称的图形……其中对称图形规律性强，具有节奏美和人工意匠美，会使人感到一种合乎规律的愉悦[2]。民国时期广东的商品包装中经常出现成双成对的人物、动物、植物元素，双龙、双凤、双狮、双蝠等经典的图形元素被保留在这个特殊的时代中。广州市河南太平坊生产的日鹿牌火柴包装，火花图案就运用两只鹿的形象。左右图案对称工整，且“双鹿”谐音“双禄”表示福禄双至的美好寓意（图2-19）。广州大中华化妆品公司生产的双凤牌爽身香粉，包装正面的图案采用对称构图的形式，双凤和双花。产品的品牌名称居中摆放，背面图案是拱桥、流水、小船和树木，营造出舒适悠闲的生活氛围，和化妆品的产品特性相符。宏兴药房小儿中药“鹧鸪菜”的包装是典型的对称构图，包装盒正中央用美术字书写大大的品牌名称，左右分别紧挨着一个可爱的婴孩形象，广告语、商标注册证及中央卫生署等对称地分布两侧，画面顶部药房名称和底部具体地址的信息工整对称，结合精美的装饰纹样和强烈的对比色彩，整体视觉效果丰富、圆满（图2-20）。也有一些包装的版式设计尝试变化有趣的均衡形式，例如达美织造厂线衫包装、江门阜昌公司酥化杏仁饼包装、粤东大中华炮竹包装等。均衡比对称在视觉上显得灵活、新鲜，统一之中呈现变化的美感。“总之一切装饰，大部采用图案。而图案的大小配合，当以满版为佳”[3]。

从以上资料可以看出，民国时期尤其是20世纪二三十年代广东的商品包装设计技术已经达到了较高的水平，同时在岭南传统社会意识形态、审美倾向和民俗风尚的影响下，在西方现代主义思潮的冲击下，呈现出多元的文化内涵。

[1] 路明. 中国传统“五色观”色彩体系在现代包装设计中的应用研究[D]. 内蒙古师范大学，2011，08：12.

[2] 候晓盼. 方寸故事-中国近代商标艺术[M]. 重庆：重庆大学出版社. 2009：39、76.

[3] 萧剑青. 工商美术[M]. 澳门：世界书局，民国二十九年初版：87-89.

2.4 过渡转折：传统与现代接轨的广东包装设计

尽管民国时期洋货充斥着中国商品市场，但爱国的民族企业家们为了树立民族自信心，尽一己之力拯救中国，仍不屈不挠地坚持做中国自己的民族品牌。为了在激烈竞争中占有一席之地，民族企业家和设计师越来越注重国货的包装设计，民国时期广东的商品包装种类较多，包装设计也依据商品类型和属性不同而各有特色。

2.4.1 民国广东食品包装设计

俗话说“食在广州”，广东的饮食业历史悠久。我国近现代文字训诂学家胡朴安先生曾在《中华全国风俗志》中写到“广东之酒楼，可谓冠绝中外。其建筑之华美，陈设之幽雅，器具之精良，装潢之精致，一入其中，辉煌夺目，洵奇观也。”民国时期广东的食品加工业发展迅速，食品种类丰富，除了传统食品外，20世纪二三十年代开始流行饼干、罐头汽水等现代加工食品，诞生了一批广东早期的食品加工企业，如黄植生机制饼干厂、亚洲汽水厂、广奇香罐头厂等。传统食品如糕点、酒水、茶叶等，大多采用传统的包装方式，如用布、纸包裹或陶瓷罐、木盒盛装。近代机制食品如罐头、饼干等新兴食品，则采用玻璃、金属等材料，其包装装潢设计接近现代设计形式。

2.4.1.1 糕点饼干类包装设计

广东的传统糕点自古以来闻名全国，直至20世纪初出现机制饼干生产厂家。传统糕点采用热加工工艺，大多是手工生产。其包装一般用单色土纸包裹，包装纸上印制的图样较为简单粗糙。饼干作为民国时期新兴的食品，有体积小、重量轻、整洁卫生、便于携带的特点。其包装新颖、时髦，作为馈赠礼品很受欢迎。

广东著名的老字号食品店有广州莲香楼、广州陶陶居、中山咀香园、佛山合记饼业、潮州胡荣泉等，这些百年老字号品牌至今仍经久不衰。他们一般采用前店后厂的售卖形式，手工制作，虽产量较低但保留了最正宗的味道。一般采用纸、纸袋、纸盒或铁盒包装。

图2-21
广州安乐园有限公司的食品包装设计
（图片来源：作者自摄）

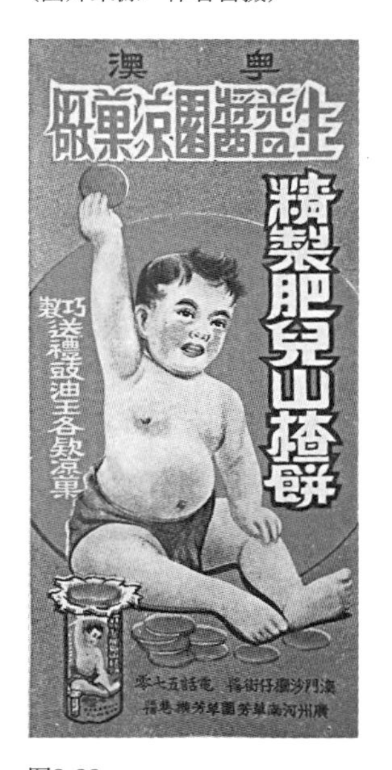

图2-22
“宁澳——精制肥儿山楂饼”包装设计
（图片来源：作者自摄）

受20世纪二三十年代西方现代主义、装饰主义的影响，一些食品包装上开始出现大量装饰性题材，如城市建筑、名胜古迹、商店外观、摩登女郎、可爱婴童等。广州安乐园有限公司的食品包装，画面正中心以西式风格的建筑大楼线描图作为主体图案，在画面上方描述公司名称及地址，下方用带有衬线的英文字体标出公司名称，将LOGO放在画面右下角以再次强调公司的品牌，整体画面简洁大方且富有现代感（图2-21）。民国广州（澳门）“宁澳——精制肥儿山楂饼”包装，憨厚可爱的肥儿图案与产品名称“精制肥儿山楂饼”形成呼应，婴儿将又红又大的山楂饼用手举起，暗喻山楂饼的质量上乘，用蓝色背景与主体图案和文字标题形成强烈对比，突出传达内容（图2-22）。

饼干在民国是一种新兴的时髦食品，一般售卖于大型的食品零售店或百货公司。其包装主要有纸袋、纸盒、铁盒几种形式，使用较多的是以马口铁为代表的金属包装盒。铁制包装盒一般有圆柱形、正方形、长方形、六边形和椭圆形。如黄植生精美食品包装盒。黄植生机制食品厂，是近代历史上广东最早生产饼干的企业之一，也是广东饼干厂的前身。黄植生早期在香港设厂经营面包、饼干和糖果，1906年回广州开办黄植生饼干厂。针对当时人们崇洋媚外的心理，早期的黄植生饼干刻意模仿西洋饼干的包装，使用西式的马口铁盒封装并在包装纸上印上英文，并利用香港有厂的便利，设法将货寄入九龙仓库，然后提出内销以迷惑消费者。马口铁包装盒的密封性强，使饼干能够保存更长时间，且材质坚硬，包装外盒不易受损，印刷效果好显得高档，广受达官显贵和较富裕阶层的欢迎。黄植生精美食品包装盒的设计迎合了当时人们崇洋的心理，使用外文和繁复的卷草花卉纹样为装饰，以及中英文结合的文字，相当精美。印花铁罐提高了商品的档次，饼干吃完后可以作为装饰品摆放在家中重复使用。在包装技术方面，香港黄植生、马玉山在当时都采用了国外最新的机器设备及生产工艺，在食品的生产技术及包装工艺和包装设计上可以与洋货相媲美。

2.4.1.2　酒类饮品包装设计

我国酒类生产源远流长，民国时期广东酒水饮料的种类较多，有白酒、黄酒、葡萄酒、啤酒等。广东城乡各地均有酒类生产及市场销

图2-23（左）
广东甘如荠橙花酒包装设计
（图片来源：作者自摄）

图2-24（中）
广东裕丰酒庄酒包装设计
（图片来源：作者自摄）

图2-25（右）
广东万福堂卫生酒包装设计
（图片来源：作者自摄）

售，酒水饮料的包装主要有玻璃瓶、陶瓷容器等，这些容器的造型丰富多样，千变万化，商家及品类的信息贴在酒标上。

民国广东的酒标图案设计风格主要有两种：一种以传统的花鸟画为主体图案，用几何色块和花边辅以装饰。广东甘如荠橙花酒标，主体图案为荠橙、橙花，快速直接地将产品类别传达给消费者，用深蓝色的背景色块衬托橙色的主题图案，画面上方用三色结合的文字突出品牌和产品名称（图2-23）；裕丰酒庄的酒标，将品牌商标的图案放大置于画面中央来突出表达品牌形象，老虎爪下按着球形的地球，这一品牌形象明显受到中国传统狮子滚绣球以及西方地球仪的形象影响，在图案和商标的周围用洛可可风格的卷草花卉作为装饰，有鲜明的中西结合的特点（图2-24）。广东万福堂卫生酒包装，主题图案为一幅站在海边的梅花鹿风景画，画面周围用西方文化中具有代表性的葡萄花纹装饰，在中文的商家名称下用黑色字体标注出西文名称，搭配葡萄花纹整体颇为西洋化，迎合了民国时期一部分人崇洋的心理（图2-25）。

饮品主要指酒、茶等之外的，经过加工制造供人们引用的各种汽水果汁等。民国时广东饮品主要有鲜橘水、酸梅汤、果汁露等，其包装一般是玻璃瓶，且包括贴在玻璃瓶上面的各种彩色图案和文字，还有在瓶身上刻制品牌和商品名称等方式来展示商品信息。汽水是在20世纪二三十年代在上海、广州等大城市流行。先施公司的汽水瓶，在其汽水瓶身雕刻有精致的花纹装饰及商品名称信息，玻璃材质通透，瓶身工艺精细，商品信息全面（图2-26）。

相比瓶身雕刻的形式，瓶贴的使用在民国酒水饮料包装中更为广泛。瓶贴一般有圆形、正方形、长方形等，也有一些不对称图形。总体来看比较直观和简练。屈臣氏生产的汽水在民国时曾经盛极一时，屈臣氏的前身是香港大药房，苏格兰医师Alexander Skirving Watson在接手香港大药房后开始在售卖的药物上打上印有A.S. Watson的标签，后来随着其业务的繁荣，A.S.Watson标签在香港成为知名商标，之后在1871年这位屈臣先生将香港大药房的名号改为了A.S. Watson & Company，粤语翻译即是屈臣氏大药房。后来屈臣氏大药房被医生约翰·汉弗莱和阿瑟·亨特接手，他们发现汽水有很大的市场潜力，于是生产了6类汽水在中国市场上售卖并取得了很大的成功。民国时期屈臣氏汽水的包装，除了带有中文的屈臣氏品牌名称之外，其余文字均为英文（图2-27）。亚洲汽水的包装，包装设计风格简约，流线型容器造型，瓶身没有繁复的纹样装饰而以简约的瓶贴设计取代，瓶贴上仅印有中英文“Asian”品牌名称及亚洲汽水厂厂家名称，从而可以看出民国后期的包装设计风格逐渐向理性简约的现代主义风格靠拢，不再一味注重装饰（图2-28）。广州太平洋汽水厂的甜橙汽水包装除了瓶贴还有展示于瓶体上方的小标签，突出了品牌外，通过该商品的广告可以看出当时商家推出产品已经开始注重广告宣传（图2-29）。玻璃容器和纸质瓶贴的组合方式不仅在民国开始流行，直至现代，仍然是酒水饮料类产品一种常用的包装设计形式。

图2-26（左1）
广东先施汽水包装
（图片来源：作者自摄）

图2-27（左2）
屈臣氏汽水包装
（图片来源：作者自摄）

图2-28（左3）
亚洲汽水厂亚洲汽水包装
（图片来源：作者自摄）

图2-29（左4）
广州太平洋汽水厂甜橙汽水广告
（图片来源：作者自摄）

2.4.1.3　茶叶包装设计

中国是茶的故乡，茶的饮用、种植及其衍生的茶文化历史悠久，据记载可追溯到远古的神农时代。广东作为茶叶生产和消费的大省，茶文化源远流长，广东人制茶、喝茶和对茶叶进行的包装，已有几千年的历史。民国时期仅广州、河南一带就有“洋庄包种茶庄”100多家[1]，所产的河南茶颇为知名，西樵山更有“茶山”之称，鹤山、台山等地也盛产茶叶，培育出潮汕乌龙茶系列、英德红茶系列、绿茶系列等。民国时广东茶叶不仅内销，而且在对外贸易中占有重要地位，远销欧美和南洋等地。民国广东茶叶包装，以铁质包装盒居多，还有陶瓷罐、包装纸、包装袋、硬纸盒、银质盒（罐）等，也有使用木头、竹子等天然材料制成的茶叶盒、茶叶罐等。

包装纸是茶叶包装中最经济实惠的一种，根据茶叶的分量多少用牛皮纸包裹并称重标于外包装，包装成本低，包装过程简单适用于大众消费，售卖的价格也较低，常用来包装品质相对普通的茶叶，例如潮州潮安林品珍茶庄使用的茶叶包装是价格低廉实惠的土纸，在纸上用红色颜料印制商家的品牌名称和商家店铺地址，包装的主体图案是一架在云中穿梭的飞机，飞机在民国时期是科技和实力的代表。

品质较高的茶叶则采用优质铁盒或硬质纸盒进行包装，高档的茶叶不仅品质优良，其包装形式也很考究，如香港美珍茶庄出品的茗岩水仙茶包装，主展示面的图案精美，色彩搭配高贵典雅。淡蓝色的背景与艳丽的花朵形成对比，在画面的右上方放置醒目的双狮抱球的品牌LOGO，将中英文结合的品牌名称印制在画面右下方，整体精美时尚（图2-30）。广东茂茶号龙团香茶的包装，茶粒由精心绘制的包装纸包裹，再以6个为一组，放入外包装盒中，采用组合包装的形式，这种高档包装的茶叶，一般用于收藏或馈送亲朋好友。陶瓷茶叶罐一般用于储存茶叶，在售卖时便于展示，由于陶瓷具有良好的防潮性能，是储存茶叶最好

图2-30
香港美珍茶庄茗岩水仙茶包装设计
（图片来源：作者自摄）

[1]　黄增章．民国广东商业史[M]．广州：广东人民出版社，2006：42.

的材质，并且陶瓷表面细腻，光滑圆润，所以一直受到茶叶厂和消费者的喜爱。广东汕头民生行的陶瓷茶叶罐包装，将品牌名称弧形排列在整体构图的上方，中间用简单勾勒线条的梅花鹿和椰树作为装饰图案，将产品相关的英文翻译排列在画面下方，包装整体简洁大方。

民国初期我国食品工业，一般都是以前店后厂或者小型作坊、摊点式的生产售卖方式为主，大都依靠手工生产制作，很少有现代化大机器生产。后来随着西方食品文化和加工工业传入中国，食品的加工方式和包装也发生了一定的转变。食品包装开始顺应当时的社会审美观念和消费心理需求，吸收了西方美术的设计元素加入中国传统艺术，从图案的引用，到造型的考究，材质的多样化，设计主题的选择，都成了民国食品包装特有的设计符号。

民国广东食品的包装设计已经不再只是满足保护、贮存和方便使用的功能，还开始追求精致时髦和体现阶级地位，20世纪二三十年代以后，受抵制洋货运动等影响还开始注重品牌意识。

2.4.2　民国广东药品包装设计

2.4.2.1　广东中医药文化的起源和民国时期的发展

广东中医药文化源远流长，据宋代中医古书《太平圣惠方》记载，“夫岭南土地卑湿，气温不同，夏则炎毒郁蒸，东则湿暖无雪，风湿之气易于伤人”。广东中医药学家和劳动人民在长期防治疾病的过程中积累了丰富的经验，针对广东人群的体质特征，利用当地丰富的中草药资源制作了各种各样的独特秘方，如敬修堂的跌打万花油、陈李济乌鸡白凤丸、潘高寿蜜炼川贝枇杷膏、王老吉凉茶、霸王中药洗发水、罗浮山百草油、本草堂的七草淡斑方、三花祛痘方、玉容西施散和驻颜玉肌散等，诞生了一大批中医老字号和中草药制品品牌。

广东中成药多是明清时期的手工作坊延传下来的，其中包括创建于1600年我国记载最早的药铺陈李济药房，创于1665年的何明性和创于1662年的黄中璜。民国时期广州的药铺老字号主要分布在荔湾区的浆栏路药业街，接近50家，至今尚存建筑外观和字迹的有11家，此外还有附近故衣街王老吉老铺、长乐路的梁培基老铺以及西荣巷、太平桥，光复南路（今光明南路）、水月宫等。每家都有独门秘方，比如保滋堂有保婴丹，梁培基卖发冷丸，位元堂卖养阴丸，销往本省和东南亚地区并在佛山有祖铺或分店，或在香港有联号企业。广州地区中药成行成市，分为生草药点（即生药铺）、熟药铺（即专营汤剂及散丸，广东称为水茶），还有少量樽头店，即主要经营各种补益药，讲究装饰陈列，各药经过加工整理好才入樽陈列。经营中药店铺，拥有的资金并不太多，鼎盛之时也是中小户居多。其中华侨、港人投资占很大比重。抗日战争前，生草药店有药店（铺）361家，解放前270家，解放后283家，从业人员2258人。熟药店，解放前有300～500家之多，解放初期有400家。樽头店，解放前约有25家，解放后为8家。[1]

为了保护中医药的质量完好，药商普遍重视药品的包装设计和广告宣传。民国时期街头小巷及报纸上常常看到药品的广告，例如广州的药商梁培基所生产的“梁培基发冷丸”，他在广州的街头每天写一个字，梁、培、基、发、冷，以粗放字体作广告，吸引了市民的注意，直到最后一天才把“丸”字填上，吸引了大批的看客。之后各药厂都模仿梁培基的营销模式，纷纷推出一件叫得响的产品，如“必得胜仁丹”“陈六奇济众水”“六神水”“二天堂二天油”“永泰红十字油、熊胆油”“唐拾义止咳丸”等[2]。

2.4.2.2 民国广东中医药包装的形式和种类

药品包装设计最根本的需求首先是满足药品包装造型的实用性，其次考虑药品的属性，如便于携带的剂量化包装，最后要满足密封性强、便于开启等实用性需求。药品包装材料直接影响用药的安全性，对药品的稳定性起重要作用。民国时期广东中医药包装的材料主要是陶瓷、金属、纸和玻璃。根据药品的性能有适应的类别，以保护药品不受环境条件的影响发生质变或产生有毒物质造成污染。

1. 陶瓷包装

陶瓷是我国传统的制作包装容器的材料。民国广东药铺的陶瓷药瓶常见的主要有小剂量药丸包装和用于长期泡制发酵的陶瓷药罐。广泛用于包装各种药丸、丹剂、药油、药水等。陶瓷类型有黑釉、白

[1] 新快报：广州历史建筑普查：民国药行街犹见旧堂号[EB/OL]http://news.xkb.com.cn/shendu/2014/0109/301711.html,2014-01-09.

[2] 梁少林. 羊城沧桑[N]. 羊城晚报，2014-4-12（10）.

釉、青花瓷等，由画师手工绘制药铺名号和图案于药瓶上。陶瓷材料的包装造型有上窄下宽的罐形、传统的葫芦形、圆柱形等。

2. 金属包装

马口铁以其良好的密封性、贮藏性、避光性、坚固性和特有的金属装饰魅力和印刷性能，开始流行于民国广东的高档食品、药品和化妆品的包装之中。民国初年，由于金属制品的印刷工艺不成熟，曾经出现过一批手工打造的马口铁包装药盒，通过捶打的凹凸效果来表现商品的品牌名称和种类，用花草等纹样作为装饰图案。到了民国中后期，金属制品的印刷工艺逐渐成熟，药盒上的图案也变得丰富多彩起来。例如嘉禾鹿唛双料金衣宁神丸包装，以浅绿色、黄色作为主色调，用红色的扇形色块作为品牌标题的背景，对比强烈。包装盒正面的梅花鹿和麦穗及蝴蝶结图案经过精心的排版设计（图2-31）。

图2-31
嘉禾鹿唛双料金衣宁神丸包装设计
（图片来源：作者自摄）

3. 纸包装

纸材一般用于包装固态、粉末状的药品或药材，以及用作容器的外包装盒。民国时广东中医药的纸包装形式主要有包装纸、包装袋、包装盒。包装纸一般包裹中药材，中药材干燥分量轻，对包装安全性要求相对较低，因此用普通的包装纸即可。包装袋一般用于膏药、丸等小剂量药品，方便携带和销售，例如广州中药制造总厂保济丸包装，整个画面背景是红色的卷草及波浪状放射纹样，突出留白的部分书写药名和厂名。整体图案虽略显繁复，但色彩明快，对比鲜明，还有一定的防伪效果（图2-32）。民国时期广东药品包装已开始重视消费者的心理感受，以干净、严肃的画面获得消费者的信任感。民国新联药厂利济轩使用的包装药袋，在设计素材上采用一个可爱的小孩的图案，符合儿童药品的属性，增强了消费者的信任度和好感（图2-33）。

图2-32
民国广州中药制造总厂保济丸包装设计
（图片来源：作者收藏）

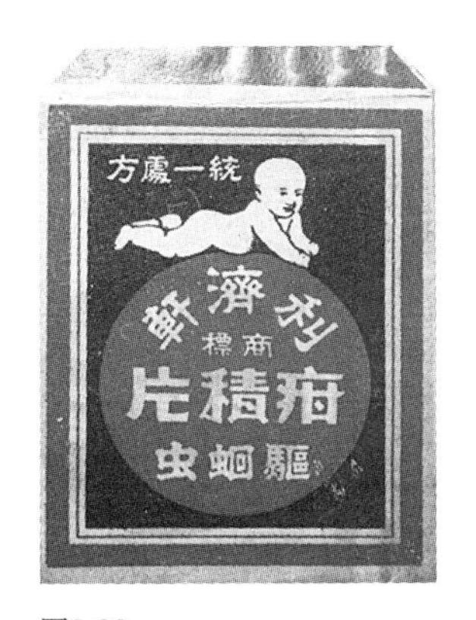

图2-33
民国新联药厂利济轩包装药袋
（图片来源：作者自摄）

4. 玻璃包装

鸦片战争后，大量洋药流入广州。随着西医逐渐流行开来，西药在中国医药市场占有相当大的份额。一些做中药的药商也开始看重西药这一块市场。利用西药制药法制成好服用的丹、膏、丸、散，中成药开始广为流行，价高而剂量小的丸、丹、油一般采用陶瓷和玻璃包装。玻璃作为包装材料，不起化学反应，具有良好的阻隔性能防止香

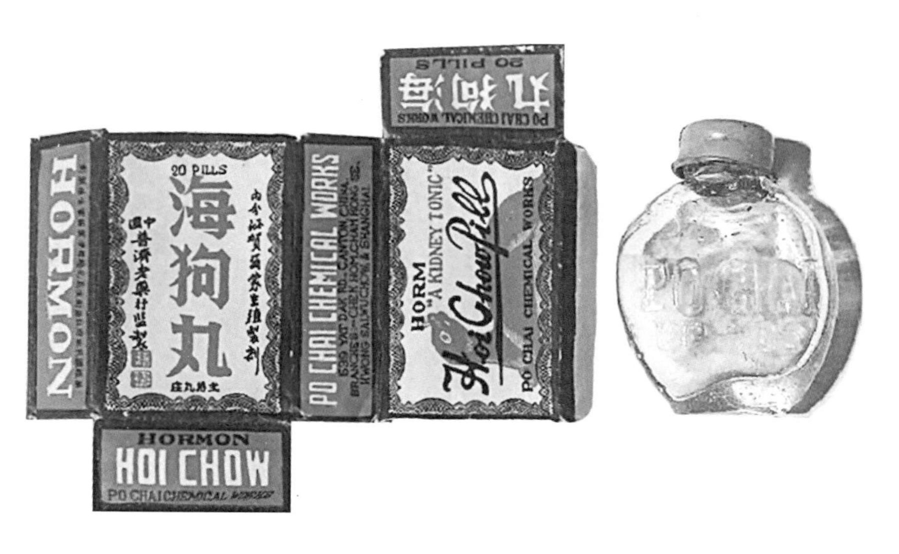

图2-34
民国广东普济老药行海狗丸包装设计
（图片来源：作者自摄）

味挥发，阻止氧气等气体对内装物的侵袭，同时可以阻止内装物在大气中挥发。且玻璃瓶体感通透，可以直观地看到药物的变化情况，还可以反复多次使用。越南华侨韦少伯在1930年创制的万应二天油，该药瓶身长6厘米，体褐色玻璃材质，瓶身的标签上印有药品名称厂家等信息且中英双文标注。广东普济老药行海狗丸包装在图案上采用了海狗的形象，消费者在购买药品时从图案就可以轻易识别出药品的种类（图2-34）。

2.4.2.3　民国广东中医药包装的设计特征

民国时期，广东中医药的种类和数量在全国处于领先的水平，药商普遍重视药品包装设计的功能性、安全性和艺术性。

1. 宁静、稳定的构图

民国广东药品包装善于使用线框将图案与文字的信息区分排列。常见的有圆形框、方形框以及一些有机形态的框。这些线框既能起到突出视觉中心的作用，又能起到稳定和装饰作用。稳定和谐的画面对患者较为敏感脆弱的心理状态起到安抚的作用。

2. 明确、严谨的文字

药品包装设计中的文字设计不同于食品、化妆品等强调趣味性和艺术性，它更加注重文字的识别度。除了对药品特性进行文字选用外，从空间的关系上也要达到统一基调的效果[1]”。民国广东中医药品包装上的名称和功能文字常常占主要的位置，而净含量、厂名位于

[1]　李丽华，袁恩培. 包装版式设计中的文字构成[J]. 包装工程. 2006（12）：280.

次要的地位确定文字元素的位置、体量和大小等，形成视觉顺序性。旧时的药商，药品包装上多印以“祖传秘方”等文字，一方面一来让老百姓信任，二来也可以使药的知名度提高。另一方面为防止泄露偏方，防止仿制假冒，药业主往往在成药包装与方单上印刷商标以及创作人照片，还有凹凸版封签加盖钢印的手段。就像如今的专利申请一样，可见民国时人们已经有了保护产权的意识。

3. 简洁、明快的色彩

民国时药品包装的色彩大多为单色或双色印刷，极少数出口外销的药品包装颜色较为丰富。宁静的蓝色，凉爽的绿色，温暖的红色，严肃的白色。这些含义不同的色彩通常应用于各类功效不同的药品包装设计之中。单色中红色最为常见，中国人自古喜欢用红色，红色为吉祥色，消邪避灾，增强了人们抵抗疾病的信心。

4. 理性、严肃的画面

药品包装信息的传达是设计师—药品—患者，三者之间完成一个信息传递的过程。包装的字体、色彩和图案以及构图形式共同组成包装的画面。药品包装不同于一般的商品包装，它除了要传递商品信息外，还要带给消费者即患者，一种信任感和富有希望的生命力。民国时广东中医药包装以理性、严肃的画面使患者通过包装的画面感受到一种人文关怀。包装图形根据特定的人群特征来表达，从而更容易得到消费者的认同。

2.4.3　民国广东卷烟包装设计

卷烟，又称香烟、纸烟、烟卷。原产自美洲的烟草于16世纪中叶传入我国[1]，我国烟民通常以鼻烟、水烟、嚼烟或斗烟的方式吸食。据印光任、张汝霖著的《澳门记略》下卷《澳蕃篇》记载，“其居香山澳者……服鼻烟，亦食烟草，纸卷如笔管状，燃火吸而食之[2]”。

1890年，英商“老晋隆有限公司”在上海推销卷烟，我国卷烟的消费由此开启，烟斗、烟嘴等产品陆续传入我国。1892年，美商茂生洋行在上海浦东陆家嘴创办了国内第一家卷烟厂——茂生烟厂[3]，1902年，中外合资的“北洋烟草公司”在天津成立。随后，英美六

[1]　叶依能．烟草：传入、发展及其他[J]．中国烟草科学，1986（3）：23-26.

[2]　黄现璠．古书解读初探——黄现璠学术论文选[M]．南宁：广西师范大学出版社，2004：195.

[3]　刘蓓蓓．民国卷烟包装设计风格初探[J]．南京艺术学院学报·美术与设计版．2011（06）：184.

家烟厂联合成立的“英美烟草公司”开始在中国生产销售卷烟。卷烟价格低廉、包装轻便等特点使其一进入市场便受到我国烟民喜爱。1905年，原籍广东的华侨简氏兄弟在香港创办“南洋兄弟烟草公司”，1909 年改名为“广东南洋兄弟烟草公司”，市场上逐渐出现了中国人制造的卷烟。早期卷烟均为软盒包装，为了美化和宣传产品在烟盒上印上图案和文字，逐步形成卷烟品牌及其包装设计。卷烟包装不仅起到了保护商品、促销商品、识别品牌的作用，而且深刻地反映了不同时代政治、经济、文化以及社会意识形态方面的特点，具有重要的历史价值和文化价值。

广东北依五岭，南临南海，地处热带、亚热带，阳光充足，雨量充沛，一年四季均可种植烟草，是中国有名的烟草产地，也是中国比较早有烟草制品工业的省份之一。20世纪二三十年代是广东民族工商业发展较快的时期，广东相对稳定的商业环境及政策使之产生了不少民族烟草企业。当时广东产烟的地区首推鹤山县、天堂县，年产量在10万担以上，还有南雄，年产5万至8万担[1]。其中鹤山何芸蓼烟庄的烟叶以香醇著名，被烟商争相收购，由本地烟庄制成卷烟或生切烟，运销广州、港澳和江门，再出口到南洋和美洲。还有一些被英美烟公司和南洋烟公司订购为原料。但抗日战争和解放战争时期广东卷烟业的发展步履维艰，广东烟草主要内销桂、衡、韶、渝、蓉、筑等地，到解放时，整个广东的卷烟厂为28个，比不上湖南的40个，更不要和上海、河南等当时的卷烟工业大省市相比。为了突破英美和日本烟草的垄断，在激烈的市场竞争中占有一席之地，广东的民族卷烟企业开始注重卷烟的包装设计，这一时期广东的卷烟包装设计具有以下特点：

1. 传承本土：传统文化的渗透

广东地区古为南越土著聚居地，秦汉以后由于战乱，中原人大量迁入。基于特殊的地理和人文环境，广东文化自秦汉以后逐步与中原文化融合，并常与海外文化发生碰撞和交融，逐渐形成既保留了中国传统文化的特点，又有融贯中西优秀文化于一体的特色。

民国广东卷烟包装大量选用了传统文化题材，主体图案一般运用

[1] 杨国安. 中国烟业史汇典[M]. 光明日报出版社，2002：1053、1070、1697.

国画、水彩、素描、油彩、版画、喷绘等手法进行写实描绘，边框常以西式或中式的纹样为装饰，“但也有不用边框而用各种风景、人物、花鸟为装饰的”[1]。主体图案种类有吉祥图案、历史故事、神话传说、山水风景、花草鱼虫、飞禽走兽等。例如龙代表中华民族刚毅、进取、不屈的一面，凤则代表中华民族仁慈、宽厚、智慧的一面。“龙”和“凤”的形象成为中华民族的象征[2]。以龙凤为题材的卷烟包装设计主要有龙凤牌、白金龙牌、黄龙牌等。例如广东李义兰烟庄的黄龙香烟包装，主体图形和装饰图形都是腾飞的黄龙形象，象征中国人民的坚毅和刚强。主要色彩是红色和黄色，红色自古以来是图腾色，代表吉祥、喜庆，黄色代表尊贵、光明，黄龙、祥云图案和红、黄两色显示了民族品牌的威严和信心。广东鹤山何芸蓼烟庄的“好景象”香烟包装，一面以浓墨重彩描绘了一幅青山绿水小桥人家的岭南山水景象，另一面以岭南花果为装饰，环绕品牌名称和产品口味。广东顺德龙潭出品的“国宝牌”卷烟包装，主体图形是一个铜钱，外围以鲜花和卷曲的枝条作装饰，突出了品牌和铺号，是一种中西结合的设计风格。

传统文化是中华民族在改造和创造世界的实践过程中产生的艺术精华，以这些题材进行设计的卷烟包装更容易与消费者产生共鸣。

2. 崇洋模仿：西方文化的植入

英美烟草公司自从1902年在上海以“海盗牌”（1919年改称“老刀”牌）香烟为代表进驻中国，逐渐以其生产销售的大前门、大英、白锡包、红锡包、三炮台、哈德门等品牌香烟，占据了中国烟草2/3的市场。在广东市场上主要有老刀、欢迎、三炮台等品牌。日本产的云龙、凤凰、蜜蜂、朝日等也趁机进入广东市场，但日本产品在广东不如英美烟草公司的产品吃香，市场上较少[3]。外烟凭借特权和雄厚的经济实力排挤国货，打压国产品牌，例如英美烟公司模仿生产、包装国产名烟，并廉价推向市场，令对方滞销。广东的民族卷烟企业为了生存也向洋烟包装设计靠近，有的将包装上的所有文字都采用中英文对照，有的则完全采用外文，更有甚者直接仿制洋烟包装。例如广东大生烟厂生产的“骆驼”与洋烟“Camel”（翻译：骆驼）两者从

[1] 萧剑青. 工商美术[M]. 澳门：世界书局，民国二十九年初版：87-89.

[2] 李从兴. 龙凤文化[M]. 吉林：吉林文史出版社，2010：116-118.

[3] 中国烟草通志编纂委员会编. 中国烟草通志（第二卷）[M]. 北京：中华书局，2006年.

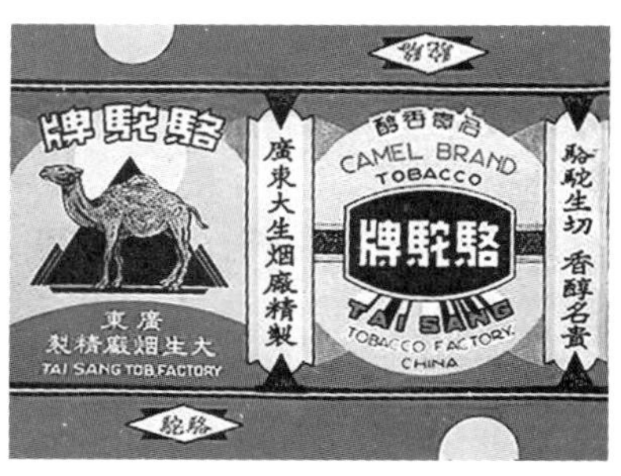

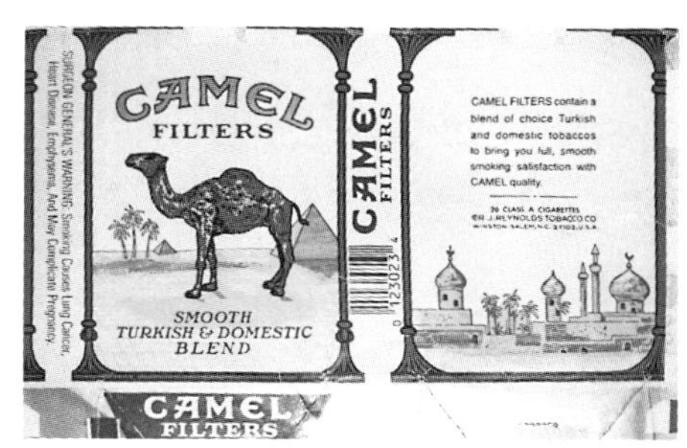

图2-35（上左）
20世纪三四十年代广东大生烟厂的骆驼牌包装设计
（图片来源：作者收藏）

图2-36（上右）
同时代上海英美烟草公司的骆驼牌包装设计
（图片来源：作者自摄）

图2-37（下左）
广东国光烟厂的丽都牌包装设计
（图片来源：作者自摄）

图2-38（下右）
同时代英美烟草公司的丽都牌包装设计
（图片来源：作者自摄）

名称到图形以及编排都极为类似（图2-35、图2-36）。广东国光烟厂的“丽都牌”香烟与同时代英美烟公司的“lido”牌香烟包装如出一辙（图2-37、图2-38）。

20世纪三四十年代，在广州和上海等沿海城市的大多卷烟均由英美厂商进口或生产，卷烟在中国成了“现代”“西方”和“时髦”的象征。因此，模仿洋烟包装，或在国产卷烟包装中出现同样源自西方象征现代的高楼大厦、汽车、电话和自行车等，可以满足部分消费者的崇洋心理。此时，西方盛行的“新艺术”“装饰艺术”“现代主义”等艺术风格也影响了民族卷烟包装的设计手法从传统逐渐向现代转型，比如为了突出品牌，运用卷曲的动植物纹样或抽象的西式几何形作装饰。直到中华人民共和国成立以前，广东卷烟包装设计都不同程度地受到“洋烟”包装设计，甚至品牌名称的影响。这种卷烟包装设计中的崇洋模仿，是广东烟企应对激烈的市场竞争所采取的无奈举措，但无疑也蕴含了西方文化的传播。

3. 抗战爱国：爱国运动的影响

为了挽救广东卷烟市场被洋烟欺行霸市的现状，广东的民族烟草企业还借助风起云涌的民族爱国运动，与洋烟展开了激烈的竞争。例如，广东南洋兄弟烟草公司1918年将总部迁往上海，同时在广州、武汉和天津等地设分厂，生产“双喜”“飞鹤”等品牌的香烟。1927

[1] 黄玉涛．民国时期我国香烟广告的题材与策略[J]．现代传播．2009（3）：155.

[2] 杜静．社会意识形态对我国香烟包装设计的影响研究[D]．苏州：苏州大学，2010年．第22页.

年，简氏家族的简英甫脱离南洋兄弟烟草公司，在广州泮塘设立华南烟厂，是广东第一家机制卷烟厂。日军占领期间，该烟厂搬迁到大基头，改为东亚烟厂。它们采取“中国人吸中国烟”的销售策略与英美烟草公司和日本烟草公司展开了激烈的竞争，夺回了长久以来沦陷于洋商的香烟市场，奠定了民族卷烟业后来发展的基础[1]。

20世纪三四十年代，中国处于抗日战争最艰难的时期，广东的民族卷烟企业纷纷通过在包装上加入表现抗战爱国的元素来号召普通民众加入抗战行列。一方面是这样可以唤起消费者的民族情感，另一方面是因为卷烟包装便于携带，媒介稳定，可读性强，传播面广，非常便于爱国教育的展开[2]。例如广东何芸蓼烟庄生产的“大飞机”牌卷烟（图2-39），包装主体图形描绘了一架翱翔于蓝天的大飞机，并题有“航空救国”四个字。广东李香兰烟庄的“大胜利”牌卷烟，包装主体图形是一幅硝烟弥漫、大炮轰鸣，士兵顽强抵抗的场景，还有“著名国产”“国民抗战”的字样。广东何芸昌监制的成功牌卷烟（图2-40），包装主体图形是一位意气风发的骑着战马、高举旗帜的军官形象，旗帜上写有“马到功成”四个字，另一面除了突出铺号和品牌名称外，还以“中华土产、唯一国货”表明国货的身份。类似的还有“空运”“从军乐”“醒狮”等卷烟包装，都从不同方面描绘了广东人民对抗战的响应和热情。这种利用爱国情感的包装设计方式，在响应爱国运动、振兴国货的同时也取得了很好的社会效益和经济效益。

4．西学东渐：女性地位的诉求

清末民初，受西学东渐的影响，资产阶级维新派倡导“天赋人权”“男女平等”，女性地位不断提高，女性可以自由大胆地在社会

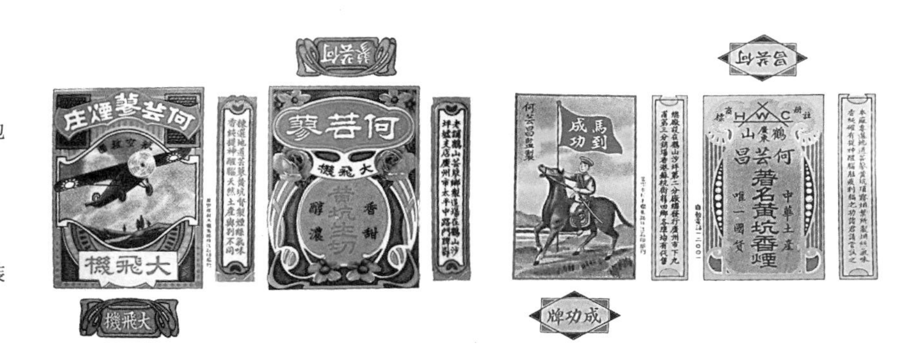

图2-39（左）
广东何芸蓼烟庄的大飞机牌包装设计
（图片来源：作者自摄）

图2-40（右）
广东何芸昌监制的成功牌包装设计
（图片来源：作者自摄）

上抛头露面，尤其是1928年民国政府掀起的“新生活运动”对社会生活方式的现代化转变产生了作用。上海、天津、北京、广州等大城市的新时代女性，以烫波浪发式、着新式旗袍或长短大衣、涂血色口红、拿挎包洋伞为最时髦装扮。卷烟消费曾一度被视为男性的特权，但随着女性社会地位的提高，女性也变成卷烟厂商不可小看的消费群体，无论女性吸烟是为了悦人，还是为了悦己，她们都以消费卷烟的方式挑战男性权威、挑战传统生活方式。

20世纪三四十年代的上海是中国卷烟生产和消费的中心。仅1931年一年，在上海消费的卷烟就高达60亿支，远远高于广州、香港和北京的消费量[1]。为了取悦男性烟民，争取女性烟民，上海的月份牌卷烟广告上开始出现众多摩登女郎形象，这些女性都装扮时髦，妆容精致、娇艳无比，或游泳、赛马、划船，或置身于洋房、影院、歌舞厅，成为普通百姓了解都市生活的一个窗口。

[1] 上海商业储蓄银行调查部:《烟与烟业》[M]. 上海商业储蓄银行信托部发售，1934：153.

月份牌起源于上海盛行于民国的一种由中国传统木版年画演变而来的广告形式，是外国资本家在中国倾销商品进行广告宣传的产物。其图像最初主要表现中国传统山水或古装仕女，但到了20世纪三四十年代发展到主要表现知识女性、时装美女，其表现手法也由早期采用木刻套印发展到西洋擦笔水彩画、机器胶版印刷等方法。上海的大型烟企如“英美烟草公司”“华成”“南洋”等在激烈的商业竞争环境下，纷纷不惜高薪聘请画家制作月份牌，进行广告促销。月份牌图像的表现手法还被广泛运用到了卷烟、化妆品、布匹和食品等商品的包装图形设计之中。例如中国德隆烟草公司的“旗美”牌卷烟包装（图2-41）描绘了一个身着新式旗袍的女性形象，上海南洋兄弟烟草公司出品的“浴美”卷烟包装（图2-42），描绘了几个身着泳衣的女

图2-41（左）
20世纪30年代上海德隆烟草公司的旗美牌卷烟包装设计
（图片来源：作者自摄）

图2-42（右）
20世纪40年代上海南洋兄弟烟草公司的浴美牌卷烟包装设计
（图片来源：作者自摄）

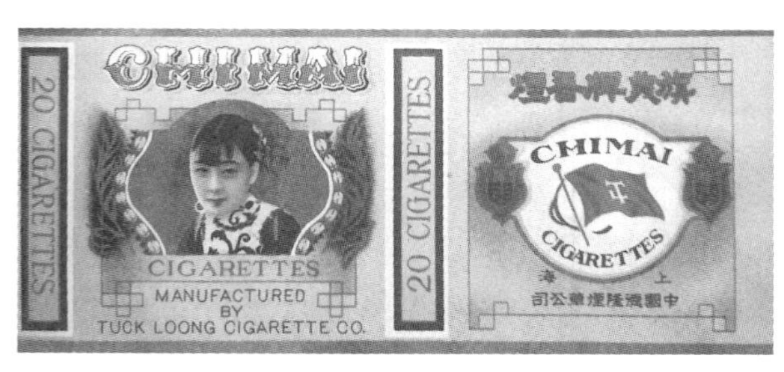

图2-43（左）
20世纪三四十年代广东大同烟厂的美女牌卷烟包装设计
（图片来源：作者自摄）

图2-44（右）
20世纪三四十年代广东光中烟厂的散发妹牌卷烟包装设计
（图片来源：作者自摄）

性冲浪、沐浴的形象，生动逼真的场景十分令人向往。

一段时期内流行着的艺术风格对所有艺术门类的渗透是“风格的无孔不入”，同时风格与“生活方式”有着密切的联系[1]。当卷烟消费变成摩登上海的一种文化符号，当卷烟沿着商业网络从上海运输到全国各地时，月份牌卷烟广告和包装设计手法迅速在全国其他省市流行开来。据资料记载，当时的天津、北京、广州等城市，都不同程度地成为月份牌生产销售的中心。广东人务实、包容，很善于学习、融汇来自四面八方的各种外来文化和新鲜事物，上海的月份牌风格很快被运用到广东的卷烟广告和卷烟包装设计之中。例如广东大同烟厂的“美女”牌卷烟包装（图2-43）和广东光中烟厂出品的“散发妹”牌（图2-44）卷烟包装，都描绘了一个头顶烫发、身着时装甚至身着露肩吊带裙的美女形象，很是时髦，和传统的女性形象差别很大。卷烟包装中的这类时尚美女形象渲染了一种进步、美好的生活，发出了妇女解放的信号，不仅可以吸引男性消费者的眼球，也可以让潜在的女性消费者心生向往与模仿，产生共鸣，从而达到刺激卷烟销售的目的。这也是反帝反封建的浪潮中，西学东渐向人们日常生活的一种渗透[2]。

民国广东卷烟业由于英美和日本的烟草垄断以及战争的破坏，发展较缓慢。在此阶段，卷烟包装带有浓厚的旧中国色彩，其品牌名称、图形内容、色彩运用和审美情趣等方面在体现中国传统文化和爱国主义情感的同时，也受到西方外来香烟包装和上海等周边省市香烟包装设计的影响，大多以写实的插图、鲜艳的色彩和饱满的编排以及

[1] 贝维斯·希利尔，凯特·麦金太尔著，林鹤译．世纪风格[M]．河北：河北教育出版社，2002：3.

[2] 樊卫国．近代上海的奢侈消费[J]．探索与争鸣．1994（12）：38-41.

唯美的画面吸引消费者。

民国时期西风东渐，华洋杂处，竞争激烈，广东民族卷烟包装设计理念多为模仿西方，模仿上海等卷烟工业和卷烟消费发达的地区的设计，大量选用传统文化、西方文明和爱国主义题材，设计风格是中西结合，虽然具有浓厚的旧中国烙印，但无疑是由工艺美术向现代设计迈进了一大步。

2.4.4 民国广东火柴包装设计

据记载，最早的火柴是由我国南北朝的一群宫女发明的，只不过当时的火柴是一种引火材料，其后约在马可波罗时期传入欧洲，欧洲人则在此基础上研制发明了现代火柴，随着晚清通商口岸的开放，这种被国人称为“洋火”的火柴也随之进入中国。火柴盒上最富有设计感的便是火花，火花又称火柴贴纸、火柴画片、火柴标签等，主要由品牌名称、图形和生产厂家名称组成。

清光绪五年（1879年）日本华侨卫省轩在佛山创办的巧明火柴厂是广东第一家火柴厂，是继上海制造自来火局（创于1877年）后另一家我国民族资本创办的火柴厂[1]，创办初期由于广东本地原料匮乏，当时的火柴原料以及包装盒等均从香港进口，其最早生产的“舞龙”牌商标和日本的“舞龙唛”几乎完全相同，厂名也是冒用日本公益火柴株式会社的[2]。该厂后来使用舞龙、舞狮、鲤鱼、发财、妹鹿、肥佛、猴鹿、光明、巧明、国货巧明等多种商标，但最受欢迎的还是舞龙的标识[3]。“舞龙”牌火花以红色衬底，构图对称，四个身穿马褂、脚上绑腿的舞龙人形态各异，位于最前面的舞龙人手举绣球，随后的三个人舞着一条龙，整个画面栩栩如生，仿佛佛山传统的舞狮、舞龙活动。巧明厂的“舞龙”牌火柴既喜庆又寓意吉祥，深得民众青睐，加之是国货，在诞生之后便十分畅销，这也引得随后的民族火柴厂纷纷仿制。据记载除了巧明外，广州地区的文明阁火柴局、太和、振兴、义和、老怡和、广中兴、华兴等七家民族火柴厂的产品也相继仿效使用过“舞龙唛”商标（图2-45）。而“舞龙唛”的原厂日本大阪公益火柴株式会社见“舞龙”牌十分畅销，于是通过日本公

[1] 蔡博明．中国日用化工协会火柴分会编．中国火柴工业史[M]．北京：中国轻工业出版社，2001：10．

[2] 中国人民政治协商会议广东省佛山市委员会文史资料委员会．佛山文史资料 第9辑[M]．1989：28．

[3] 章宁．[第064期·文化工厂之华侨文化]巧明火柴厂：重新点燃一束思想火花[DB]．南都广州 http://www.gzlib.gov.cn/gzzz/151885.jhtml．

a

b

c

图2-45（左）
a日本舞龙牌包装设计，b广东澳门昌明舞龙牌包装设计，c广东太和舞龙牌包装设计
（图片来源：樊瑀．老火花收藏[M]．杭州：浙江大学出版社，2007）

图2-46（右）
广东万喜火花包装设计
（图片来源：樊瑀．老火花收藏[M]．杭州：浙江大学出版社，2007）

使向清政府外交部交涉，说“舞龙唛”是公益社在两广向来的商标，中国火柴厂侵权，想借此挤垮其他中国的民族火柴厂；而中国企业方则反驳，该商标并没注册，大家都可使用。最后，清政府以“龙”是清政府的国旗，国人以舞龙为商标与外国人无关，不属侵权。日本大阪公益火柴株式会社只得在火花上印制“假冒舞龙唛男盗女娼”的文字来警告假冒者[1]。这也真实地反映了初期的广东民族工业只能通过仿制来顽强发展的状态。为了避免被同行抄袭，一些企业家也采取一些手段来防止这种情况的发生，如昌明火柴厂就在火柴包装上添加封口纸作为防伪的标识，但这种方法仅仅是在消费者购买的过程中起到辨识作用而已，并没有实际的法律效应。

随着火柴业的逐渐发展，为了满足广东本地的消费者，越来越多的火柴厂开始放弃模仿西方和日本的设计风格，开始尝试在火柴的包装上加入本土的元素和文化，中国传统的十二生肖以及喜文化元素开始出现在火柴的包装上（图2-46）。因为火柴属于消耗品，用完则弃，在火花的印刷用纸方面多使用的是劣质的薄宣纸等手工纸，这种纸张粗糙无光泽，致使最终印刷出来的颜色并不多。在印刷形式上多采用木板雕刻印刷，通过木板雕出图案后用水色印刷，可以呈现单色或是多色的效果，制作一版便可以重复印刷。晚清至民国广东火花的构图比较简单，多为对称构图，线条比较硬朗，颜色多为黄和红，表现技法则以平涂和白描为主。

第一次世界大战爆发后，随着实业救国、振兴国货等呼声日益高涨，民众开始抵制洋货，而火柴的进口量也受到了波及，因而进口火柴大大地减少。当时一些日本的侨胞见此形势，觉得火柴有利可图，便聘请一些日本的工程师回国建造火柴厂。自1914～1921年，广东火柴厂的数量与日俱增，新建了东山、兴亚等19家火柴厂。在

[1]　孙建驹．百年火花见证中国火柴业发展史[DB]中国新闻网http://www.chinanews.com/kj/whww/news/2006/09-06/785921.shtml.

图2-47（左）
广东汕头利生火柴包装设计
（图片来源：樊瑀．老火花收藏[M]．杭州：浙江大学出版社，2007）

图2-48（右）
广东耀华火柴包装设计
（图片来源：樊瑀．老火花收藏[M]．杭州：浙江大学出版社，2007）

1919～1921年，广东地区的火柴业达到了顶峰，平均每年每个火柴厂家生产火柴约五万余笠，不仅畅销南方地区，还远销海外如南洋和东南亚各地[1]。汕头的火柴工业在20世纪20年代开始发展，据《潮海关十年报告1912～1921》称，当时汕头有火柴厂两家，一家是创办于1920年的汕头火柴公司，另一家是创办于1921年的耀华火柴厂。创办于1934年的耀昌火柴厂也曾名噪一时，直到中华人民共和国成立后仍顽强地生存下来，使得当地民众能够摆脱洋火，成为潮汕地区民族工业的象征。

民国时期广东火柴包装图案题材多样，包括历史人物、吉祥图案、花鸟虫鱼、明星广告、爱国题材、时事政治等，火柴包装上的图案在方寸之间反映了这个时期的社会背景以及人们的审美喜好[2]。民国时火柴包装的整体设计趋于简单化并采用统一的版式，边框采用简洁的线条，主体图案以写实为主，或突出品牌或生产厂家名称，左右两侧大多运用对联的视觉元素，配上爱国口号或广告宣传语，上下两端则是厂家的商标全称和对应的英文名。火花上最常见的爱国口号是“真正国货，上等火柴”“振兴土货，挽回利权”等（图2-47、图2-48）。火柴包装配色多以红色和黄色的搭配，具有强烈的视觉效果，同时与火柴燃烧形成的火焰颜色暗相呼应。火柴包装图案还会选取历史进程中具有影响和意义的重大事件进行宣传报道，如孙中山先生逝世、抗战救国等。

晚清火柴经历了从最初的仿制国外品牌到自主品牌诞生的过程，火柴的包装为后人展现了这一段历史，广东的民族企业在逆境中艰难的成长起来了。

[1] 蔡博明，中国日用化工协会火柴分会．中国火柴工业史[M]．北京：中国轻工业出版社．2001：11.

[2] 于海燕．试论清末民初火花的艺术内涵与文化传承[J]．美术大观．2007（6）：40-41.

2.4.5　民国广东电池包装设计

广东的电池工业是民国时期才开始建立的产业之一。20世纪20年代，美国的永备牌电池雄霸市场。广东的企业家们为了发展民族工业，齐心协力进行研究探索，终于在1928年研制出了生产电池的方法，他们是国内电池工业的先驱者。发展至1936年，广东的电池工业已经有了较大的发展，由手工生产的模式逐渐转入了半机械生产模式。当时规模较大的电池厂家当属潘壮修、潘永刚在1928年创建的兴华电池厂，后改名广州电池厂。最初它以手工操作的生产方式为主，雇佣十多个工人在一间小平房内，主要生产大号电池，有狮牌、五羊牌等商标，日产数十打，主要在本地销售。

电池作为民国时新兴的电子产品，其包装设计很快与当时的西方设计风格接轨，设计上多用西方的点、线、面等简洁元素来装饰，色彩以蓝色、红色为主。电池包装在所有民国广东的商品包装设计类型中是最接近于现代设计的一种。由于电池的形状固定呈圆柱形，因此电池包装的造型也基本以方形纸盒为主，正面、侧面印有产品信息等内容，现代电池包装一般在金属外壳上覆有一层塑料包装作为保护层，但民国时期还没有先进的塑料包装技术，仅仅用一层纸盒包装，存在一定的安全隐患。广东永耀电池厂出品的飞象牌电池包装，采用对比色红色和蓝色来突出包装的图案文字内容，用西式风格的飞象品牌形象作为注册商标，用“上等国货”的标签来说明商品自身的质量上乘（图2-49）。兴华电池厂的五羊牌电池包装，将广州的城市代名词“五羊”作为品牌形象，在一定的意义上可以通过消费者对广州城市形象的信任来促进产品的销售，用带有活力的橙色和红色作为包装的主色调，用放射状的金色光芒来放大品牌名称，给人传达出充满力量、踏实可靠的感觉。

图2-49
飞象牌电池包装设计
（图片来源：作者收藏）

辛亥革命推翻了中国几千年的封建统治，不仅带来了社会制度的革新，同时也为资本主义和现代工业在中国的发展开辟了道路。民国时的中国社会变得更加开放，民族资产阶级开始登上历史舞台，一批中国民族品牌企业开始成长。民国时期广东的商品包装设计就是在这样一个历史背景下，取得了很大的进步和发展。包装设计作为民国时期商业美术中的一类形式，不仅是现在的设计工作者研究包装历史的财富，也是中国近代民族工商业发展的历史见证。

民国时广东的民族工商企业家具有较先进的经营管理理念，为了促销商品，他们大都比较重视商品的包装设计。在西方各种设计思潮和设计风格以及审美意识形态的不断冲击下，在岭南本土文化、上海文化以及爱国主义运动的影响下，广东传统的包装设计在西学东渐的社会化浪潮中得到洗礼，向现代设计迈进了一大步。这得益于广东优越的地理位置和优良的商贸传统，得益于广东人务实、善于创新和融合中西的性格特点，他们深深懂得，闭关自守只能导致落后。他们在继承本土文化的同时不忘对优秀的外来文化兼容并蓄，他们在关注商品包装国际化的同时不忘发挥包装设计的民族性，使之在国内外市场绽放民族魅力。可以说，民国时期广东的商品包装设计走的是一条中与西、民族性与时代性接轨的道路。

第 3 章

中华人民共和国成立至改革开放前广东的包装设计（1949～1978年）

本节“中华人民共和国成立至改革开放前”是指1949年中华人民共和国成立到1978年党的十一届三中全会召开前的30年。这期间，可分为几个阶段：国民经济恢复和社会主义改造基本完成的7年、开始全面建设社会主义的10年、“文化大革命”10年、从粉碎“四人帮”到党的十一届三中全会召开的2年[1]。

中华人民共和国成立后，政府为了让经济步入正轨，在1949～1978年期间实施了计划经济体制[2]。广东省的工农业生产得到恢复和发展，轻工业消费产品种类增多。在计划经济时代，我国的对外贸易以“协定贸易”为主，国内市场是“统购包销”，产品的包装功能主要是保证其贮藏、运输中的安全。由于“皇帝女儿不愁嫁”，广东以及国内销售商品的包装比较落后。“文革”时期，在文艺为政治服务的社会背景下，内销商品的包装普遍带有强烈的政治色彩，具有鲜明的时代特点。受外贸出口和世界商品经济发展的冲击，我国有关领导和部门逐渐重视出口商品生产和商品包装设计的改进工作。

3.1 中华人民共和国成立至改革开放前广东政治、经济及包装业发展概况

3.1.1 20世纪五六十年代广东政治、经济及包装业发展概况

中华人民共和国成立之初，百业待兴，我国国民经济处于恢复阶段。党和国家非常重视发展生产，改善人民生活。“民以食为天”，制订了首先发展轻工业的政策。为恢复生产、发展经济，政府也开始重视包装，改造、兴建了一批造纸厂、塑料厂、玻璃厂和印刷厂，并着重抓了粮食、棉花等大宗货物的包装，以及商业、铁路等部门的包装管理工作，制订了一批文件、法规、标准、办法等，取得了显著成效[3]。1953年，全国轻工名优产品（包装）评比评出八大名酒。之后，周恩来总理批准拨款2300万元，用以发展我国八大名酒的生产和包装。1954年，周总理带了包装精美的“茅台”、“张裕”参加日内瓦国际会议，作为国家礼品送与会议，大受好评。之后周总理又同意拨专款给茅台、张裕两厂，用以提高名酒质量和包装设计。1956年，

[1] 逄锦聚．辉煌的成就 宝贵的经验——新中国经济50年的回顾与展望[J]．南开学报（哲学社会科学版），1999（6）：5.

[2] 王询，于秋华．中国近现代经济史[M]．大连：东北财经大学出版社，2004：216.

[3] 章文．艰辛创业的五十年辉煌发展的五十年[J]．包装世界，1999（6）：14.

在全国食品工业汇报会上，毛泽东主席指示，要大力发展食品生产，对发展食品（包装）事业、酿酒业指出了明确的方向[1]。

中华人民共和国成立后，广东省各级人民政府也积极恢复生产，发展社会主义经济，在工业方面，不仅没收了官僚资本企业，还建立了国营企业，并以恢复生产为主，主要发展轻工业，同时对资本主义工业实行了社会主义改造，在订货、包销等方面进行扩大，发展公私合营；在商业方面，成立南方贸易公司和广东省人民政府贸易厅，并陆续成立花纱布、盐业、百货等公司，发展了各种商业渠道和国营商业，对工商业进行了调整；在广大农村地区，积极开展供销商业。

基于经济的恢复发展，广东省政府也开始重视商品生产以及包装工作，利用广东省造纸技术的优势，促进大型商品包装的纸质化，用纸箱逐步代替自然资源高消耗、成本高昂的木箱，一般日用品包装纸由于细土纸需求量过大，改用草纸。20世纪50年代后期，随着新型设备以及材料制造工艺的引进，塑料吹膜等热固性塑料包装、玻璃瓶罐包装、玻璃纸包装等相继出现，印刷技术不断提升，印刷工业得到了良好的发展。

此时，广东省的出口额在增加，进口贸易也相对活跃，进口了大批国防物资和建设物资给国家。但由于中国与苏联保持友好同盟关系，中国的对外贸易受到美国等一些西方国家的封锁禁运，而广东省基于近代长久以来对外贸易的历史基础，处于反封锁、反禁运的最前线，为了能让对外贸易顺利进行，广东对外贸易利用香港、澳门作为桥梁，多做小宗买卖[2]。1955年秋，广东省外贸协会前后举办了几次小型物资交流会，取得了不错的成果。1957年春，中国国营进出口企业联合举办了第一届中国出口商品交易会（简称“广交会”）。广交会成为新中国冲破西方经济封锁与政治孤立、打开通向世界大门、与各国平等互利、互通有无、对外贸易的时代窗口。之后，广州成为每年举办春、秋两季交易会的城市。广交会不仅促进了商业的交流，还促进了包装工业和包装设计的发展。虽然第一届广交会的参展商主要是我国港澳和新加坡的采购商[3]，但是也给广东乃至全国的商品经济带来新的生机，突出了广东作为对外贸易港口的重要作用。

[1] 韩虞梅，韩笑. 新中国包装事业发展60年回顾[J]. 包装工程，2009（10）：235-236.

[2] 毛华田，黄勋拔，侯月祥. 当代中国的广东[M]. 北京：当代中国出版社，1991：801.

[3] 孟红. “中国第一展”——广交会的沧桑巨变[J]. 文史春秋，2010（2）：4-12.

自1961年起，经过5年的经济调整，广东省市场供应逐渐恢复正常，工业经济向前发展，人民生活水平有了一定改善。不断提高的现代工业基础条件，稳健上升的工业化程度是广东省商品包装发展强劲的内在动力。1965年，经过广东省多年来的努力，经济的发展有所提高，全省工农业总产值较1957年增长了64.9%[1]。

根据国家统计局数据显示，在1949年到1966年期间，广东省轻工业生产总值从103亿上升到796亿，年增长率为12.99%左右，轻工业发展呈现良好的上升趋势[2]，包装业也得到了相应的发展。

20世纪60年代初期，我国对外贸易主市场由于中苏之间的关系恶化而开始转向西方市场，同时也由于抗美援朝战争的停止，许多西方国家的商人要求与我国进行正常贸易[3]。但是西方国家工业发达、消费水平高，我国原有的出口商品包装远远不能适应在资本主义市场遇到的竞争。我国以计划经济为主导的出口商品包装出现了诸多问题，诸如设计不符合西方文化和消费心理，缺乏美观和现代感，包装质量不过关导致商品的破损等问题。

为了满足海外市场的竞争需要，我国政府有关部门开始察觉到商品包装的重要性。为了改变包装落后面貌，提高出口商品包装水平，以适应国际市场的需要，从1961年起，我国先后成立了出口商品包装公司和研究所，专门负责出口商品包装的管理和科研工作。而且由外贸部主管纸张、木材、铁皮、铁腰子、棉布、麻布、麻袋、铁钉、铁丝及毛竹等十种出口商品包装材料的分配和供应，相应地在外贸部设立了中国对外贸易包装材料公司。1964年，国家计委、国家经委和国务院财贸办公室作出决定，将原由外贸部主管的十种材料中的棉布、铁钉、铁丝、毛竹等材料交给商业部主管；1965年又把木材交给国家物资部门主管[4]。

同时，广东省对商品包装的设计、制造和检验都进行了相对应的暂行规定和具体要求。在1963年底，仅广州市就制定了1700多项条例和临时标准，为商品包装标准化工作的开展提供了条件[5]。1964年1月，广州市轻工局成立广州轻工美术设计公司，成为广东省1949年以来第一个有规模的专业设计公司。1965年广州市二轻局成立广州

[1] 黄勋拔．当代广东简史[M]．北京：当代中国出版社，2005：152.

[2] 广东省统计局编，广东省统计年鉴1984[M]．香港：香港经济导报社，1984：148.

[3] 匡吉，《当代中国》丛书编辑部编辑．当代中国的广东[M]．北京：当代中国出版社，1991：803.

[4] 白颖．中国包装史略[M]．北京：新华出版社，1987：192.

[5] 陆江．中国包装发展四十年 1949～1989[M]．北京：中国物资出版社，1991：14.

市二轻美术设计公司。同年9月，广东省轻工业厅成立轻工产品设计室（广东省工艺美术包装装潢工业公司前身）[1]，推动了广东包装装潢设计的发展。在有关部门的领导和督促下，上海口岸的外包装纸板箱、无钉无档胶合板箱等得到推广，内包装则出现透明开窗式纸盒及白卡纸折盒。

直到1966年“文革”前期，广东省对外贸易呈现良好的发展，对外贸易出口总额由1952年的12062万美元增长到31510万美元，其中1965年比1952年增长速度为161.2%[2]，出口商品包装设计也得到了较快速的发展

3.1.2 “文革”时期广东政治、经济及包装业发展概况

“文革”时期（1966～1976年）是中国历史上的一个非常时期。“文革”期间广东省整体的工业生产与全国一样出现过下滑甚至停滞，但在党中央“抓革命，促生产”和“把国民经济搞上去”的方针指引下[3]，总的来看经济建设并没有放松[4]。党和国家在“文革”前制定的经济建设方针政策、发展规划和目标并没有改变，第三、第四个“五年计划”也照常进行和实施。不可否认的是“文革”期间中国取得了一些科学技术和基础建设的成就，总体上较中华人民共和国成立初期国民经济有所发展。

1970年，广东省批发零售网点由1965年的12567个减为10101个，全省合作商业网点由1965年的9528个减为5600个[5]，部分集体商业和所有个体商贩被禁止开业，商品以产定销、统一供销的方式流通，商品流通渠道日益缩减，人民日常生活购买商品需要券票换购，日常生活受到影响。全国范围内属于轻工业范畴的包装工业也受到了严重的影响，包装工作处于无人管理的状态。包装装潢设计也成了革命的对象，设计单位一律解散，设计人员有的下放，有的改行，设计资料被当作“四旧”销毁，设计行业遭受严重冲击。

除了内销商品经济受到打击外，“文革”初期对外贸易出口同样受到严重的打压，1968年外贸管理机构被破坏，广东省对外贸易局被撤销，省内大多数对外贸易机构被砍光，大部分出口政策被废止，

[1] 李向荣．广东省设计师作品选1994～1999年[M]．广州：广东人民出版社，1999：7.

[2] 广东省地方史志编纂委员会．广东省志 经济综述[M]．广州：广东人民出版社，2004：350.

[3] 抓革命，促生产[N]．人民日报，1965-09-30（1）.

[4] 十一届三中全会决议《中国共产党中央委员会关于建国以来党的若干历史问题的决议》．1981.06．中央政治局书记处，第七点第五小点、第八点、二十三点.

[5] 广东省地方史志编纂委员会．广东省志 经济综述[M]．广州：广东人民出版社，2004：254.

导致广东省在港澳市场的优势被其他地区和国家占据[1]。

而此时，国际上贸易运输方式、市场销售方式和消费者生活方式发生了很大的变化，超级市场在西方国家悄然兴起，商品的包装由原来的保护商品、方便储运、美化商品的功能转向依靠包装推销商品的“无声销售员”角色，包装装潢设计成为市场竞争的重要手段。但我国由于政治因素，包装机构被砍掉，基本无人管理包装工作。许多已经改进并取得较好效果的出口包装，又走了回头路，致使商品的破碎损失增多，包装装潢设计更是无人关注，如瓷器，1966年前破损率下降到3%以下，以后又回升为7%，有的甚至高达30%[2]。众多出口商品由于包装破损导致不能按期交货，或装潢陈旧不受欢迎，贸易亏损重大[3]。

中国受到世界商品经济发展的冲击，并且由于长期受到西方的经济封锁，造成中国外汇短缺的局面，此时出口创汇是中国的经济任务更是政治使命。我国有关领导和部门开始重视出口商品的生产和包装的改进工作。1966年2月，中共中央决定增加对资本主义国家的出口。1966年9月，北京市人民委员会抄转的《国务院财贸办公室、文教办公室、国家经济委员会关于商标、图案和商品造型改革问题的通知》中对于出口商品提出：“应当认真执行中共中央和国务院7月22日‘关于工业交通企业和基本建设单位如何开展“文化大革命”运动的补充通知’规定的精神，即‘出口商品，除有明显的反动政治内容的，必须立即改变以外，目前一般不要变动；以后在改革中，要非常充分地考虑到国外市场的需求。对于改革后的新商品，外贸部门积极采取措施，向外推销，打开国外销路’。”[4]

1968年，外贸部拨出一定资金，引进国外先进技术设备和优质材料，在广东、上海沿海发达城市建立外贸出口商品包装制品的生产企业。20世纪60年代末，在广东省委、省政府及相关领导的努力下，广东省国民经济得以逐渐稳定恢复，工业生产获得发展，包装业也得到了相应的恢复和发展。

世界商品经济发展的新形势也引起了国家领导人的重视，周恩来总理在1971年8月25日的外贸部工作报告上批示：“做好包装工作”[5]。

[1] 黄勋拔．当代广东简史[M]．北京：当代中国出版社，2005：195.

[2] 白颖．中国包装史略[M]．北京：新华出版社，1987：193.

[3] 韩虞梅，韩笑．新中国包装事业发展60年回顾[J]．包装工程，2009（10）：235-236.

[4] 薛扬．芬芳如花：黄菊芬绘画研究[M]．南宁：广西美术出版社，2014：44-45.

[5] 白颖．中国包装史略[M]．北京：新华出版社，1987：8.

1971年10月14日，李先念副总理在外贸人员座谈会上指出“包装问题要研究……要多调查研究，适应国际市场，除了货源外，商标、包装、花包、品种、质量都要调查研究[1]。1973年，陈云同志指出“改进包装问题，有政治和经济两方面的意义。政治上，要强调促进国内生产，提高产品质量，可以提高国际声誉；经济上，花很少的成本（原料，加工费），可以挽回很大数量的外汇，所以经济上也有很大的意义……”[2]。

1972年3月，在上海召开了全国商品包装装潢工作会议，同时举办了改进出口商品包装装潢的对比展览，并陈列进口样品，开拓了国内设计师的视野[3]。同年7月，国务院批准了外贸部关于全国出口商品包装装潢工作会议的报告，并指出，出口商品包装装潢是外贸工作的一个重要方面，要尽快适应外贸发展和国际市场的要求，进一步促进对外贸易的发展。

为了使外贸商品能在国际市场占据份额，各大进出口贸易公司都针对不同的国际市场的消费心理需求，在包装装潢设计上下了一番苦心，尽管有人提出反对，说对外贸易是“崇洋媚外”，但国家领导坚定地指出对外贸易对国内经济发展有好处。

1972年，在广东，省经委领导下成立了以广州美术学院高永坚为首的广东省包装装潢联合调查组，赴上海参观学习，并在广州举办“广东省包装装潢对比展览”及设计人员训练班。此后，“包装装潢”这个专用名词开始广泛普及，外贸部主办了多次出口商品展览，进行国外包装样品分析，组织对外交流和学术研讨，出版相关刊物。广东省外贸局多次组织专题研究和召开全省出口包装装潢会议，广州市一轻、二轻美术设计公司多次组织设计交流活动。1972年11月，广州市一轻、二轻美术设计公司发起组织“7地区16单位装潢设计学术交流活动”，至1979年轮办了7次交流会。1973年7月，中国包装进出口广东公司《包装与装潢》（今《包装&设计》）杂志创刊。1973年，广州一轻设计公司、二轻设计公司联合中国包装协会对国际市场的出口外贸商品包装结构和样式进行改进和创新，对外贸易商品包装设计的发展呈现出良好趋势。1974年11月，广东省工艺美术包装装

[1]　李先念副总理接见交易会同志时的讲话．1972.10.23．广东省档案馆藏，档案号324-2-114.

[2]　陆江．中国包装发展四十年 1949-1989[M]．北京：中国物资出版社，1991：561.

[3]　谢琪．湖南当代包装设计发展回顾[J]．湖南包装，2012（4）：3-5.

潢工业公司牵头组织“14省、市轻工系统包装装潢设计交流活动”，至1980年共举办了5次展评活动。1974～1979年，广东省工艺美术包装装潢工业公司和市一轻、市二轻美术设计公司坚持每年组织设计人员参加全国两个群众性设计交流活动，并参加与联名写信给国务院领导，反映我国包装设计现状，要求尽早成立国家管理包装的专门机构。1974年8月，经国务院批准，正式成立了对外贸易部包装局、中国出口商品包装总公司和中国出口商品包装研究所。

1975年8月18日，邓小平同志在《关于发展工业的几点意见》一文的批示中指出：“科研的课题很多，不说别的，光是出口商品的包装问题，我看就要好好研究一下”[1]。

自此，中央到地方的各级政府和相关部门越来越重视包装工作，全国各地的24个分公司相继成立，还有两个全国性的和4个地方性的其他包装机构，并且不断地发展和扩大，积极开展各项工作。同时，工业生产的恢复也促进了各种包装材料的发展，各种新型的包装材料相继出现，包装业的发展呈现出一派生机[2]。

1976年，有关部门加强对包装的管理力度，组建了7个包装研究所，先后组团去欧美十多个国家参观学习。外贸包装成了发展我国现代包装的先行者，并带动了其他行业的包装发展。同时，商业、粮农、百货、运输等抓包装较早的部门也都加强了包装管理，召开了一系列会议，进行了许多重要的包装改进，从以前单纯讲究坚固耐用的运输包装进步到重视美观增值的销售包装。全国各地自发或半官方地多次进行了包装装潢设计展评和交流。整个20世纪70年代，到处呈现着中国包装即将全面兴起的勃勃生机[3]。广东省政府也响应中央号召重视包装工作，不断扶持省内的包装印刷、材料、容器的生产，并推广纸箱厂的“六定”管理经验[4]，即：定任务、定人员、定库存、定品种、定费用、定损耗。

1976年，“文革”结束，中国国民经济以及包装业进入恢复阶段。1976年，由广州市一轻、二轻美术设计公司、天津美术学院联合举办的全国首次设计公开展览先后在广州、天津展出。1977年，广州美术学院设计系同省、市轻工设计部门，在湛江联合举办了为期

[1] 白颖．中国包装史略[M]．北京：新华出版社，1987：8.

[2] 陆江编．中国包装发展四十年：1949-1989[M].北京：中国物资出版社，1991：15-16.

[3] 章文．艰辛创业的五十年 辉煌发展的五十年[J]．包装世界，1999（6）：14.

[4] 广东省地方史志编纂委员会．广东省志—对外经济贸易志[M]．广州：广东人民出版社，1996：110.

1年的设计人员培训班[1]。

中华人民共和国成立至改革开放前，广东以及我国经过了近30年对工业化道路和现代包装业的曲折探索，为20世纪我国以及广东包装后20年的发展准备了条件，打下了基础。

3.2　时代新貌：20世纪五六十年代广东的包装设计

3.2.1　延续传统

广东作为中国近代兴起的对外开放的买办经济区域，拥有相当数量自清末民国以来成立的近代民族企业，这些民族企业占有内销和出口市场相当大的份额。明清时由于政府实行海禁政策，广州曾经是中国唯一对外开放的城市。第一次鸦片战争之后，清王朝的闭关锁国政策被打破，广州独口吞商的特殊地位不再，而逐渐被上海所取代。民国时上海是中国的经济、文化中心，也是全国商品生产和消费的中心。解放后的上海工业基础较雄厚，商品经济较发达，而当时的广州无论重工业还是轻工业都比较落后。在计划经济体制下，国家出于全局考虑，在20世纪五六十年代从上海搬来一批轻工业支援广州，有的甚至整厂搬来。由于受限于当时的计划经济模式和包装工艺、设备，以及相对封闭的国内环境，中华人民共和国成立初期广东的商品包装设计与解放前相比进步不大，很多传统产品包装的题材和形式还保留了民国时期的风格，延续了传统中国文化的意象。

以广东老字号品牌王老吉的包装设计为例。王老吉凉茶，于清朝道光年间创立，可谓凉茶的鼻祖。据《广州市志·医药志》记载，最早的王老吉凉茶是名为王泽邦的人熬制出来的。王泽邦，小名为阿吉，是广东省鹤山县人，凉茶铺则以吉叔凉茶命名，时间久了，大家都叫他王老吉。1828年，王老吉凉茶铺正式开张[2]。此时，广州是当时世界上最大的通商口岸之一，商贩纷纷沓至而来，而一碗王老吉凉茶只需要两文钱，加上王老吉凉茶采用岗梅、淡竹叶、金钱草等天然草本植物做成，具有去除人体毒素、清凉祛火、提高免疫力等功效，所以门庭若市，素有“凉茶王”的美誉。1911年，王老吉“葫芦招牌”的

[1]　李向荣．广东省设计师作品选1994～1999年[M]．广州：广东人民出版社，1999：7.

[2]　魏凡．“王老吉”品牌诞生记[N]．长江商报，2015-3-16（A16）.

商标在“中华民国”政府注册，1935年“王老吉榄线葫芦图案”的商标在广东省进行注册，到1936年则以“王老吉公孙父子图”的商标再次进行注册。1956年遵循公私合营的政策，国家以赎买方式从王老吉第四代传人手中承接了广州王老吉商标、秘方、工艺、员工等所有生产资料，此后王老吉成为国有企业，其产品形式经历了水碗凉茶、凉茶包、凉茶粉等不同载体的变化，商品包装也经历了从无到有，并对包装图样进行了传承和改进。对比民国时期和中华人民共和国成立初期的王老吉商品包装可知，民国时期王老吉的商品包装主展示面上，绘有“王老吉公孙父子图”及“王老吉缆线葫芦”的商标，正中间为王老吉的商品名称，用楷体书写的“王老吉茶”的字样，底部则为传统装饰性的花纹，整体构图对称。中华人民共和国成立初期，王老吉包装上主体图形变成花卉的图标，底纹改为单纯的蓝色色块和圆形渐变，但延用了民国时期的“葫芦”形象作为商标。中国自古对行医者有“悬壶济世”的说法，其中这个“壶”亦指“葫芦”的谐音“葫”。中国道家也常把葫芦当作盛放“灵丹妙药”的神物[1]。王老吉利用葫芦在中国人心中的文化意象作为自身包装的装潢元素，既起到标识的作用，又表明了品牌的行业属性。总体而言，中华人民共和国成立后的新包装延用了民国时期的设计元素，但主体进行了重新编排。民国时期的王老吉包装传统味浓、装饰感强，改变了对称的版式，增加了公私合营的字样，繁复的底纹和英文不见了，整体更有时代感（图3-1、图3-2）。

[1] 扈庆学. 葫芦民俗文化意义浅析[J]. 民俗研究, 2008（04）: 197.

再如双喜牌卷烟是解放前南洋兄弟烟草公司生产的卷烟品牌。解放前夕，总厂设在上海的南洋兄弟烟草公司试图将其大量资金、成

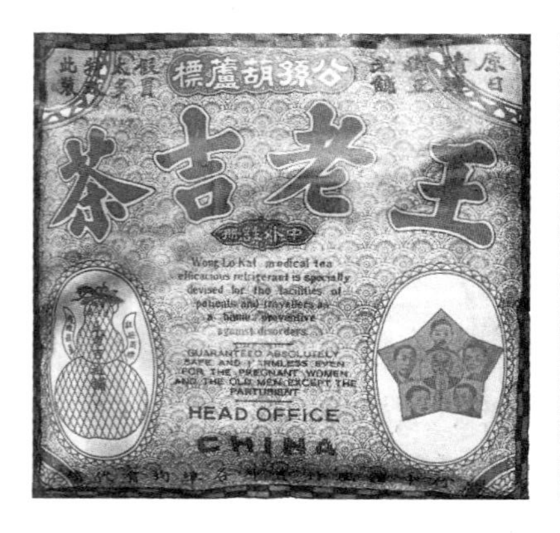

图3-1（左）
民国时期王老吉包装设计
（图片来源：王老吉博物馆）

图3-2（右）
中华人民共和国成立初期王老吉包装设计
（图片来源：王老吉博物馆）

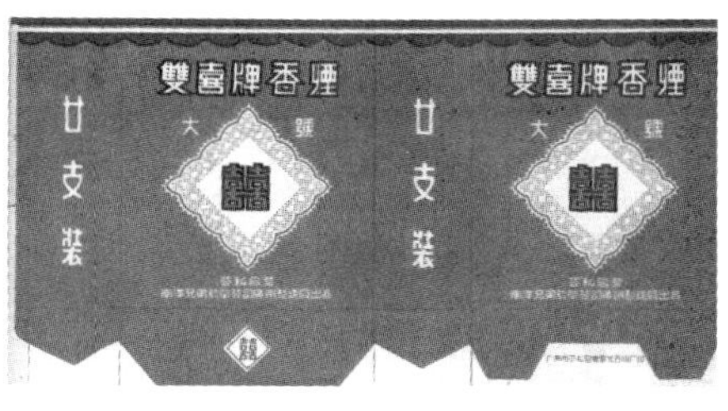

图3-3（上左）
20世纪三四十年代上海南洋兄弟烟草公司的双喜牌卷烟包装设计
（图片来源：裘雷馨，李雨生. 新中国早期烟标图录[M]. 北京：中国商业出版社，2002）

图3-4（上右）
20世纪50年代中期公私合营南洋兄弟烟草公司广州制造厂的双喜牌卷烟包装设计
（图片来源：裘雷馨，李雨生. 新中国早期烟标图录[M]. 北京：中国商业出版社，2002）

图3-5（下左）
20世纪50年代白金龙牌卷烟包装设计
（图片来源：裘雷馨，李雨生. 新中国早期烟标图录[M]. 北京：中国商业出版社，2002）

图3-6（下右）
解放前上海白金龙牌卷烟包装设计
（图片来源：裘雷馨，李雨生. 新中国早期烟标图录[M]. 北京：中国商业出版社，2002）

品、原料转向香港，由于原料的外运和抛售困难，在广州办起了“南洋兄弟烟草股份有限公司广州制造厂”。广州解放被政府接管后，通过公私合营协议，企业改名为“公私合营南洋兄弟烟草公司广州制造厂”，中央还相继对南洋兄弟烟草公司的上海厂、重庆厂、汉口厂实行公私合营，四厂先后改为独立核算单位，全部纳入国家计划。解放前南洋兄弟烟草公司生产的卷烟品牌名称和包装也都在这些城市保留了下来，而公司生产的卷烟品牌名称和包装也都在这些城市保留了下来[1]，诸如“双喜”“白金龙”“地球”“百雀”等。

双喜牌香烟的品牌名称来源于喜文化。喜悦的生活是中国人世世代代的梦想，人生美妙时刻几乎都可以用“喜”来概括，因此喜文化涵盖了中国人精神生活与物质生活的美好期盼[2]。因此在普通百姓眼中，喜庆就是吉祥，买烟就要买喜庆的烟。20世纪50年代，公私合营南洋兄弟烟草公司广州制造厂生产的双喜牌卷烟延续了解放前的品牌名称和包装设计形式（图3-3、图3-4），以喜闻乐见的“双喜”民间剪纸作为包装主体图案，蕴含了人们追求幸福吉祥生活的美好愿望。

白金龙牌卷烟延续了解放前上海白金龙牌卷烟的图形、色彩和编排形式，但以中文替代了英文（图3-5、图3-6）。再如20世纪30年代南洋兄弟烟草公司生产的地球牌卷烟包装，主体图形是当时代表现代和科学的“地球”的形象，辅以欧式的卷草纹样和西文字体，色彩是对比鲜明的蓝、黄两色，其设计形式明显受到装饰艺术和现代主义运

[1]　中国科学院上海经济研究所，上海社会科学院经济研究所. 南洋兄弟烟草公司史料[M]. 上海：上海人民出版社，1958：680.

[2]　陈阳. “做中国‘喜文化’的传承者”[N]. 中国现代企业报，2008-02-05（A04）.

图3-7（左）
20世纪30年代南洋兄弟烟草公司地球牌卷烟包装设计
（图片来源：裘雷馨，李雨生. 新中国早期烟标图录[M]. 北京：中国商业出版社，2002）

图3-8（中）
20世纪50年代广州南洋地球卷烟包装设计
（图片来源：裘雷馨，李雨生. 新中国早期烟标图录[M]. 北京：中国商业出版社，2002）

图3-9（右）
广州市畜牧场综合厂凤凰奶糖包装设计
（图片来源：作者收藏）

动的影响（图3-7）。20 世纪 50 年代广州南洋的“地球”卷烟包装延续了解放前“地球”的设计元素，但整体倾向于简洁朴素，原先烦琐的英文和背景装饰不见了，取而代之的是规整的线条和几何形，整体形式更有现代感（图3-8）。

广州市畜牧场综合厂出品的凤凰奶糖包装（图3-9），主体图案是中华民族的传统文化元素——凤凰，凤凰约起源于新石器时代，与龙、麒麟、龟合称“四灵”，在中国古代被奉为神灵和吉祥物。作为“四灵”之一、百禽之王，凤凰具有吉祥和谐的寓意，并浓缩了中华民族奋发向上、刚强坚韧的伟大精神。如凤凰奶糖包装上的凤凰图案线条优美，造型简练，两边以凤凰的尾羽为元素进行装潢，工整对齐，造型简洁，色彩单纯。图案寓意吉祥和谐、涅槃永生，表达了人们对吉祥美好生活的向往。

中国的传统意象作为我们的文化根源，一直对各类型的设计产生深远的影响，20世纪五六十年代，广东的商品包装设计对传统文化的保留和善用，可以看作是在大范围内官方意识形态下的一种坚守，与全国范围内政治色彩浓厚的包装设计形成鲜明的对比，是在以红色元素为主导的设计语境下另一种设计语汇的表达。

3.2.2　岭南风貌

中华人民共和国成立后，南粤大地焕发出勃勃生机，这一时期，广东的商品包装出现了很多以岭南地域文化为题材的品牌名称和图形设计，以卷烟包装为例，20世纪五六十年代广东卷烟包装的命名和主体图形创意大致有以下几类：第一种是直接以广东地名来创意，如“广东”“南岛”（当时海南岛属于广东行政区域）“粤华”等。第

图3-10（上左）
20世纪五六十年代五羊牌卷烟包装设计
（图片来源：裘雷馨，李雨生. 新中国早期烟标图录[M]. 北京：中国商业出版社，2002）

图3-11（上右）
20世纪五六十年代越秀牌卷烟包装设计
（图片来源：裘雷馨，李雨生. 新中国早期烟标图录[M]. 北京：中国商业出版社，2002）

图3-12（下左）
20世纪五六十年代椰树牌卷烟包装设计
（图片来源：裘雷馨，李雨生. 新中国早期烟标图录[M]. 北京：中国商业出版社，2002）

图3-13（下右）
20世纪五六十年代飞鹰牌卷烟包装设计
（图片来源：裘雷馨，李雨生. 新中国早期烟标图录[M]. 北京：中国商业出版社，2002）

二种是以广东的名胜古迹来创意，比如五羊牌卷烟包装的主体图形创意来自“五羊衔谷，萃于楚庭”的美丽传说，其画面描绘了栩栩如生的五只羊，而广州之所以又名“羊城”“穗城”，正是缘于五羊传说（图3-10）。越秀牌卷烟包装一面绘有矗立于越秀公园的具有“五岭以南第一楼”之称的镇海楼，一面以篆书“越秀”二字结合传统纹样为装饰（图3-11）。第三种是以岭南的动植物来创意。以植物为题材的有“榴花”“芭蕉”“玫瑰”“桦树”“椰树”（图3-12）等，以动物为题材的有“百雀”“羚羊”“千里”“飞鹰”（图3-13）等。这种借助动植物形象的命名和包装设计，可以使人产生对大自然的亲近感，引发美好的联想，提升大众对品牌的认知度和亲切感。例如红梅牌象征品行高洁，玫瑰牌喻意浪漫，千里牌让消费者觉得企业如千里马一样能够日行千里、蒸蒸日上，岭南牌（图3-14）描绘的是岭南大地遍布的木棉花，具有广泛的代表性。

岭南风貌的图形还广泛出现在各类食品罐头、糖果、饮料、酒、茶以及日常文具用品、工业产品等的包装上，其图形的表现手法主要是国画、油画、水彩、水粉、年画、装饰画等形式，以写实为主，也有几何图形与写实绘画相结合，文字以手写的广告字体为主。

图3-14
20世纪五六十年代岭南牌卷烟包装设计
（图片来源：裘雷馨，李雨生. 新中国早期烟标图录[M]. 北京：中国商业出版社，2002）

陈皮是广东传统的香料和调味佳品，同时具有很高的药用价值，以陈皮为原料制作的陈皮冻糕是广东特色食品（图3-15），广东陈皮冻糕的包装装潢图样写实描绘了产品的样貌：用高脚杯作为容器盛装陈皮冻，配合绿色色块和直线条进行装饰。将抽象色块和线条与写实绘画结合起来，画面干净简练，具有岭南风貌和时代气息。

图3-15
20世纪五六十年代广东陈皮冻糕包装设计
（图片来源：作者自摄）

3.2.3 政治诉求

1949～1957年，苏联社会主义模式对中国的发展产生了深刻的影响，新中国对苏联社会主义实践经验的学习和借鉴，这不仅包括国家组织形式、城市发展战略、现代的军事技术，也包括文学艺术的创作模式和手法[1]，例如，国家派遣美术工作者学习苏联的现代艺术，回国后分派到全国各大主要城市的美术院校，老一辈美术工作者譬如胡一川、关山月等人带领学生学习苏联绘画[2]。

20世纪50年代初期国家派遣专家、学者、艺术家去苏联交流访问，同时期也有大批学者从西方回来支援国家建设，经过中苏进行的多次美术交流以及美术展览，西方美术教育系统由此初步进入中国。

到20世纪60年代初期，苏联美术教育模式完整地介绍给中国，歌颂、赞美为主体的、积极的、向上的艺术主导思想在创作中体现[3]，画家、美术工作者开始创作以城市建设、工人农民日常工作生活为题材的绘画和美术设计，此时的包装设计已经开始初显以劳动人民为主体的红色设计主题。

20世纪五六十年代，整个中国社会的形态与性质都发生了巨大的变化。为巩固和发展新生的人民民主政权，大力发展社会主义工农业生产，加强国防建设和维护世界和平，鼓舞人民的革命干劲，党和政府贯彻与实施各项政治、经济、文化方针和政策，采取了政治运动的方式。而西方的封锁和中国的独立政策，以及在向苏联学习的号召下，人们的文化艺术、生产方式、生活态度，甚至审美标准，都与政治产生了联系。

20世纪五六十年代的宣传画就是宣传、传播各种政治运动思想的一种特殊的大众传播媒介，延安时期的革命文艺精神，特别是毛泽东在延安文艺座谈会上讲话的精神，为20世纪五六十年代的宣传画的产生与发展规定了创作思想和方向，构建了图像模式，同时苏联、波兰等社会主义国家宣传画的设计思想形式与风格对当时中国的宣传

[1] 陈湘波，许平. 20世纪中国平面设计文献集[M].南宁：广西美术出版社，2012：210.

[2] 韩禹锋. 浅析苏联艺术对中国油画发展的影响以及社会主义核心价值的体现[J]. 赤峰学院学报，2011（10）：200.

[3] 张可扬，梁瑞. 永远的现实主义——俄罗斯绘画艺术教育与中国之比较[J]. 内蒙古师范大学学报，2006（3）：118.

[1] 郑立君. 场景与图像 20世纪的中国招贴艺术[M].重庆：重庆大学出版社，2007：162.

画的艺术语言和表现方法等影响很大，例如用水粉画表现色块对比的造型语言和用文字写实的手法表现真实的工农生产场景，以及采用革命现实主义和浪漫主义艺术手法设计图像的表现手法等[1]。

20世纪五六十年代，宣传画主要展现了热火朝天的工农业生产生活场景和红旗、镰刀、斧头等代表革命的造型元素，其元素和表现技法也深刻影响了全国的艺术设计，包括商品的包装设计。

为了贯彻“文艺为政治服务”“艺术与工农兵相结合的”文艺理论，20世纪五六十年代全国的艺术设计活动重心从商业转向政治，广东也不例外，这一时期广东的大多数商品包装设计带有浓厚的政治色彩，包装对商品的商业宣传、推广的作用被大大削弱。广东许多企业顺应时代潮流，推出了一批反映新社会、新面貌的品牌，其命名和包装设计从不同方面记录了社会的变化，具有浓郁的时代气息，例如对科学技术和工业化的崇拜、对工农兵的歌颂、对岭南文化风情的赞美、对世界的憧憬以及对传统文化艺术的欣赏等，题材多样，形式丰富，并主要以写实的手法，表现真实的工农生产场景。红色思想和政治元素在商品包装上随处可见，如商标上的红星、麦穗、镰刀、斧头等，还有“丰收”“丰产”“跃进”“工友”“巨轮”等具有工农特色的商标命名，包装色彩也开始以正红、正绿、正黄为主色调。

如广东南海炮竹厂的烟花爆竹包装，主展示面的图案描绘了自然风景和中华人民共和国成立后广东的水利设施建设画面，“南海”二字为烟花爆竹包装的商标，周围被麦穗纹样围绕（图3-16）。汕头罐头厂丰产牌菠萝块罐头包装，其商标是菠萝、桃子等水果与工厂、花卉、红星、万丈光芒、绸缎等多个元素结合在一起（图3-17）。

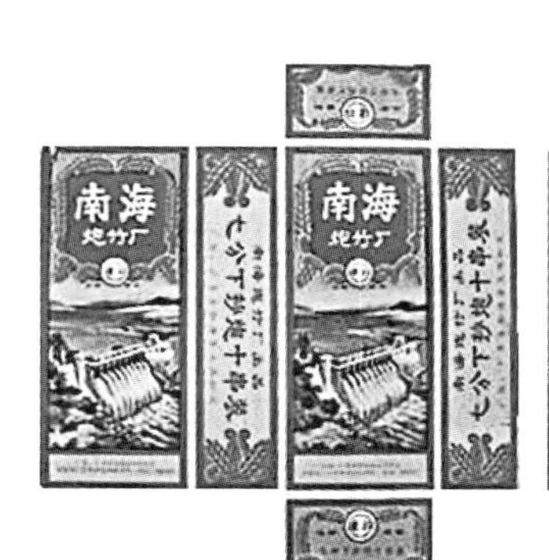

图3-16（左）
20世纪五六十年代南海炮竹厂烟花爆竹包装设计
（图片来源：作者自摄）

图3-17（右）
20世纪五六十年代丰产牌菠萝块包装设计
（图片来源：作者自摄）

图3-18（上左）
20世纪五六十年代新农村牌卷烟包装设计
（图片来源：裘雷馨，李雨生. 新中国早期烟标图录[M]. 北京：中国商业出版社，2002）

图3-19（上右）
20世纪五六十年代工友牌卷烟包装设计
（图片来源：裘雷馨，李雨生. 新中国早期烟标图录[M]. 北京：中国商业出版社，2002）

图3-20（下左）
20世纪五六十年代梅江牌香烟包装设计
（图片来源：裘雷馨，李雨生. 新中国早期烟标图录[M]. 北京：中国商业出版社，2002）

图3-21（下中）
20世纪五六十年代家家乐牌香烟包装设计
（图片来源：裘雷馨，李雨生. 新中国早期烟标图录[M]. 北京：中国商业出版社，2002）

图3-22（下右）
20世纪五六十年代红五牌卷烟包装设计
（图片来源：裘雷馨，李雨生. 新中国早期烟标图录[M]. 北京：中国商业出版社，2002）

再以卷烟包装为例，20世纪五六十年代，广东卷烟企业推出了一批富有时代气息的新品牌，有反映祖国大好河山的“锦绣河山”，反映社会主义新农村农业生产景象的“新农村”（图3-18），反映红星照耀下工人辛勤劳动和工厂积极生产的“工友”（图3-19）等。广东梅县出品的梅江牌香烟，字体经过精心设计，主体图形是架在江水上的桥梁与自然风景，反映了新型城市建设成果（图3-20）。广州中一卷烟厂的家家乐牌香烟，以蓝色和黄色为主色调，用写实的手法刻画了一个在金黄色的麦田中劳动的妇女形象，充满了丰收的喜悦，另一个展示面描绘了机器收割粮食的场景，展现了时代的发展新貌（图3-21）。

还有直接用五星红旗、中国地图、镰刀斧头造型等政治符号来设计的卷烟包装，如“三星”“七星”“红五”（图3-22）“旗牌”（图3-23）“喜星”，等。梅县烟厂的巨轮香烟，字体方正规矩，主体图案是工厂厂房、烟囱、巨型齿轮和滚滚浓烟，体现出社会主义建设的风貌。这类卷烟包装设计上的政治符号投射出鲜明的特性，反映了那个时代特殊的“文化意蕴”[1]。

这一时期，广东的烟草业正处于改造期间，所以在许多烟厂的前面添加了“公私合营”“地方国营”这种独具时代特色的前缀。而迎宾牌卷烟包装以一个西式的蝴蝶结和绸带为主体图案，背景色是淡黄色，点缀红色镶金边的品牌中英文名称，高档、大方，作为一款用于接待外宾的卷烟，在包装上使用了中英文结合的字体，并

[1] 陈茉，董顺伟. 对特殊时期烟标设计现象的思考[J]. 大家，2012（14）：15.

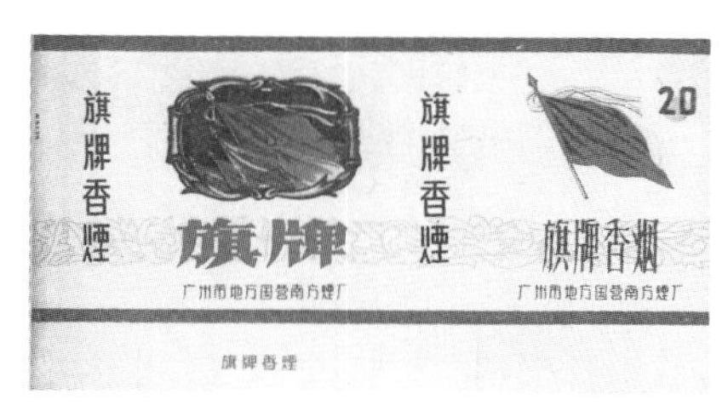

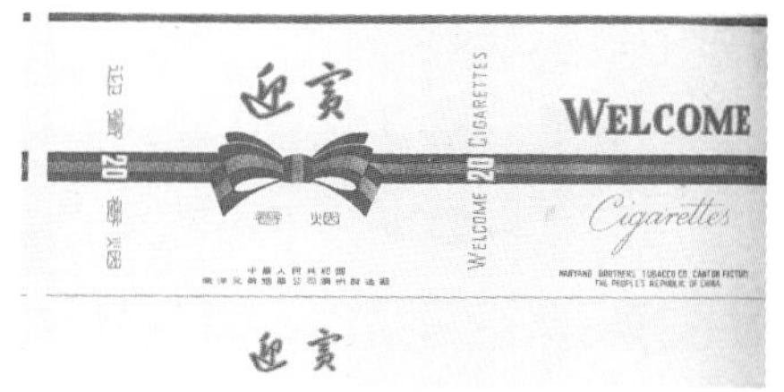

图3-23（左）
20世纪五六十年代旗牌卷烟包装设计
（图片来源：裘雷馨，李雨生．新中国早期烟标图录[M]．北京：中国商业出版社，2002）

图3-24（右）
20世纪五六十年代迎宾牌卷烟包装设计
（图片来源：裘雷馨，李雨生．新中国早期烟标图录[M]．北京：中国商业出版社，2002）

且添加了中华人民共和国的前缀（图3-24）。此外，许多卷烟包装上面还出现了“注册商标”这四个字，可见这一时期的广东就已经开始注重商标的保护。这些反映新社会与新面貌的包装图形体现了人民当家作主，积极参与社会主义工农业生产以及与世界各国人民友好交往的决心和热情。

3.3 波折发展：“文革”时期广东的包装设计

“文革”时期，基于计划经济体制和特殊的政治语境，商品以产定销，统一供销，人民购买商品需要券票换购，没有过多的商品供选择，同时商品不需要宣传推广，商品包装仅起到保护、装饰以及政治宣传的作用。

广东省地方政府意识到存在的问题，在下达文件传达中央有关指示的同时，提出了要以中国轻工业发达的上海为目标，“学习上海，赶超上海”，同时利用广东毗邻港澳的优势，学习吸收国际市场的商品包装设计思想及风格，为当时中国“一片红”背景下的商品包装注入了一股新鲜的空气，为20世纪80年代广东的包装发展奠定了良好的基础。

3.3.1 “文革”时期广东内销商品包装设计

历经中华人民共和国成立以来工业化的发展，广东轻工业的生产条件有所改善和提升，到了“文革”前期，属于轻工业范畴的包装工业得到发展。基于“文革”时期特殊的政治语境引导，广东对内供销商品包装设计在政治语境中普遍带有浓厚的政治色彩，具有鲜明的时代特征和地域特色。

1. 工农兵的革命激情

“文革”时期中国社会的文化、艺术、审美情趣都普遍受到经济、政治因素影响。由于特殊的政治需要，以宣传和表现广大工农兵生产生活为题材的宣传画成为主要的宣传工具。“文革”时期的宣传画发展到了一个极端的地步，其表现题材、内容和形式与20世纪五六十年代相比，表现出了极端的“公式化”“样板画”特征，与此同时，各种形式、版本的毛泽东语录的小册子成为“文革”期间人们必备的红宝书，而且也深刻影响了商品包装设计，使包装也成为政治宣传的工具。“文革”时期的内销包装图形的主要题材：初期以红卫兵美术为主，后期以宣传、鼓励广大知识青年“上山下乡”、备战、备荒、保卫祖国、打击国民党反动派、帝国主义为主要表现，抓革命、促生产，工业学大庆，农业学大寨等充满革命激情的生产生活情景，辅以毛主席语录等革命性标语或太阳、镰刀、斧头等象征性图案，其设计手法以写实为主，色彩以红色为主色调，文字多用手写体和楷体。

例如广东省佛山市人民制药厂的风湿跌打膏药，包装上所示的两个人正在看书，帽子上标注有“公社”两字，包装整体色调为红色或绿色，在人物上方用红色字写着毛主席语录，使用说明和药品功效则在包装背面（图3-25）。广东三水县新风公社洲边四五五金厂出品的不锈钢二胡线包装装潢面，三个工农兵手举毛泽东语录，其中一个工农兵举着毛泽东语录的同时抱着刚丰收的麦穗，在包装最显眼的标题处，写着“文艺为工农兵服务”的字样，整个包装以红色为主色调，黄蓝为辅助色，充分体现了工农兵的革命热情（图3-26）。广东凉茶粉的包装则描绘了知识青年在田间耕作之余，围聚在一起学习毛主席语录的情景，旁边摆放着凉茶罐，农田后面是快速发展的制钢厂，呈现出一派欣欣向荣之景（图3-27）。怀集食品厂的银丝细面，以稻穗和东方太阳红旗为图案，上书“抓革命，促生产”、“厉行节约，反对浪费”的标语。二胡弦包装采用少数民族手牵手挥舞着红色绶带，寓意民族团结的团，上书“政治工作是一切经济工作的生命线——毛泽东”的标语。

图3-25（左）
20世纪六七十年代风湿跌打膏药包装设计
（图片来源：作者收藏）

图3-26（中）
20世纪六七十年代二胡线包装设计
（图片来源：作者自摄）

图3-27（右）
20世纪六七十年代广东凉茶粉包装设计
（图片来源：作者自摄）

“文革”时期广东内销包装上普遍印有毛主席语录或最高指示，有与生产、节俭相关的，有突出人民智慧的，有体现民族团结、工农兵一体的。毛主席语录、东方红太阳、红旗、稻穗、大拳头、红宝书、《毛泽东选集》、井架、钢炉、梯田等这种独特的图文风格应用范围极广，成为“文革”时期鲜明的代言符号和视觉印记。

2. 城乡建设的热火朝天

中华人民共和国成立后至“文革”时期，我国面临着十分严峻的国际环境，在经济建设的同时要抓紧备战，工业发展采取以内地“三线”建设为重点方针，20世纪60年代中期到70年代末期，中国建立了攀枝花钢铁基地、六盘水工业基地、酒泉和西昌航天中心等一大批钢铁、有色金属、机械制造、飞机、汽车等新的工业基地，国家基础工业和国防状况有所改变，煤炭、石油、钢铁、电力、水泥为主的能源、原材料建设等基础性工业发展较快。

“文革”时期整体经济建设比中华人民共和国成立初期有所发展，基础工业的发展推动了城乡建设，这一时期广东内销商品包装图像上出现了大量标志性的建筑或者城乡建设场景，具有浓郁的时代气息，例如丰收牌香烟包装设计，主体图案描绘了在广袤的农田上用机械进行秋收的场景，以黄色为主，红色、绿色为辅的色彩设计，突出丰收的场景（图3-28）。建设牌有机玻璃半圆规包装，正面印有大型钢铁厂作为背景图案，除了手绘的商品名称外，还有醒目的毛主席语录，包装材质为牛皮纸（图3-29）。广东中药制药总局的蛇胆陈皮末

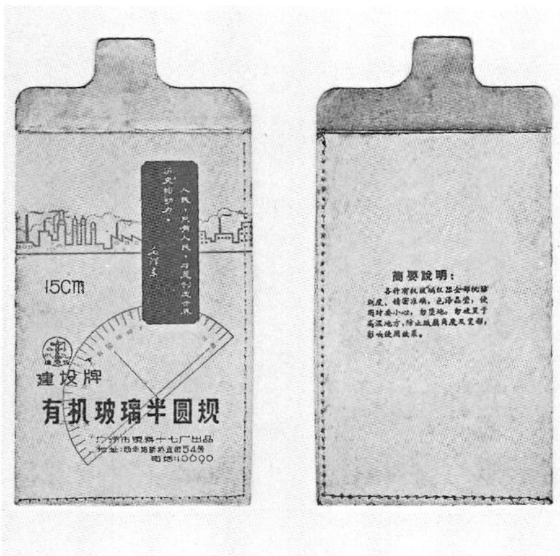

图3-28（左）
20世纪六七十年代丰收香烟包装设计
（图片来源：作者收藏）

图3-29（右）
20世纪六七十年代建设牌有机玻璃半圆规包装设计
（图片来源：作者自摄）

包装，左下角的主体图形是人民桥、海关大厦、西提邮局、南方大厦和海印桥等广州标志性建筑，以绿色为主、红色为辅的色彩设计，符合中成药的特性。南方牌全色胶片包装则是整体盒面设计简洁无图案，左上角红色块为底，写着毛泽东语录五个大字，右上角是用红色的文字写着毛泽东语录的具体内容。这些商品包装的主展示面上都有彰显政治特色的毛主席语录。

3．岭南风情的继承发扬

中华人民共和国成立后，南粤大地万象更新，生机勃勃，尽管“文革”时期的设计题材受到政治因素的影响，多数为体现工农兵与城乡建设题材，但也有一些商品包装以岭南地域文化为题材，主要集中在糖果、烟酒和罐头食品包装上，主色调以红色或者黄色、绿色为主色，图案通常为传统的吉祥纹样或岭南的自然风光。

例如，广州市畜牧场综合厂（现广州市风行牛奶有限公司）出产的白云奶糖包装，上面印有广州著名的白云山，展现出广东别具一格的风土人情，红色和绿色的使用既能区分口味，也能产生较强的视觉效果。广东省湛江罐头饮料厂的糖水香蕉、广东省地方国营文昌罐头厂的椰树牌糖水菠萝和广州市广东罐头厂的红旗牌糖水荔枝，采用了岭南常见的水果香蕉、荔枝、菠萝作为主要图样，在空白处则有经典的毛主席语录（图3-30）。

图3-30
20世纪六七十年代糖水香蕉、糖水荔枝、糖水菠萝包装设计
（图片来源：作者收藏）

综上所述，基于“文艺为政治服务”“艺术与工农兵相结合”的文艺创作理论，“文革”时期的艺术创作普遍带有浓厚的政治色彩。典型如这一时期的广告宣传画图像，红太阳、红旗、红宝书、《毛泽东选集》、钢铁梯田、桥梁井架等，成为人物形象外的必备视觉形象，加上毛泽东语录的标语口号，是“文革”时期宣传画的典型视觉符号，表现出极强的公式化、样板化、政治化的特点[1]。广东内销商品包装设计与宣传画具有异曲同工之妙，一些商品包装主展示面其实就是宣传画，只是增加了商标、产品名称和公司名称等包装必备元素。商品包装上人物的着装、外貌、表情、动作等都千篇一律的戏剧舞台化模式，色彩以千篇一律的红色为主色调，呈现出一片“红海洋”。这些商品包装图像上折射出政治诉求和社会需求，诸如岭南大地丰富的自然资源、火热的建设场面、毛主席语录等，均体现了无产阶级饱满的革命激情，对幸福生活的期望以及对政治运动的响应。

3.3.2 “文革”时期广东出口商品包装设计

“文革”初期，我国对外贸易受到极左思想的影响，工艺美术出口和商品包装被定义为“为资本主义服务”，一度受到严重封锁[2]。因此出口商品的重心集中在工业材料和大型器械上，还有少部分轻工业商品出口。由于当时我国工业现代化水平的制约，我国轻工产品出口在国际市场上缺乏竞争力，对外贸易出口形势极为严峻[3]。特别是出口日用品、食品等商品包装结构、材料跟不上运输需求，破损率大增，商品包装样式、装潢设计陈旧、政治色彩浓厚，跟不上国际市场需求等。影响到顾客购买商品的兴趣，影响了商品的销路，产生贸易逆差。

1973年之后，周恩来和陈云等在外贸工作会议中，指示对外贸易出口要有针对性改进。指示表明对外出口贸易的商品包装应是“中性包装”，不应带有政治色彩[4]。基于中央重视出口商品包装这一有利时机，以及广交会举办权利和毗邻港澳的地理优势，广东的出口商品包装设计积极改进包装材料和结构，在运用中国传统风格的基础上吸收借鉴国外现代设计思想，呈现出积极的面貌。

[1] 郑立君. 场景与图像——20世纪的中国招贴艺术[M]. 重庆：重庆大学出版社，2007：220.

[2] 欧阳湘. “文革”动乱和极“左”路线对广交会的干扰与破坏：兼论“文革”时期国民经济状况的评价问题[J]. 红光角，2013（4）：4-8.

[3] 胡建华. 周恩来与“文革”中的外贸工作[J]. 纵横，1998（8）：21-26.

[4] 孟红. “中国第一展”——广交会的沧桑巨变[J]. 文史春秋，2010（2）：4-8.

1. 包装样式：材料和结构的改进创新

“文革”时期，为了扭转贸易逆差，外贸部拨出一定资金，引进国外先进技术设备和优质材料，同时在工业生产条件逐步发展的基础上，广东的外贸部门开始重视包装结构和材料的改进，并尽量利用新材料和新工艺设计制作出口商品包装。

广州市东风印刷厂认真贯彻全国出口商品包装装潢工作会议的精神，改进出口商品的包装装潢。1973年，该厂在提高印刷水平、保证纸盒质量的基础上，成功改革了白板纸“摺式天地盖”纸盒的结构。但在对比国外同样规格、承受相同压力的纸盒耗纸较多，经过多次尝试，将耗纸较多的“四边摺叠式”改为“两边摺叠扣耳式”。纸盒结构加了扣耳，不仅牢固、方便、还节约了1/3的纸张，并提高了印刷设备的利用率和印刷时间的效率，一次只能印一个纸盒被一次可以印两个纸盒所代替。此次改进的出口商品包装包括了皮件盒、金驼牌衬衫盒、金叶牌皮带盒、海豹牌皮衣盒等7个商品16个规格的包装纸盒，并节约了134令白板纸，价值24000元。广东省出口商品使用“天地盖摺盒”的包装相对较多，据轻工业品出口分公司统计，若全面改革后，一年可节约1000令白板纸，价值20万元，普遍推广后，数字更为可观[1]。金叶牌皮件包装结构在改进后，可明显看出结构简洁轻便，白板纸用量减少（图3-31）。广东荷花牌吹制玻璃杯包装，运用条式瓦楞纸盒的包装形式，杯子间互相套叠，结构比较坚固，具有较强的防破损能力，同时改进后的商品包装体积小，不仅节约了用纸，还便于生产，出口到国外，得到顾客的普遍好评（图3-32）。此

[1] 中国对外贸易包装材料总公司广东省分公司[J]. 包装与装潢，1973（3）：10.

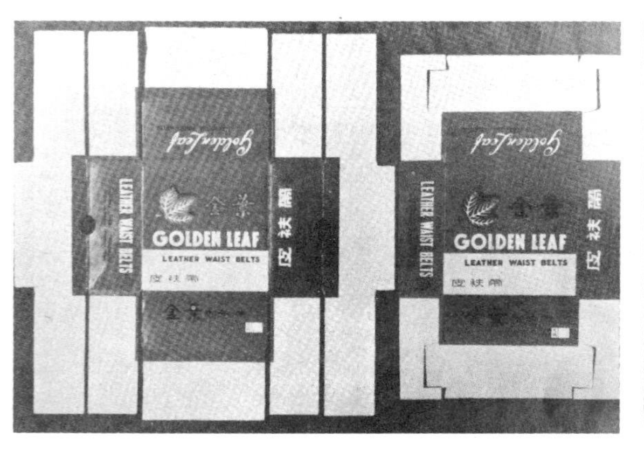

图3-31（左）
20世纪70年代金叶牌皮件包装设计
（图片来源：中国对外贸易包装材料总公司广东省分公司[J]. 包装与装潢，1973（3））

图3-32（右）
20世纪70年代广东荷花牌吹制玻璃杯包装设计
（图片来源：中国对外贸易包装材料总公司广东省分公司[J]. 包装与装潢，1974（3））

外还有电珠包装盒，采用陈列式摇盖褶叠纸盒，关闭盒盖，可节省空间，方便运输，打开盒盖褶起，商品包装图案与商品相衬托，形式独特，令人耳目一新。

除了商品包装结构的改变外，商品包装材料也在创新，广州市一轻设计公司和广州市二轻设计公司所属的设计院根据对外贸易中的国际市场的发展需要，在不断地开展对外贸易过程中，对出口商品进行跟踪调研，这都对改进商品包装视觉平面设计有指引作用，加上毗邻港澳有利于在当时封闭环境中进行的有限的及时交流，广东商品包装设计在对外贸易中不断地提升和改进，也促进了广东国内市场的商品包装设计。在广东省实施“特殊政策、灵活措施”后，全省的轻工业有了高速的发展，商品种类日益繁多，除去传统产业商品包装的更新发展，纸塑软包装、塑料包装、金属包装等新式材料开始出现在日常商品包装材料上，如广东省茶叶进出口公司的中国红茶以及中国荔枝红茶，一改以往的纸质包装，采用红黑为主色调的铁罐包装，商品字体为烫金宋体，罐子上加以商品的英文名以方便外国人识别该产品。这样使得产品在长途海运中得以很好地密封保存，大大提升了产品运抵出口地的完好率，减少了运输过程中不必要的损失。

在1974年春季出口商品交易会上，第一次展出了中国土畜产进出口公司广东省分公司经营的新产品25磅印铁罐大包装白牡丹中国腰果仁（图3-33），改变以往的纯铁罐凸印、需用罐头刀对盖顶进行切割的制式，采用新型的上提式拉罐，方便购买者打开享用产品和腰果生产大国印度的需切割和在铁罐上冲压文字的铁罐头包装相比更具吸引力。除此之外，白牡丹中国腰果仁还有60g玻璃瓶小包装（图3-34），透明玻璃的材质可使消费者清晰地看到商品，整体商品包装简单大方，引起了交易会客商及记者的极大兴趣，同时，商品的售价调高，是印度光身铁罐大包装的两倍多。美中不足的是，在长期储存时，容易出现变质变味的现象[1]。

在服装商品的包装上，针对外贸市场上不同年龄段人群的包装图案样式也不相同，但无论男女，服装商品包装的工艺都大相径庭，基

[1]　中国对外贸易包装材料总公司广东省分公司[J]. 包装与装潢，1974（2）：17.

图3-33（左）
20世纪70年代25磅印铁罐大包装白牡丹中国腰果仁
（图片来源：中国对外贸易包装材料总公司广东省分公司[J]．包装与装潢，1974（2）：16）

图3-34（右）
20世纪70年代60g玻璃瓶小包装白牡丹中国腰果仁
（图片来源：中国对外贸易包装材料总公司广东省分公司[J]．包装与装潢，1974（2））

本采用渐变喷绘和印金等工艺，表现出丝绸的顺滑和光泽。此时开始出现能够展示商品的开窗式设计的服装包装盒，天窗的样式不仅有规矩的正方形或长方形，还有椭圆形和一些花朵状的不规则形状。

在礼品包装上，出现了工艺品性质的包装。由于商品造型和材质具有独特性，在商品使用过程及使用完成后，可当成工艺品作为室内陈设，工艺品性包装增加了商品的附加值，商品售价有所提高，如汕头地区茶土进出口公司的竹制茶叶罐，采用了竹编织、冷压胶合和彩绘相结合的具有民间工艺特色的手工艺品，材料合成有质感，图样精致有格调，整个茶叶包装不仅典雅、明快，还极具民族特色，同时是一件精美的工艺品。

与20世纪60年代出口商品包装大多采用木材等天然材料相比，20世纪70年代趋向于纸张、塑料等化学合成材料，纸张、塑料品种有所变化，同时，印刷工艺水平也有所提高，低档货减少，更适合保护商品质量的高档材料在增加。

包装结构、材料的变化是衡量包装水平的标志之一。包装结构和材料的改进大大地提升了广东省对外贸易上的优势，让更多的商品走出了国门。

2．设计风格：传统与现代的有机结合

不同国家、不同地区的人民对色彩和图样的有不同的忌讳，而不同的社会制度、历史文化、宗教信仰等对出口商品包装都会产生影响。20世纪70年代广东省根据自身的条件和发展先后兴起了一批工贸合营、合资的外贸包装厂。“文革”后期广东省对外贸易商品包装

[1]　李先念副总理接见交易会同志时的讲话．1972.10.23．广东省档案馆藏，档案号324-2-114．

设计遵循毛泽东主席提出来的“古为今用，洋为中用，推陈出新”的方针，积极进行创新改造[1]。在设计风格上贴近国际，图形装潢则取材于中国传统文化。

同时在出口商品包装中，还要考虑文字问题，有的出口包装甚至有3种以上的文字，设计师要合理地设计出不同国家的文字和图案元素在包装装潢上的布局，并准确地利用好色彩。“文革”时期广东出口商品包装呈现出中学西用、形制多样、设计大胆新颖的特点，例如汕头地区茶土进出口公司的茶叶包装，因地制宜，使用中国南方特色的竹子进行加工，并以山水、花鸟等国画元素作为装潢图案，给人耳目一新的感受，让人感受到中国传统水墨画的魅力。珠江月饼包装，采用了隶书、楷书、小篆、行书等传统的书法字体来表现商品的特性，展现出中华书法的魅力，极具民族特色和艺术性，使身在海外的华侨对珠江月饼产生亲切感（图3-35）。广东“新芽”牌古劳茶，采用了传统的水墨画，使商品的装潢形式适应商品的内容，整体风格简洁大方，适应海外顾客的需要（图3-36）。

珠江水果软糖包装，学习了西方构成主义的表现手法，将具象图形抽象化、几何化，版式简洁，具有现代感，这种装潢手法不仅很好地吸引了外商的眼球，还成为当时国内商品包装新的设计风向（图3-37）。五羊牌闹钟包装的主展示面运用几何的色块和硬朗的线条分割画面，同时英文字母作为背景，与五羊牌的中文相呼应，并利用闹钟的三个指针活跃画面，明确地体现了商品特征（图3-38）。蚕蛾公补丸（一种补药）包装的主展示面以红色为主色，金色、蓝色为辅色，并有大量留白。羊城牌的标志图形为广东标志性建筑，并与包装装潢面同样都拥有中英文字体。中成药的商品包装以玻璃瓶装为主，

图3-35（左）
20世纪70年代珠江月饼包装设计
（图片来源：中国对外贸易包装材料总公司广东省分公司[J].包装与装潢，1975（2，3，4））

图3-36（右）
20世纪70年代新芽牌古劳茶包装设计
（图片来源：中国对外贸易包装材料总公司广东省分公司[J].包装与装潢，1975（2，3，4））

图3-37
20世纪70年代珠江水果软糖包装设计
（图片来源：中国对外贸易包装材料总公司广东省分公司[J]. 包装与装潢，1976（2），20）

图3-38
20世纪70年代五羊牌闹钟包装设计
（图片来源：中国对外贸易包装材料总公司广东省分公司[J]. 包装与装潢，1976（2），27）

出口成药丸则以透明塑料瓶为主，并专门设计了瓶盖，用以防潮，保护商品（图3-39）。

同时，一些电器、刀具等商品包装装潢也发生了改变，如“三角牌”自动保温电饭煲、“三角牌”电吹风、“钻石牌”不锈钢刀具、“550牌”珠门锁等，利用简洁的造型和主展示面，使商品形象在顾客心中留有深刻印象，如“砖石牌”不锈钢旅行刀具的主展示面，6种不同造型的刀在画面中成放射状，刀把上端居中，打破画面分割线，商标自然地在刀把上端，同时中英文品名排布在画面上端，整体上看，商品形象突出，画面饱满。

而面向儿童的商品包装上绘有活泼生动、亲切可爱具有中国元素的漫画形象，这种漫画形象不同于往常的讽刺漫画形象，主要是为了美化商品而设计的，如广东混合烟花（图3-40）和广东马牌烟

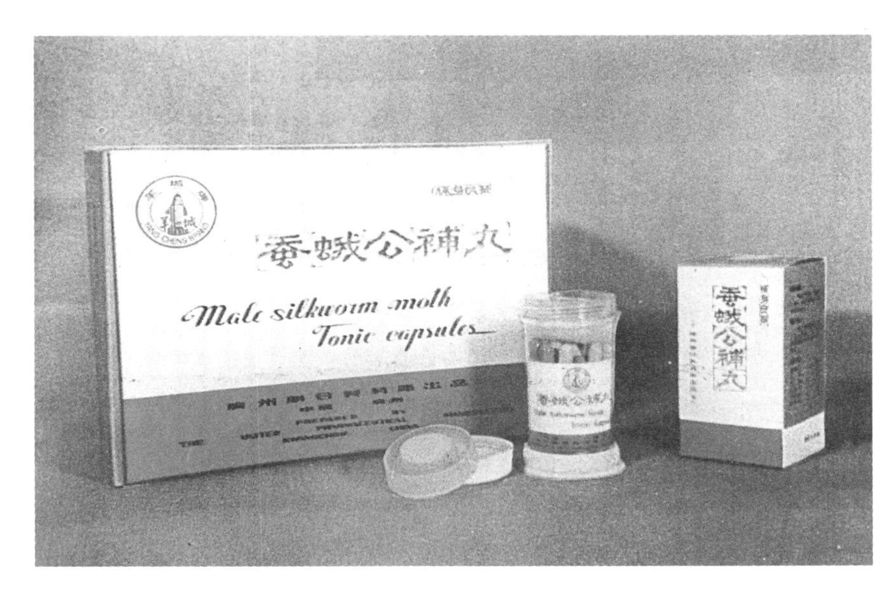

图3-39
20世纪70年代蚕蛾公补丸包装设计
（图片来源：中国对外贸易包装材料总公司广东省分公司[J].包装与装潢，1976（2））

图3-40
20世纪70年代混合烟花商品包装设计
（图片来源：中国对外贸易包装材料总公司广东省分公司[J].包装与装潢，1973（3））

图3-41
20世纪70年代马牌烟花包装设计
（图片来源：中国对外贸易包装材料总公司广东省分公司[J].包装与装潢，1975（2、3、4））

花（图3-41）包装装潢图案都采用了漫画的形式作为装饰图像，其中混合烟花商品包装主展示面是充满中国元素的漫画娃娃，马牌烟花还一改以往的人物形象，采用动物作为造型主体，自然风景为辅助，增加了整体的趣味性。

基于“文革”后期国家重视出口的政治导向和广东独特的历史地理条件，广东省政府及其各部门高度重视本省对外贸易出口包装的设计，将中央指示作为政治任务在轻工产品生产部门下达文件，给“文革”时期广东商品包装设计带来新的生机。至“文革”结束，广东出口商品包装的材料样式逐步丰富，装潢图样由“文革”初期的政治主题图样逐渐转变为后期面向不同消费者的多题材图样，设计风格多样化发展。这些新颖的出口包装材料、结构、图样，给改革开放的包装设计提供了参考借鉴，也为广东省设计开启了新的大门。

中华人民共和国成立至“文革”时期的艺术形式（包括包装艺术）所蕴含的革命激情，以及革命激情簇拥下的图像表达，体现了不同于以往任何历史时期的独特特征，在西方主导当代艺术的整体形势下，向世界展现了中国当代艺术一个鲜明而独特的视觉符号。

第 4 章

改革开放以来广东的包装设计（1978～2000年）

改革开放后的20年中，经济体制改革取得了突破性进展，社会主义市场经济体制的基本框架初步形成，市场在资源配置中的基础性作用显著增强。在经济政策改革的大背景下，广东经济得到了前所未有的快速发展，带动了商品包装设计的进步。

本章对改革开放以来至20世纪末，即1978年～2000年间的广东商品包装设计艺术的发展脉络进行回顾和梳理。

4.1 改革开放以来广东政治、经济及包装业发展概况

在1978年以来至20世纪末的20年内，我国国民经济以年均增长率接近10%的速度持续快速健康发展，城乡居民储蓄存款余额增长200多倍，是新中国建立以来最好的时期[1]。

改革开放后的20年大致分为以下三个阶段：

4.1.1 1978～1984年

1978～1984年，中国的改革开放处于改革启动和局部试验时期。在沿海地区把深圳、珠海、汕头、厦门四个城市列为经济特区，作为经济改革的前沿阵地。1979年，中共中央、国务院正式批准广东实行"特殊政策"和"灵活措施"，引进国外先进技术和管理经验，发挥广东毗邻港澳、华侨众多的优势，让广东在改革开放中先走一步[2]。1982年广东省政府印发《关于疏通商品流通渠道，促进商品生产，搞活市场的几项措施》，对农副产品、日用工业品、市场、供销关系等进行规范管理。在利好政策的推动下，广东商品流通规模的迅速发展，商品品种逐渐丰富，大批"广货"进入市场，省政府进一步放宽日用品购销管理范围，除食糖、食盐等商品外，其他日用工业品均作为非计划管理商品，而且广东市场并不排斥来自省外、港澳或外国的商品，广东市场上的商品种类不断增多，其包装设计也丰富多样起来。

为适应商品市场的发展，十一届三中全会后，广交会的规模、形式和内容都与以往相比有所改革。出口商品的展览一改过去按口岸分

[1] 逄锦聚．辉煌的成就，宝贵的经验——新中国经济50年的回顾与展望[J]．南开学报（哲学社会科学版），1999（6）：1-15.

[2] 广东省档案馆．图说广东改革开放30年［M］．广州：广东人民出版社，2008（11）：16.

散设点、重点展出的方式，而按照统一性、系列性、代表性、艺术性的原则展出。交易方法突破以往单一的模式，开展了以进带出，易货贸易，代理贸易、补偿贸易、来料加工等业务。截至1990年第67届广交会，数年间共计成交额超过900亿美元[1]。广交会不但成为商品交易的主流平台，也间接成为借鉴和展示国内外商品包装设计水平的重要窗口。

在市场需求增多的背景下，包装设计越来越受到国家的重视，包装设计业也朝着专业化的方向发展。1977年7月，邓小平同志再次复出并主持中央工作，他力挽狂澜，拨乱反正，全面整顿了我国工农业生产[2]。在整顿中国工农业生产的同时，察觉出我国包装落后的情况，为了使包装工作能有所改善，1978年12月，全国14省市轻工产品包装装潢设计经验交流会召开，邓小平对本次大会中通过的关于发展我国包装事业的《致党中央的一封信》作了重要批示。1978年12月十一届三中全会召开，迎来中国经济建设的新时期，也拉开了现代包装工业发展的帷幕[3]。1978年12月5日，为了改变我国包装行业的落后状况，全国各地100多位从事包装行业的代表在上海召开大会，成立中国第一个包装行业网。有关人员起草了关于发展我国包装工程的文件和信函，经大会通过后上交中央军委。军委副主席聂荣臻元帅立即作了重要批示，并在百忙之中为包装刊物题字——这就是《包装工程》杂志的前身。1980年12月20日，中国包装技术协会在重庆成立。1981年中国包装总公司成立。1981年3月，中国包协包装设计委员会在北京成立，广东丁为美当选为第一届副主任委员。7月，中国包协包装设计委员会中南地区领导小组在广州成立，潘效良任第一任组长。9月，广东省包协包装设计委员会成立，潘效良当选为第一届主任委员。1982年，在北京农展馆举办了第一届全国包装展览会[4]，参观者达30多万人。1983年，在湖北省宜昌市进行全国第一届优秀包装产品评比[5]。同年，广东省包协设计委员会、广州美术学院设计系、广州市包协设计委员会联合邀请香港理工学院王无邪、勒埭强等专家来穗，在广东省博物馆举办“香港设计展”，这是香港设计作品第一次在内地展出。1984年，在国务院领导下，开展全国包装大

[1] 作者不详. 首届中国出口商品交易会在广州举行[EB/OL]. http://www.huaxia.com/gdtb/yxgd/lssj/2009/09/1571625.html.

[2] 韩虞梅，韩笑. 新中国包装事业发展60年回顾[J]. 包装工程，2009（10）：235-236.

[3] 韩笑，王芳，韩梅. 包装世界百年辉煌—纪念[J]. 包装世界，2005（5）：3.

[4] 洪梅芳. 参观《全国包装展览会》有感[J]. 中国包装，1982（4）：32.
杨浩忠. 检阅过去展望将来—参观全国包装展览会随感[J]. 中国包装，1982（4）：32.

[5] 申永. 记全国第一次包装装潢设计评比会[J]. 中国包装，1984（1）：13-25.

检查，有关组织正式成为国际标准化组织包装技术委员会（ISO/TC 122）的成员。

20世纪80年代以来，我国党和国家领导人多次对包装行业、包装展览及学术交流等方面作出重要指示和讲话。多个权威媒体，如人民日报、光明日报和北京日报等都对包装改造与包装成果等进行大力宣传。由于国际包装技术交流和贸易活动的频繁开展，我国包装事业在科学、技术、生产、装潢和人才培养等方面都有了长足的进步，一些新的包装机械、包装材料研制成功，新的包装技术开始推广应用，为我国包装事业发展奠定了技术基础。广东凭借经济特区的特殊政策和邻近港澳的地理优势，为本地包装业快速获取最新发展咨询，也为其快速成长提供了土壤和条件。

4.1.2 1984～1992年

1984～1992年我国处于以城市为中心的全面改革探索时期，以1984年10月党的十二届三中全会通过《中共中央关于经济体制改革的决定》为标志。在这一阶段，改革范围更广泛，从农村扩展到城市，从经济领域扩展到政治、科技、教育及其他社会生活领域，在若干个方面都取得了一系列重大的突破[1]。

经济成分的多元化发展有利于不同的企业类型拥有更多的自由度去发展自身。广东企业利用20世纪80年代前期引进的先进技术和包装材料，结合自身市场，打造了大批本土品牌包装。另外，政策的开放把企业的市场意识释放出来，广东市场上的产品和广告推广大量地出现在人们视线中。广告中商品包装的频繁出现更是把包装设计的市场推广效力进一步放大，由此，企业家们体会到包装设计的重要性。

与此同时，经济的进一步发展使人们生活水平持续提高。人们不再只满足于包装“保护、包裹”的基本属性，开始追求更多的附加功能。1991年3月22日，江泽民总书记参观全国工业技术进步成就展览会包装馆时也指出：“包装很重要，不仅是保护商品的问题，要通过搞好包装提高附加值”[2]。一方面，包装设计与市场竞争紧密联系在一起，企业对商品包装的关注度逐年提高，另一方面，随着西方现代

[1] 逄锦聚．改革开放的伟大历程和基本经验——纪念我国改革开放30周年[J]．南开学报（哲学社会科学版），2008（2）：1-10.

[2] 韩虞梅，韩笑．改革开放三十年．中国包装工业大事编年[J]．中国包装工程，2008（5）：47-49.

设计理念的传播和介入，设计师努力学习国外先进理念和技术，应用在本国商品的包装设计之中。

1986年是中国当代包装设计史上具有重要历史意义的一年，湖南省包装设计师龙兆曙设计的“西汉古酒包装”荣获“世界之星”包装奖，这是我国商品包装在国际性设计大赛中首次获得最高荣誉。1987年龙兆曙再摘两项“世界之星”，1988年李渔和孙新华也分别荣获三项“世界之星”。1989年，李渔、孙新华、郭湘黔又收获三项“世界之星”。后来，李渔，郭湘黔和龙兆曙等人都南下到广东省，分别在高校或公司中担任与包装相关的教学与设计工作，成为广东早期包装设计的先行探索者，为当时广东的包装设计行业注入一股新鲜的血液。

这段时期，广东的包装设计业比较活跃。在众多业内人士的努力下，取得了多项可喜的成绩。1981年，我国第一次大型包装展——华东地区包装装潢设计展在山东济南举行[1]。同年9月，在长沙举办了湖南省第一次包装展览会。1982年，广州市经委与广州包装协会共同举办了“广州市包装设计展览”“全国广告、装潢设计展览”在广州巡回展出，广东省包装协会设计委员会选送了800多件包装设计作品参加全国包装展览[2]，大大推动了中国包装设计的发展。1987年12月，广东省包协设计委员会推荐常务委员李向荣的论文《关于包装设计行业管理体制改革的设想》入选全国首届包装经济研讨会，并在会上获奖。同年6月，广东省包协设计委员会接待法国巴黎黑方块设计公司设计师DISI先生在广州举行学术交流，介绍电脑设计原理等。9月，中国包协设计委员会推荐广东省姜田田的《包装装潢设计美学探微》、李向荣的《包装设计与价值工程》、林长武的《关于包装集焦视觉功能的探讨》三篇论文入选第二届北京国际包装学术讨论会。1989年7月，省包装设计委员会丁为美、庄永洽应邀担任广州军区后勤部军需包装委员会包装评比会评委。广东省包协设计委员会受省工业编志办委托，由李向荣执笔编写《广东省包装装潢设计志》[3]。1989年中国包装工业年产值创历史最高水平，成为我国国民经济的主要组成部分。

[1]　刘向娟．中国平面设计二十年[J]．湖北美术学院学报，1999（12）：54-56.

[2]　李向荣．广东省设计师作品选[M]．广州：广东人民出版社，1999：6-7.

[3]　李向荣．广东省设计师作品选：大事记[M]．广州：广东人民出版社，1999：7-16.

4.1.3 1992～2000年

这一阶段，我国全面推进以建立社会主义市场经济体制为核心内容的综合改革。1992年初，邓小平同志视察南方发表重要谈话，同年召开党的第十四次全国代表大会，确立了邓小平建设有中国特色的社会主义理论在全国的指导地位，确定我国经济体制改革的目标是建立社会主义市场经济体制。通过这段时期进行了一系列的改革，社会主义市场经济体制的基本框架已经初步形成。

1992～2000年期间，广东开始改革流通体制，搞活城乡市场，促使商品流通活跃。20世纪80年代末至90年代初，全省商品流通市场虽已走上稳定发展的轨道，但商品结构的调整仍未能适应消费者的需要，一些商品花式品种陈旧、质次价高，与消费者追求的质优、价廉、物美的消费心理有着较大差距。20世纪90年代以来广东全方位开拓国内与国际市场，改革商品流通体制，保证商品品种丰富、货源充裕，形成供大于求的格局。人们消费心理趋于成熟，为多层次消费提供了条件，消费需求已逐渐从温饱转向小康型，追求时髦、新颖、美观的消费品，对商品包装的需求也随之发生的变化。人们的消费方式和水平走上了新台阶，生活水平显著提高，为逐步建立和完善社会主义市场经济体制打下良好的基础。这段时期是广东经济社会发展较快、较好的时期，在建立社会主义市场经济的过程中，国民经济和社会发展的各个方面都取得了令人鼓舞的成就[1]。尤其重视广货市场的开拓，调整、优化产业结构，依靠科技发展新一代广货，实施名牌战略，发展名牌产品和名牌企业，积极开拓广货市场。

在包装领域，无论是国内的经济份额还是国际上的影响力都有所提升。据统计，包装工业固定资产在1996年已达到80亿元。从1978～1997年，国有工业总产值由3289亿元增加到29759亿元[2]，其中包装工业总产值从1980年的约72亿元增长到1997年的1540亿元。包装改进取得了每年减损、增效、节支100多亿元的效果。此时，广东大力发展高新技术产业，不断优化产业结构，开发名优产品，为经济建设和精神文明建设继续做努力，并且实施外向带动战略，加速

[1] 广东年鉴编纂委员会. 广东年鉴（1996）[M]. 广州：广东人民出版社，1996：146.

[2] 逄锦聚. 辉煌的成就，宝贵的经验——新中国经济50年的回顾与展望[J]. 南开学报（哲学社会科学版），1999（6）：1-15.

市场国际化[1]。1993年，我国成立国家出口包装认证实验室。1994年，首届中国国际包装展览会举办。1995年，我国首次召开“国际防伪技术交流会”。1996年，中国包协与INTERNET联网，进入世界信息网络。1997年，中国包装产品质量认证委员会成立。1998年，世界包联WPO同意亚洲包装中心设在我国。

20世纪末广东设计处于白热化的时期，各种设计展、设计机构、设计大赛的展开为包装设计提供了更大的平台，其中，1992年是中国平面设计史上具有里程碑意义的一年，在深圳举办的首届“平面设计在中国”是一次权威的、集中的中国平面设计力量的展示，该比赛的项目有完整的设计分类，包括广告、海报、包装、书籍和企业形象，作品收集来源广泛，邀请我国港澳台和外国知名的设计师作为评委，对于沟通海峡两岸设计界交流有积极作用。这是第一次以广东为焦点，对整个中国平面设计界引起强烈的反响，并树立了一个高规格设计赛事的旗杆。4年后，深圳举行了“96平面设计在中国”，集合了大陆、台湾、香港、澳门四地设计师的作品，形成中国设计界大交流的局面。同年广东省包装技术协会成立15周年暨省包协第五届理事会换届选举大会。1997年，首届《包装与设计》新星奖大赛开展，参赛人群主要是院校师生，促进设计教育的发展。1997年中南之星大赛参赛作品比往年更具特色。在竞争中改变自身的组织结构和运作模式，诞生出广州的黑马广告设计事务所、红方格设计室、深圳嘉美设计有限公司、万科文化传播公司、国际企业服务公司等灵活的新型设计机构，进入全方位面向市场客户的状态[2]。

20世纪末，广东市场繁荣活跃，作为沿海经贸发达的地区，商品供应充裕，种类丰富，因此包装设计也格外被重视，同时，设计理念、工艺、电脑技术的更新及不断介入包装设计，为广东包装迎来了大好的发展时机，但面临着外国商品与广货形成激烈的竞争格局，为了满足消费者对商品及其包装更高、更多样的要求，广东包装设计师一方面积极挖掘自身传统文化与包装的结合，另一方面紧跟国际设计思潮，把“CI”“以人为本”等宗旨引入设计。

[1]　段华明. 广东改革开放30年的历程与经验[J]. 探求，2008（11）：4-10，15.

[2]　唐沫. 华南的设计市场[J]. 装饰，1995（1）：4-7.

4.2 观念转变：现代设计观念与市场经济观念

中华人民共和国成立后，在政府的号召下，传统工艺、工艺美术再次受到关注。各地相继开展了许多对工艺美术的探索研究，人们开始意识到手工艺向日用品生产的方向转变的必要性，但文化大革命的爆发，使国民经济和工业化建设遭受重创，也在一定程度上破坏了这种转变的基础。自改革开放后，中国才真正迎来经济的风云变幻和工业的快速发展。在西方科学技术、思想文化艺术的巨大影响和社会的现代化进程的冲击下，中国工艺美术受到了现代设计理念的彻底洗礼，完成了工艺美术向现代设计的转变和民间手工艺与现代设计的学科分野，包括包装设计在内的中国现代艺术设计呈现崭新的面貌。

4.2.1 社会文化转型与消费观的转变

20世纪80年代，中国的社会文化结构进入了深刻的转型时期，这种转型可以分为两个阶段。第一阶段是20世纪70年代末～80年代初期，这一时期的转型主要表现在思想层面。文学、美学、历史学、哲学等人文学科共同掀起“文化热”，集中探讨思想解放，拨乱反正传统文化与现代文化取舍等时代大议题，为后面的改革作了思想上的铺垫。20世纪80年代末期开始，中国社会开始了第二次转型，即从思想领域进入操作实践领域的转型。从消解“政治中心论和以阶段斗争为纲”到建立“以经济建设为中心”这一伟大的转折，带动了艺术审美和消费观的变迁。包装设计与民俗风尚、时代审美和市场都有莫大的关系，而市场的转变又与人们的消费观密切联系。

“文革”时期，工艺美术受到“文革”政治色彩的影响。这一切随着改革开放后对于意识形态的矫正和“真理标准问题”的提出而发生根本改变。以1980年的《装饰》期刊为例，里面的论文主张打破“文革”时期工艺美术的泛政治化倾向，对于民族传统文化的“根性”研究更加系统和深入。整个学术认识从“政治”范畴中走出，不以社会制度的差异性来加以偏激化的取舍，转而投向工艺美术创作的本体[1]。

另外，社会需要一种精英式的文化去引导大家从迷茫的情景中走

[1] 马丹. 从“百工之术”到现代设计——《装饰》杂志研究（1958-2001）[D]. 长春：东北师范大学，2014.

出来，从事精神产品生产的精英以及他们的文化思想成为这一时期社会文化的中心。这种精英文化投射到艺术领域，使当时的艺术呈现纯粹、圣洁、高雅的特点。因此，20世纪80年代的审美文化带有精英化的特质，高于现实生活层面，担负着一种提升精神的社会使命。而在20世纪90年代，人文理想主义的精英文化慢慢被务实的经济建设和举国上下的实业发展所代替而变得边缘化，传统的高雅审美文化逐渐向日常生活靠拢，更趋于实用化、通俗化和商品化。

政治意识上的解放和文化意识上的“去精英化”使文化观改变。同时，消费观念的改变也随之而来。20世纪80年代后期以来，国民经济市场化程度有了迅速提高，物质日渐丰裕，特别是20世纪90年代，中国市场告别了商品短缺，出现了产品过剩。在20世纪90年代中后期，据统计，国内600多种商品绝大多数出现了过剩，客观上为中国从生产型社会向消费型社会的转型做了客观条件上的准备。主观方面，经济发展的浪潮使一部分中国人民成为时代的弄潮儿，这部分先富起来人群的消费观不再保守，甚至具有消费主义特征的炫耀型消费和过度消费行为成为一种生活模式，他们住装修豪华的房子，吃精致营养的食品，穿高级时装，用香气袭人的润肤露、洗发水，玩电子游戏……带来了其他阶层人群的向往和模仿，因而重物质消费的观念开始在全国蔓延。另外，现代西方所提倡的消费主义文化也慢慢传播到中国。这些因素促使艰苦朴素、节俭克制的传统消费观念有所动摇，在经济状况改善和消费主义文化西风东渐的双重推动下，加速了中国步入消费社会。

如果说传统手工艺是服务于自给自足的自然经济的话，则现代设计在“商品消费”大行其道的市场经济中找到了“用武之地”，市场与消费迫使设计师去考虑装潢和工艺以外的设计因素，也衍生出众多的设计需求。例如，用于传播推广的广告片，在超级市场上工艺考究、结构繁琐、尺寸夸张、争奇斗艳的商品包装，以及在20世纪90年代很受欢迎的CI系统等。正如柳冠中先生1995年在《作为方法论的工业设计——再论“使用方式说”》中所说的那样：“设计师的这个职责告诉我们抛开表面的造型行为、僵化的技术限制并透过所谓

‘市场是一切’的迷彩，抓住‘生活需求’这个丰富、生动的源泉，使‘看不见的手’显形，并从引导消费到创造市场[1]。”

总而言之，20世纪80年代以来，中国整体上从意识形态导向的政治社会向市场导向的消费社会过渡。围绕这个时代的大转型，各种设计观念也向着与之适应的方向慢慢改变。

4.2.2 从工艺美术到现代包装设计的转变

中华人民共和国成立后，传统工艺美术得到了重新关注，政府先后在各个方面开展了对工艺美术与民间工艺的重建与发展工作。中华人民共和国成立初期为配合经济发展，国家对手工业进行了社会主义改造，从而催生了中央工艺美术学院的成立[2]。该校成为中国培养工艺美术专业人才的第一所高等学校，该校的毕业生被分配到全国各地，包括广州美术学院等地方院校，对广东和其他地区的工艺美术水平有积极的推动作用。在20世纪60年代，各地的工艺美术工作者开始探索新的出路，尝试将工艺美术与现代设计结合起来，创造符合社会生活需要的新时代工艺美术作品[3]。然而，接下来的“文化大革命”运动阻碍了工艺美术向现代设计转变的进程，工艺美术走向了另一个发展方向，成为政治宣传的工具和手段，而现代设计赖以发展的国民经济与工业生产则被严重忽视。

“文革”结束初期，国内企业产品在以产定销的模式下，外形墨守成规，遵守“几十年一贯制”，缺乏市场竞争力。在工艺美术的大环境下，设计等同于“美化装潢”，一些工厂或设计研究部门的工业产品设计人员被称为“美工”，这个称呼一直持续到20世纪的最后十年才被“设计师”所取代[4]。改革开放后，国外美观又好用的产品凭借优良的设计，迅速占领了市场，对国内日用品生产企业产生了强烈的冲击。面对生产水平和设计观念上的差距，国家对设计开始重视起来，尤其是工业设计。

“工业设计”的概念是在20世纪70年代末～80年代初从西方引入中国的。当时广州美术学院设计研究室撰写的《中国的工业设计与中国现代化》一文中尖锐地指出这种落后程度：中国大地上奔驰的上亿

[1] 柳冠中. 作为方法论的工业设计——再论“使用方式说”[J]. 装饰，1995（01）：14.

[2] 马丹. 从“百工之术”到现代设计——《装饰》杂志研究（1958-2001）[D]. 长春：东北师范大学，2014.

[3] 陈瑞林. 中国现代艺术设计[M]. 长沙：湖南科学技术出版社，2002：124.

[4] 中央美术学院，关山月美术馆. 20世纪中国平面设计文献集[M]. 南宁：广西美术出版社，2012：408.

辆自行车，皆是1905年英国工程师莱利·赛克的设计翻版；在成千上万个家庭妇女使用的缝纫机，还是1873年美国“胜家”牌缝纫机的雏形；国产的拨号式电话机，仿造的是1931年“西门子公司”的产品……[1]在这样的背景下，国内开始大力发展民用工业产品，而手工艺则慢慢让位于大规模机械生产，设计从之前以美化外观、促进销售为目的的实用美术，发展为考察各种工程技术、规划生产—流通—使用—再利用全过程、涉及多种知识的综合性学科。1987年成立中国工业美术协会，后改称为中国工业设计协会[2]。

在政策方面，党和政府提出调整国民经济和大力发展消费品生产的方针，改变以往工艺美术背景下的创作只注重传统工艺和工艺美术的特色，在市场经济初步建立、大规模社会主义建设和西方设计思想的影响下，工艺美术必然脱离传统造物观念的约束，向现代设计转变，以适应社会生产和人们生活变化的需要。1980年7月国家经委颁布的《旅游纪念工艺品生产和经营若干问题的暂行规定》，提出“加强科学研究和产品的设计力量，大力发展具有民族风格和游览区特色的产品……”对于产品的包装装潢提出“具有民族风格，精巧轻便，方便携带，适合送礼。要做到凡需包装装潢产品没有包装装潢不出厂，不销售。要不断改进设计、提高包装水平”等[3]；1980年下半年，国务院又提出了“日用品工艺化，工艺品日用化”的指导方针。从这个规定和方针可以看出，工艺美术品不再仅仅停留在装潢美感和娴熟技艺的狭隘理解中，而是注重实用性、宜人性和营销导向，这些属性恰恰就是现代设计中的重要特征。

面对市场的蓬勃发展与政府层面的推动，教育界也进行了不少的探讨和做出相应的改革。广州凭借毗邻港澳台的地理优势，积极引入当时最新的西方现代设计理念、设计方法。新的设计理论强调了设计的功利目的，强调了设计的技术特征、经济特征和设计方法的科学性、规范性、程序性。1979年广州美术学院开设工业设计史论课程。1980年香港设计家王无邪受邀到广州交流教学，并介绍了三大构成等设计理论。1995年在广州召开了全国设计教育理论研讨会。广州美术学院副院长尹定邦教授曾指出：“与工业化同步的应该是高

[1] 陈晓华. 工艺与设计之间——20世纪中国艺术设计的现代性历程[M]. 重庆出版社，2007.

[2] 仇国梁. 双赢的结合——论民俗美术与中国现代艺术设计的本土化[J]. 艺术百家，2008（02）：206-207.

[3] 张思遥. 中国平面设计30年[D]. 无锡：江南大学，2009.

等设计教育，不应该再是手工业的工艺美术教育。因此它不能只重绘画、不重设计，只重图案、不重功能，只重政治化的文艺理论，不重设计史论，更不重相关的技术学、经济学、人机工学、消费心理学等理论[1]。”1998年，万宝电器集团与广州大学合作，共同成立了我国首家院企结合的“工业设计研究所”。同年，教育部在大学本科目录中正式将“工艺美术”取消，取而代之的是“艺术设计学”和“艺术设计”（表4-1），在此之前，我国的“艺术设计”经历了“图案”“实用美术”或“工艺美术”等名称。从概念上看，“艺术设计”涵盖了原有“工艺美术”中的手工艺、传统工艺，也包含了大工业模式下批量化生产的所有服务内容，突破了原有工艺美术”中以专业分工的传统教育模式，成为新中国设计史上具有划时代意义的事件。

我国艺术设计教育本科专业设置情况变化表　　表4-1

颁布时间（年）	专业数	专业名称
1961	6	染织美术、陶瓷美术、书籍美术、商业美术、壁画、建筑装饰
1979	5	染织美术设计、陶瓷美术设计、书籍装帧设计、装饰壁画美术设计、工业美术设计
1987	9	环境艺术、工业造型、染织艺术、服装艺术、陶瓷艺术、漆器艺术、装潢艺术、装饰艺术、工艺美术历史及理论
1993	8	环境艺术设计、工业造型、染织艺术设计、服装艺术设计、陶瓷艺术设计、装潢艺术设计、装饰艺术设计、工艺美术学
1998	4	艺术设计学、艺术设计、工业设计（部分）、服装设计与工程（部分）

（资料来源：童宜洁．改革开放以来我国艺术设计的发展特征研究[D]．武汉：武汉理工大学，2012.）

在工艺美术向现代设计过渡的语境下，包装设计也渐渐从单纯的装潢美化外观向商业导向的现代设计转变。中华人民共和国成立以后，较长时期内，包装装潢设计及其他工艺美术设计在学科上是隶属于工艺美术。据广州美术学院副院长尹定邦先生回忆，20世纪60年代末至70年代初，中国处于被封锁、被包围的状态，所以很强调出口，赚点外汇，但当时能出口的产品极少，农产品、矿产品和一些农

[1] 尹定邦．设计目标论[M]．广州：暨南大学出版社，1998：2.

产品初步加工的小工艺品，那就特别强调包装，这些包装就是他们专业的人做的，当时社会不重视产品包装，可是国家又很需要产品包装，因此外贸系统特别重视，要培养包装的设计人才，他们就到各地去培训，对一些印刷厂、外贸公司、糖果厂的基层美工，给他们进行专业培训，包括当时一些年轻的、想考学校的、想找一份工作的青年的美术爱好者，让这些人能够胜任基层的包装设计工作。当时装潢专业的师资较差，相比国画、油画、版画、雕塑等传统艺术类专业，系里既没有副教授，也没有系主任、副系主任，全部是年轻助教[1]。

“工艺美术”名称来源于“工艺”（将原材料或半成品加工成产品的工作、方法、技术等）与“美术”的有机结合。“工艺美术”原本是与设计相对应的中文专业词汇，但中国长期缺乏现代化工业生产和偏重农业生产方式，因此，在缺乏工业化生产与市场化销售的基础下，作为设计对应词的工艺美术已经很少有西方现代设计的意味了[2]，成为手工艺的代名词。当时的包装装潢主要是对器物或商品外表的“修饰”，主要从外表及视觉艺术的角度来研究和探讨问题。20世纪70年代末至80年代初，广东一些包装装潢设计还有着明显“工艺美术”的印记，一时间人们难以全盘接受现代设计新理念，而且由于生产力发展水平的制约及专业设计人员的缺乏，部分产品包装还处于以画为主的阶段。

20世纪80年代，我国步入现代化的生产方式时期，机械化的生产和大规模社会主义建设的开展迫使工艺美术脱离手工业的约束，满足人民生活变化的需要。而当时许多工艺美术的从业人员还是以传统匠人身份来要求自己，制作中玩弄传统手工技法，只顾制造“美的摆设”。“装潢”一词在当时是关于外观美化装饰的一个惯用术语，尽管包装装潢的内涵早已超出早期单纯装饰美化商品的局限，国人还是习惯称为包装装潢[3]。随着西方现代设计理念不断输入，人们逐渐发现包装装潢设计的内涵已经不仅仅是简单的装潢，装饰使之美观，还包含对产品的装饰、造型、标志、宣传、实用功效等有生产条件的严格制约。据尹定邦先生回忆，当时，香港和台湾已经有不少介绍西方设计的书籍，他的一些香港朋友和亲戚把这些书送给他，他看了就觉

[1] 莫萍. 前辈访谈计划（四）——尹定邦. 南中国现代设计的历史（一）[EB/OL].（2010-11-25）http://blog.sina.com.cn/s/blog_402903810100o1a0.html.

[2] 金银. 世纪年代之后中国设计艺术理论发展研究[D]. 武汉：武汉理工大学，2007.

[3] 曾景祥，肖禾. 包装设计研究[M]. 长沙：湖南美术出版社，2002.

得包装装潢根本不是自身所学的那样。他说："什么装潢？包装最重要的任务是要把产品的属性介绍清楚，什么品牌、规格、质量、档次在什么地方，要把商品保护好……保护好商品、宣传好商品才是美化商品。装潢的概念在人家的概念里是属于第三类的东西，我们完全把它颠倒了，我们还不知道。也就是说，我们不是替顾客寻找商品服务，我们也不是替企业寻找顾客，我们的广告就是一张漂亮的画[1]。"

生产方式的改进促使包装设计人员开始注重艺术性、应用性和商业性的结合，吸收传统包装艺术设计的营养，将传统的形态、结构或装潢、文字与现代新工艺、新材料结合。为了适应实用的消费需求，销售包装的体量区域小型化，为了加强销售效果和企业宣传，包装形式的系列化得到了进一步发展[2]。

20世纪80年代末的"工业设计"概念在我国的兴起对包装设计产生了很大的影响。工业设计是通过有形的产品结构及视觉外观创造价值，并要求标准化、专业化、同步化、集中化。与以往单纯强调美感的装潢设计相比，工业设计语境下的包装设计更强调设计的功利目的，强调了设计的技术特征、经济特征，强调了设计方法的科学性、规范性、程序性。这一时期，广东的一些商品包装体现了现代工业设计的思维特征，例如，广东省潮州市宏兴制药厂生产的四角牌"心灵丸"（图4-1），该产品用于冠心痛、心绞痛、心功能不全、心律失常等症，曾获得国家医药管理局优质产品奖和广东省科技成果奖。"心灵丸"产品包装采用内外全透明的结构，流畅的条纹设计，令人联想到舒畅的血脉流动，增强了患者对产品的信赖感。其蓝色外包装有"心灵丸"产品外形的凹槽，采用凹凸压印的处理手法使得包装纹理多而不繁。"心灵丸"整体包装不再着眼于表面的图案装饰，有着标准化、专业化的产品包装造型设计，凸显了工业美感。

图4-1
1988年心灵丸包装
（图片来源：《广东年鉴》1988年）

在工艺美术向现代设计转变的过程中，设计业界和学术界也对包装装潢设计进行了广泛的研究探讨。1973年，中国包装进出口广东公司创办了《包装与装潢》杂志，是国内最早的设计专业期刊之一，其内容拥有丰富的国际与国内设计信息，为广东提供了宝贵的包装资源。杂志的创办为研究提供了一个交流的平台。1974年1月号《包装与装

[1] 莫萍．前辈访谈计划（四）——尹定邦．南中国现代设计的历史（一）[EB/OL]. http://blog.sina.com.cn/s/blog_402903810100o1a0.html.

[2] 陈瑞林．中国现代艺术设计史[M]．长沙：湖南科学技术出版社，2002：163.

潢》刊登了题为《英国食品包装装潢情况及对我国包装装潢的反映》的文章；1974年2月号刊登了题为《1974年春季出口商品交易会业务办公室包装组调研工作小结》的文章；1975年2月发表题为《瑞典市场包装装潢的情况调查和对我出口商品包装装潢的反映》的文章。1987年《包装与装潢》正式更名为《包装与设计》，杂志的主要栏目扩展为海外传真、设计交流、设计论坛、专题报道、材料与设计等。到了1978～1985年期间，《中国包装》、《上海包装》、《包装研究》、《装饰》等期刊也发表了多篇关于包装装潢设计艺术的论文，如罗真如的《包装装潢设计的概念》，张文详的《包装装潢设计的科学属性》，王波的《包装装潢设计试论》等，张道一的《包装装潢形式的民族特点》，徐昌酩的《谈谈包装装潢美术》，张仃的《提高商品包装装潢设计艺术》等。

经济和消费需求的发展要求包装装潢设计必须符合“科学、经济、牢固、美观、适销”的要求。包装装潢设计的概念已经有一定局限，因此“包装设计”逐渐地取代了“包装装潢设计”，包装设计由原来长期的以保护商品安全流通、方便储存为主，到美化商品，进而至现代一跃而转向依靠包装推销商品，起无声售货员作用，这是时代发展的需要。在观念转变的进程中，广东的包装业界紧跟现代设计步伐，《包装与装潢》杂志1985年更名为《包装&设计》。成立于1980年的广州市包装装潢协会在1981年改名为广州市包装设计协会。1981年7月，广东省成立了省包装技术协会，之后，又相继成立了包装设计、包装印刷、包装机械、包装标准、纸制品包装、塑料包装、玻璃容器、易拉罐、规划、情报等10个专业委员会。全省18个市中已有广州、佛山、湛江、中山、韶关、惠州、肇庆、梅县、深圳、汕头、清远、江门、东莞等13个市成立了包协[1]。这些命名上的转变看似微不足道，但很好地反映了人们对包装设计观念的与时俱进，也体现了广东包装设计界对包装设计观念因时代而转变的敏锐态度。

4.2.3 企业形象与包装设计

改革开放后，有三股主要的设计潮流涌向中国大地，分别是20世纪80年代初的“三大构成热”、20世纪80年代末的“工业设计热”

[1] 唐昆碧. 广东包装工业十年[J]. 中国包装，1990，10（04）：67-68.

和20世纪90年代的“CI热”[1]。

CI是英文“企业识别”（Corporate Identity）的缩写。CI设计又称为企业整体形象设计，通过统一的设计手法、自我认同的独特的经营理念和经营行为，以信息化的方式传达给社会公众，从而在企业内外突出表现出自己区别于其他企业的鲜明个性[2]。“CI”作为一个系统“CIS（Corporate Identity System）”，由视觉识别（VI）、行动识别（BI）与理论识别（MI）三个方面组成。CI发端于20世纪初期的欧洲，最早较为完整的CI是由德国著名设计师彼德·贝汉斯为德国“AEG”电器公司设计的一系列视觉形象。这些视觉形象应用在系列性的电器产品上，这便是CIS的雏形[3]，当时的CI与后来的CI概念仍有很大的差距。到了20世纪30年代，CI传入美国，与美国注重商业和市场的设计氛围不谋而合，得到了很大的反响。真正的CI设计是20世纪50年代中期，著名的“国际商用机器公司”（IBM）在1956年导入的CI设计，成功地树立了企业形象[4]。日本则由于受到第二次世界大战的影响，其Cl观念的引进较欧美国家晚了20年。但CI在日本成功地帮助了像“日本电信电话公司”（NTT）“日本电气公司”（NEC）和“东芝公司”（TOSHIBA）等知名公司建立规范的企业形象。我国台湾的CI观念是由留日的学者引入台湾的。首家导入CI的是台塑企业。中国大陆的CI观念则经日本和中国台湾辗转引进，因此在CI的理论上包含了欧美、日本、中国台湾的成分[5]。

1974年，中国《包装装潢》杂志较早地介绍了CI设计理论[6]。1980年12月，丁为美的《关于企业统一化设计战略的初探》在全国轻工系统包装设计交流大会上发表，被认为是国内第一篇研究CI的论文。1993年5月，广东省包协设计委员会、广东省广告协会、广东省包装装潢设计实业公司联合邀请日本CI理论权威稻恒行一郎和曾振伟先生在广州宾馆举办了《从世界名牌看CI设计的发展》讲演，翌年5月，省包协设计委员会、省广告协会联合邀请日本专家在广州花园酒店举办《日本成功导入CI实例》讲演会。1995年3月，省包协设计委、深圳宝安区政府、红方格广告公司、深圳罗湖区商业广告公司联合邀请日本标识学会副会长佐藤优教授和曾振伟先生举办《现代都市视觉形象与标识系

[1] 李立新．中国设计艺术史论[M]．天津：天津人民出版社，2004：146.

[2] 杜苏．“CI”热在我国悄然兴起[J]．福建质量管理，1994（2）：27.

[3] 潘向光，朱利伟．中国CI热的冷思考[J]．中国广告，1997（2）：16-17.

[4] 许力戈，黄耀成．CI—企业形象的革命[J]．包装与设计，1994（3）：2.

[5] 潘向光，朱利伟．中国CI热的冷思考[J]．中国广告，1997（2）：16-17.

[6] 陈瑞林．中国现代艺术设计[M]．长沙：湖南科学技术出版社，2002：172.

统》演讲会，广东省首次提出了都市形象与标识系统设计问题[1]。

CI理论在中国得以广泛传播并被应用于众多企业的原因跟市场趋势和人们消费心态有关。首先，20世纪90年代以来，市场经济体制不断完善，企业的市场经营已面临着越来越严峻的挑战。工业生产的技术日益成熟与普及，产品同质化的问题显现，市场上的品牌形成激烈的竞争形势。其次，由于教育水平和生活质量的提高，消费者的购物动机日趋复杂化，企业不得不考虑产品功能以外的诸多因素，比如企业信誉度，识别度、售后服务和消费者心理等。因此，CIS通过构建MI、BI和VI体系，很好地帮助企业对内提炼和总结出具有企业自身特点的经营价值观，对外树立一个精准、独特的企业形象。在导入CI体系中，包装是其中一个重要的部分。在企业品牌的营销中，企业识别形象、产品包装形象和广告推广形象是一个互为联动的体系，其中广告里也会展示产品的包装，可以说包装是企业在市场上覆盖面最广，在公众场合传播面最大的形象[2]。包装设计对消费者的心理活动与行为的作用过程中，就包含了“树立形象”与“作出识别”这两个阶段[3]。包装设计把企业识别的标准色运用到企业的产品包装上，可使消费者产生对商品包装色彩的回忆，通过心理暗示与企业的信息产生共鸣，强化企业形象。

在众多CI导入的案例中，广东太阳神集团是早期最为成功的一个。广东太阳神集团原名广东省东莞黄岗保健饮料厂，原本是一个默默无闻的乡镇企业，原先生产商标为“万事达”的生物健口服液，虽然在20世纪80年代初就投放市场，但其产品市场销售平平，一直鲜为人知。1988年该厂委托广州新境界广告公司负责总体策划设计并导入CI，以太阳神形象构筑的企业、商标、产品三位一体的CIS在上海全面推广。本来不起眼的企业变得家喻户晓，“太阳神”成为高级的送礼佳品，其影响力迅速传遍中国大陆，甚至远及中国港澳和东南亚等地区[4]。CI的导入使企业的产值年年增长，1988年企业产值为520万元，1990年增到4000万元，1991年高达8亿元，1992年猛增到12亿元，短短4年间翻了200倍[5]。

太阳神的“企业形象”采用了“构成感”强烈的简洁手法，其商

[1] 李向荣. 广东省设计师作品选：大事记[M]. 广州：广东人民出版社，1999.

[2] 俞凤鸣. 包装设计与企业经营战略[J]. 上海包装，1995（4）：23，24-25.

[3] 朱和平. 现代包装设计理论及应用研究[M]. 北京：人民出版社，2008：119.

[4] 徐铭. 对我国CI热的反思[J]. 上海企业，1995（8）：5-8，1.

[5] 权贤厚. 太阳神的成功与CI[J]. 党员之友，1995（10）：28.

标造型由一个鲜红的圆形和一个黑三角形构成，圆形象征着太阳和生命力，而三角形是品牌名“APOLLO”的首字母，被称为象征“太阳和人”，“体现了企业向上升腾的境界和以“人”为中心的服务及经营理念。在包装上也贯彻了与商标统一的视觉形象，企业标志形象醒目地放置于包装正面上方，其下方是由长方形红色块与三条红色线构成的辅助图形。伴随着“当太阳升起的时候，我们的爱天长地久”的广告歌，太阳神以红色圆形和黑色三角为基本定位的崭新形象迅速得到了外界的认同（图4-2）。

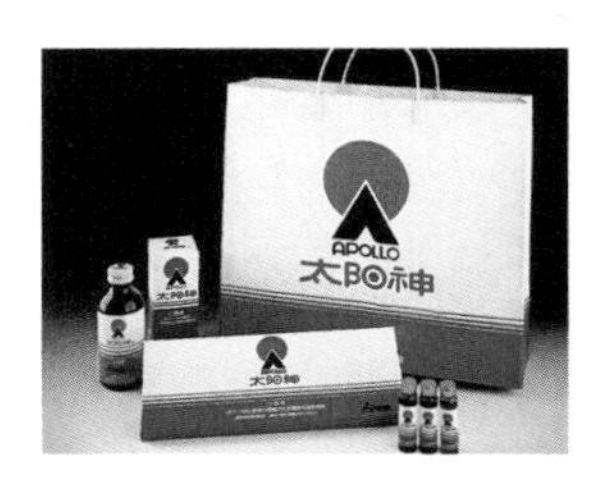

图4-2
20世纪80年代末太阳神系列包装
（图片来源：《广东设计年鉴（1988～1993年）》）

“太阳神”的CI战略为其他企业提供了一个成功的典范。在短短几年中，“万宝”“健力宝”“乐百氏”“李宁”“三星”“威力”“四通”等相继导入CI。“CI热”迅速在中国传播开来，产生极大的反响，1994年甚至被人们称为“CI年”。据文献资料统计，截至1997年，国内较大企业中80%以上都已导入了CI，并将导入CI作为现代企业包装的必修课[1]。

CI作为一个企业形象的整体规划，同一品牌下的系列产品包装应该具有相对统一的视觉效果。为了适应不同类别的产品或子品牌，企业形象的视觉部分作出一定的变体以适应不同的类别，形成同一品牌下的系列感，例如，20世纪80年代，日本麒麟酒业公司为了强化企业识别标志贯穿和渗透于企业生产经营的整个过程，设计开发了4组16种企业识别标志变体，同时用作产品识别商标。这就借助不同的内外包装用品，不同的企业识别标志及其变体，不同的标准色彩及其色彩变体，不同的标准组合及其组合变体，把不同品质、数量、价位、口感、风味的麒麟啤酒区别开来[2]。这种在同一品牌下，生产厂家对本企业所有产品的包装采用统一的形态、色彩、装饰纹样及文字，使他们具有统一的形象的包装称为系列化设计，又称家族包装[3]。

系列化包装起源于化妆品，同一品牌的化妆品往往有很多型号、色系或功能各异的产品套装，因此想把它们用一种统一的格调联系起来。后来随着其他产品的生产线扩大，除了化妆品外，系列化设计手法已经被广泛运用到食品罐头、日化用品、糖果、轻工品、五金产品，甚至与药品的包装装潢上。在商品货架上，统一的格调使品牌形象在消费者脑中有强化印象的作用，非常有利于打造品牌。

[1] 董锡健. 下一个热门：企业包装[J]. 企业销售，1997（12）：12-14.

[2] 陶济. CIS的包装设计[J]. 包装世界，1996（6）：38-39.

[3] 张乃仁. 设计辞典[M]. 北京：北京理工大学出版社，2002.

在20世纪80年代享有“中国魔水”美称的健力宝是我国首创含碱电解质饮品，同时也是系列化包装的一个成功例子。广东健力宝集团有限公司成立于1984年，是一个以饮料生产为主导产业的本土企业。初期主要产品是由广东体育科学研究所研发的一种橙黄色的能量配方饮料，命名为“健力宝”。作为拳头产品，企业在包装上的投入巨大，不但引进国外具有20世纪80年代先进水平的易拉罐和瓶塑装饮料灌注生产线、软包装生产线，而且为了打造健康、运动特色鲜明的民族品牌形象，在包装形象设计上大刀阔斧。该饮品包装和系列广告由白马公司设计制作，结合产品“运动”特性，把田径场的跑道作为一直重复的主视觉，配以象征运动员的“掷铁饼者”雕像图案，简洁的运动形象使其更具有健康、活力和力量感。其产品有橙蜜香型、柠蜜香型、猕猴桃型等不同的口味，用不同颜色的包装去区分，整体形象统一，个性鲜明（图4-3），成功的企业形象和合理的包装策略使健力宝在20世纪八九十年代迅速发展起来。还有一些著名老字号品牌也采用了系列化包装的设计策略，例如“皇上皇”。皇上皇由谢昌初创于20世纪三四十年代，当时位于广州市海珠南路附近，原名为“东昌”，后改名为“皇上皇”（取寓意“旺上旺”）。产品也由原来单一的“老抽肠”发展出多种产品[1]。该品牌旗下有一款皇上皇肉食罐头，因口味众多，包装采用了系列化的设计手法，从一组包装中可以看出整体包装保持着一致的版式和装饰图案，核心的品牌标志位于显眼的位置，不同的口味以图片和颜色区分，形成强烈的系列感（图4-4）。

[1]　刘瑛瑛. 广州老字号“皇上皇”发展对策探析[J]. 商, 2015（13）: 102-104.

图4-3（左）
20世纪80年代末健力宝系列饮料包装
（图片来源：作者自摄）

图4-4（右）
皇上皇肉食罐头包装（设计：林锡洪）
（图片来源：《广东省设计师作品选》1994～1999年）

改革开放后，国民经济和现代工业的快速发展，以及西方设计理念在国内的广泛传播，企业和学校都对设计有了新的认识，包装从原来注重手工生产的工艺美术和只着眼于装饰美感的装潢设计，转变到具有工业化大规模生产和市场意识的现代设计，这种转变是中国社会从传统农业和手工业社会过渡到现代工业社会的必然结果。包装作为商品的载体，是一个时代生产力和生产关系的具体体现，在包装设计上明显地反映了设计观念的改变：现代化的生产与印刷技术使很多包装的复杂造型和丰富色彩表现力成为可能；CI的介入使包装设计摆脱了“为包装而包装”的局面，成为市场营销和建立品牌形象的重要一环。

4.3 东情西韵：西方设计风格影响下的广东包装设计

改革开放后的中国积极学习世界先进的设计理念和科学技术，随着西风东渐的潮流，国内高速发展的国民经济与人们在新时代下对物质的需求，使现代设计渐渐从工艺美术中分离出来，两者各自发展出的不同的研究范式和研究对象，逐渐形成一条清晰的学科界线。这个时期的中国现代设计处于“沸腾”与“嬗变”的状态，推动这一切的原动力一方面来自港澳台设计影响力的辐射作用，另一方面来自当时外派留学人员回国后的亲身传授以及优秀设计出版物的引进。这三股力量引发的“沸腾”作用，不单只是围绕设计本质的讨论，还涉及设计风格上的影响，包括第二次世界大战后国际主义平面设计风格、“三大构成”教育体系的普及和港澳背景下的东西方杂糅风格。设计风格是一个比较表层的形式探讨，但不可否认的是，多元的风格使广东设计师们可选择的设计语言更丰富，成为以后包装设计蓬勃发展的一个重要铺垫。

4.3.1 国际主义平面设计风格的影响

第二次世界大战结束后，欧洲各国处于百废待兴的状态，政府把工作重心放到国民经济的建设上，积极发展贸易，希望快速恢复经济水平。由于国际交流、国际贸易的增加，国与国之间的对话日趋频繁，人们希望有一种简单明确、传达信息准确的视觉语言，可以突破文化障碍，高效地在国际交流中应用，在这样的情形下，国际主义平面设计风格应运而生。国际主义风格的特点是力图通过简单的网络结构和近乎标准化的版面公式，达到设计上的统一性。具体表现在视觉上，该风格多采用较简单的插图，大量运用无装饰线字体和非对称的版面编排，广泛采用摄影拼贴，并注意到把平面设计的各个因素统一起来[1]，在排版上往往出现简单的纵横结构，没有多余的装饰，整体效果非常公式化和标准化。这种设计风格最初出现在德国与瑞士，后来在整个欧洲被广泛接受，传到美国后，与美国注重商业市场的社会风气结合，使国际主义风格有了更广泛的影响力。

中国的港澳台地区是较早受西方设计潮流影响的地区，国际主义平面设计风格慢慢从西方传到东方，影响到亚洲的日本、新加坡和中国台湾与香港，并为这些地区的设计师所接受。到20世纪80年代，香港成为亚洲举足轻重的平面设计中心，而实施改革开放后的广东地区，凭借两地的交流，容易接触到新的设计风格潮流，敏锐、开放的广东设计师们立即意识到这种国际主义设计的力量，开始模仿其风格，适逢国内人们对市场需求的重视，工业标准化的追求和摆脱“工艺美术”束缚的期待，国际主义的平面设计风格非常契合企业包装的标准化和现代化要求，大量包装设计都有简化、“去装饰化”的倾向，但同时其刻板和缺乏个性、缺乏民族特性的艺术特色也被一些评论家所诟病。

然而，广东本土设计师并非完全奉行“拿来主义”，而是在一些外销包装中保留了部分装饰元素，弥补国际主义平面设计语汇上的呆板和缺乏情调，这种做法在一定程度上平衡了国际主义风格和民族文化特色，在当时不少商品的包装上都有所体现。以广东名牌九江双蒸酒的包装为例，可以明显地看出国际主义风格对广东包装设计的影响。九江双蒸酒是创建于1952年的广东省九江酒厂有限公司旗下的品牌，也是公司的拳头产品。20世纪50年代的九江酒厂的双蒸酒是全国出口量最大的白酒，远销港澳、新加坡等地，在海外的影响力不亚于茅台、五粮液等名酒。20世纪80年代，更远销东南亚、美国、

[1] 王受之．世界现代平面设计史[M]．广州：新世纪出版社，1998：273.

1961～1967年

1967～1968年

1987～2000年

图4-5
九江双蒸酒标——外销为主
（图片来源：九江双蒸博物馆）

1970～1980年

1970～1987年

1987年

图4-6
九江双蒸酒标——内销为主
（图片来源：九江双蒸博物馆）

英国、德国等。因此，被广东人称为“出口九”。始创于清道光初年的九江双蒸酒得益于南海九江独特的生态环境和人文条件，具有鲜明的地域文化特色，距今已有两百年历史。

九江双蒸酒瓶的标签有外销与内销之分（图4-5、图4-6），图4-5是从20世纪60年代到20世末的外销包装中的酒标设计。1961～1967年期间的九江双蒸酒标，以龙腾图样为主要图形设计，延续以传统元素为装饰设计风格，具有典型的民间工艺美，1967～1968年的酒标体现了该时期优雅而繁复的装饰符号。随着改革开放的继续深入，在西方文化不断涌入的浪潮下，中西文化相互影响、相互渗透，九江双蒸酒标设计变得明快简约，不拘泥于繁缛的装饰纹理和传统图腾，直接展示酒的原材料——小麦作为主要视觉元素，显得大方得体，虽然与几何风格强烈的典型国际主义平面设计风格有差别，但可以看出国际主义设计潮流对酒标的简化设计的影响，简洁纯粹的单色图形显得更干净，有活力。图4-6是九江双蒸酒内销包装中的酒标设计从20

世纪70年代到80年代的变化，酒标设计逐渐向国际主义风格靠近，1987年的酒标板式移除了外框的装饰纹样，版面用几何色块分割，没有过多的装饰，简洁清晰。

4.3.2　三大构成的影响

20世纪初期，著名建筑设计师格罗皮乌斯在德国的魏玛创办了包豪斯，被认为是世界上第一所标志着现代设计教育诞生的学院，其教学理念中有不少观点对现当代的设计教育有着深远的影响，其中包括基础形式训练中的三大构成体系。三大构成是当时在俄国构成主义和包豪斯教员的研究基础上发展出来的设计基础教学体系。后来在欧洲兴起，传入美国、日本，后进入我国港澳台，最终进入我国大陆。改革开放后，《实用美术》杂志率先介绍了包豪斯构成教学方法，在工艺美术向现代设计转变的潮流趋势下，传统工艺教学模式的专业院校也开始接触构成教学。三大构成被认为是构成设计思想的补充，同时，也是走出“文革”时期“政治色彩”的设计笼罩后的一个重大转折。1978年，以靳埭强、王无邪为首的香港设计家与教育家交流团到广州美术学院开展交流活动。1979年，香港大一艺术学院院长吕立勋应中央工艺美术学院邀请来京作学术交流，他在中央工艺美术学院讲授两门课程：平面设计基础和立体设计基础，即平面构成和立体构成。中央工艺美术学院成为国内第一所接触三大构成课程的学校。20世纪80年代初期，广州美术学院的尹定邦教授尝试改革工艺美术教学，将“平面构成”、“立体构成”、“色彩构成”三大构成的内容引入基础教学当中[1]，引起了广泛而强烈的影响，奠定了往后20年中国现代设计教育的基础。20世纪80年代末，三大构成已在我国各大美术院校中普及，并在广告设计、包装设计等领域得到广泛应用。三大构成教学主要包括对点、线、面三大平面要素进行理性的分析，继而对立体的几何结构进行研究，对感性的色彩用色相、明度、色度三大因素作理性分析，从而把设计中最基本的因素科学化，理性化，搭建了一种可分析、可描述的形式研究方式，的确为设计从工艺美术的装饰主义向理性主义的转化提供了基础。当时，工业设计的概念渐渐

[1]　陈瑞林. 中国现代艺术设计[M]. 长沙：湖南科学技术出版社，2002：245.

被我国设计界所接受，风格利落、不矫揉造作的理性之美成为大家新的主流审美意识，三大构成的传入既顺应了现代设计的观念转变，也迎合了整个审美潮流。三大构成本身并非等同于设计，只是一种形式法则，当时有不少人对此有误解，但不可否认三大构成对包装设计的影响，体现出高度的功能化、简洁化、抽象化。当时，在包装上常用利落的色块分割进行包装视觉上的版式设计，简洁明快，一方面具有清晰的信息传达功能，没有过多的装饰元素干扰包装上的品牌信息；另一方面，这种构成感强烈的设计使当时的包装设计呈现出一定的秩序之美。例如，图4-7是20世纪80年代末国外的饮料包装，以倾斜放大的字体与简洁的插图来传达饮料口味，色彩鲜艳明快（图4-7）。广东白糖厂生产的白砂糖包装，在倾斜的大面积色块上印有“优质白沙糖”字样，左上角印着产地的剪影图案，色彩简洁明快。该包装借鉴了西方的构成设计程式，也保留了本土特色的元素（图4-8）。慢肾宝液包装的主展面上文字倾斜，用黄、红色块分割画面，其余地方做留白处理，增强了画面的构成感。两款包装均以斜线分割处理画面，整体包装设计形式简洁（图4-9）。“青竹牌”红烧排骨的包装设计明显受到平面构成的影响，整个罐体标签的版面由连续的三角形相接而成，分割出几个色块，极具构成感，区别于传统产品包装中两边对称或单色背景上直接展示图案的做法，令人耳目一新（图4-10）。除了日常快消品外，一些工业用品的包装体现出几何构成的设计特征：无衬线的字体与抽象色块的分割，整体风格与产品的工业品属性非常吻合（图4-11）。

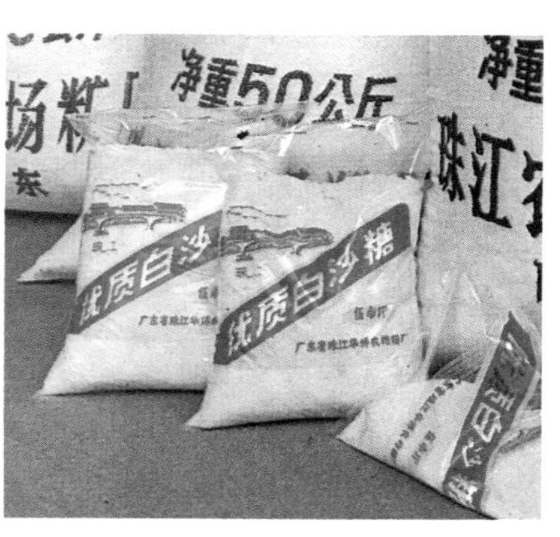

图4-7（左）
1990年国外饮料包装
（图片来源：《包装&设计》1990年）

图4-8（右）
1988年白砂糖包装
（图片来源：《广东年鉴》1988年）

图4-9（左）
1989年慢肾宝液包装
（图片来源：《广东年鉴》1989年）

图4-10（中）
1982年青竹牌红烧排骨包装
（图片来源：1982年的《包装与装潢》）

图4-11（右）
20世纪90年代CAC油漆包装系列（设计：金点子广告设计公司）
（图片来源：《广东省设计师作品选》1994～1999年）

4.3.3　港澳台设计的影响

从整体来看，中国香港与中国大陆在设计发展历程上各有各自的轨迹，但在抗美援朝战争和越战爆发后，一些国家对中国进行禁运，香港成为内地产品的主要销售和发散地，外国商家可以通过香港的公司办理，购买中国内地的传统工艺品和外销产品[1]，这在一定程度上使香港成为一个“沟通东西”的商品贸易区域，也使广东与香港的设计发展始终有着千丝万缕的关系。

20世纪60年代，香港地区经济开始腾飞，商业市场的快速扩展带动了商业设计的发展，一批知名的设计师涌现，包括石汉瑞、靳埭强、陈幼坚、刘小康、韩秉华、钟培正和吴文炳等人。在深受西方文化和本土民族文化的双重影响下，香港部分设计师探索出一条“中西合璧”的道路：一方面大胆吸收外来的营养，熟悉现代设计的设计原则，另一方面又巧妙地与民族元素结合，突破了单调的“国际主义”设计的影响，融合了民族艺术设计的特色。

20世纪70年代中叶，随着香港社会运动的影响，香港本土设计师开始反思自己的母体文化与设计的关系，在设计中体现出“文化自觉”的意识，进一步探索立足本土的设计模式。当时有不少香港杰出的一线设计师在实践中探索东方元素在设计中的运用，包括石汉瑞、靳埭强、陈幼坚、蔡启仁、张树生等人。1972年，石汉瑞为Jade Creations Lid珠宝品牌设计标志，利用“玉”与“E”在字形态上

[1]　中央美术学院，关山月美术馆．20世纪中国平面设计文献集[C]．南宁：广西美术出版社，2012：455.

的相似进行联想创意，巧妙地将英文“JADE”和中文“玉”交融在一起，体现了本土文化与现代设计的融合（图4-12）[1]。

图4-12
石汉瑞 字体设计
（图片来源：万长林．香港平面设计史[M]．贵阳：贵州教育出版社，2012：84）

相比之下，中国大陆适逢“文化大革命”，严重影响了商业设计与现代设计的进程，香港这段时期的探索为日后大陆的设计崛起提供了范例。20世纪八九十年代的香港已经成为一个国际化的大城市，同时，这段时期也是香港平面设计的黄金时期。香港的平面设计吸收西方发达国家的设计理念，采用电脑等高科技设计手段，突破单调的“国际主义”风格，形成“东西融合”的民族艺术设计风貌，并且影响了中国大陆和周边一些国家和地区的设计[2]。香港著名设计师靳埭强的很多作品能充分印证香港“东西融合”的风格，例如，他的“补品店”包装，整体主色调为金色与红色，大面积红色的使用非常突显中华民族对于“喜庆”的理解，但从排版来看，文字的版式并非传统工艺美术中的居中处理，而是把“补品店”字体放置于商品包装左下角，简洁大方，不显累赘，印刷精致。该包装整体品牌意识较强，有较强的货架视觉冲击力（图4-13）。靳埭强认为，学习洋的东西，不能全盘接受，而是要在本地传统中挖掘优秀的东西。学习别人，应着重在了解别人怎么在其传统与生活中形成独特风格的经验，从而启发自己在本土具体情况下创作自己的风格。他强调中国自己的设计不能没了民族性，不能只是停留在模

[1] 万长林．香港平面设计史[M]．贵阳：贵州教育出版社，2012：84.

[2] 万长林．香港平面设计史[M]．贵阳：贵州教育出版社，2012：95.

[3] 郭应新．靳埭强创作风格形成的启示[J]．包装与设计（1987-1988合订本）．

图4-13
20世纪80年代末补品店包装
（设计：靳埭强）
（图片来源：《包装&设计》1987年）

仿、抄袭的地步[3]。中国香港的设计以及香港设计师的一些观点对中国大陆，尤其是改革开放后的广东，在东西方设计取向的问题上有深刻的启示。

20世纪80年代至90年代初，广东与港澳台的联系日益紧密，双边活动频繁。1978年，香港著名设计师靳埭强就以“包装与平面设计”为主题在广州美术学院办讲座。1979年，他又在广州美术学院举办“香港设计展”。1982年8月，广东省包协设计委员会在全国轻工包装科技情报站联合举办一期全国轻工包装设计研究班，邀请了广州美术学院、香港大一艺术学院、香港李惠利工学院教师共8人讲课。20世纪80年代末，广东省包装技术协会应香港科伦实业公司的邀请，组织了一支5人包装考察团，对香港包装市场情况进行了调研和考察，并与港方进行了多次交流和座谈，探索了今后合作的可能性。通过调研，考察团对香港包装市场现状和发展趋势有了大致的了解，看到了广东省与香港在包装水平上的差距，为今后发展包装获得了有益的借鉴。1986年10月香港设计师协会举办“香港商业86设计展”及把日本、美国著名设计师的作品移到广州美术学院美术馆展出。1987年成立了广东海外联谊会，积极团结港澳台及海外同胞，加强了联系和商业合作。1988年，广东省包协设计委员会主持了首届粤港澳包装博览会的学术交流活动。香港设计师协会从1984年开始，每两年举行一次“香港设计展”，其中“设计八六”、“设计八八”、“设计九零”等也在广州、桂林等地巡回展出[1]。

20世纪90年代初开始，我国台湾印象海报联谊会（2000年后命名为“台湾海报设计协会”）邀请大陆、香港两地的设计师参与原本只限于台湾本土设计师参与的“台湾印象”海报邀请展。20世纪90年代后期，广东的食品包装业迅速发展，来自台湾的包装厂家看到了内地市场的广阔前景，到广东投资建厂，把台湾食品包装的设计、材料和设计理念引入了大陆，尤其是传统风格糕点的包装设计、理念和手法使内地的糕点包装设计深受启发，有大量精美的糕点包装问世[2]。广东市场在台湾、香港、澳门企业的进入不断完善自身体系，品牌意识逐渐提升，工艺技术日趋成熟。

[1]　中央美术学院，关山月美术馆．20世纪中国平面设计文献集[M]．南宁：广西美术出版社，2012：463.

[2]　唐岚．新时代背景下个性化的包装设计[D]．沈阳：沈阳师范大学，2013.

广东设计借助港澳台资源与社会力量的迅猛发展，设计呈现出较高的水平，对包装设计的理解逐渐成熟，例如，广州食品进出口公司曾在20世纪80年代推出一个名为“天坛牌”的罐头品牌，其招纸包装设计（图4-14）获得了全国包装设计一等奖。联合国包装高级顾问塞林先生对包装设计给予了极高的评价：“设计很好，我看可以给九十分了[1]”。该包装设计的成功跟品牌意识在设计中的提高有密切的关系。设计人员开始注重策略与定位，明白顾客对旧商标的认知度，不宜彻底改头换脸，只是在原来文字的基础上添加“云彩”的图案优化。在色彩方面，有意识地用红字黑色背景去建立色彩识别。在一些细节上可以看出“国际主义”的借鉴和“市场导向”的考量。品名的字体选用了极具现代感的无衬线经典字体“Helvatica Medium”，正面文字排版疏密有致地分中处理；设计人员还关注到各国食品工业的规定，例如，招纸的说明文字原联邦德国的要求是字高4毫米，美国对容量的文字一定要放在正面下方等。从整个包装的设计来看，这已经是相对成熟的现代设计体系下的产物，是受到西方以及港澳商业设计影响的结果。

图4-14
天坛牌罐头招纸设计
（图片来源：《包装与装潢》1982年8月）

来自香港、澳门及台湾地区的设计力量与大陆地区的设计作品共同构成了20世纪80年代末至90年代初中国包装设计的完整“版图”。20世纪80年代末，以港澳台为窗口，广东通过这些地区间接地了解到西方包装设计的风格和理念，这个阶段广东包装尝试走“现代化”、“西化”的设计道路，虽然在一定程度上缺乏了对自身文化传承与创新的思考，但切合本土市场和外贸的需求，包装业得到了充分的发展，水平走在全国前列。20世纪90年代，港澳台地区已经在民族文化现代化的探索上领先一步，部分广东包装呈现出“本土文化回潮”的现象，积极挖掘民族的传统的设计资源。

改革开放以来，中国积极走向世界舞台，西方的设计风格自民国以来又一次对本土设计带来强烈的冲击。广东包装由于其从未间断的外销传统和频繁的港澳台交流活动，对待西方设计潮流的冲击和民族设计特色之间的取舍更为成熟，并未全盘西化，而是在两者中间走出一条中西合璧的新道路。

[1] 王序．“天坛牌”招纸系列化的设计[J]．包装与设计，1982（8）：6-8.

4.4 师从外道：积极引进国外先进技术和设计理念

在改革开放初期，广东的工业基础薄弱，包装技术落后，包装材质单一，印刷机器落后。20世纪80年代末，广东凭借自身对外贸易的传统优势和港澳台地区的频繁交流活动，斥巨资引进先进设备，邀请外国专家进行交流学习，创办合资印刷厂，逐步形成以轻型加工工业为主，有一定重工业基础，配套能力较强的工业生产体系。在与设计相关的技术革新方面有着国内其他地区不可比拟的优势，包装工业技术水平渐渐与设计理论同步发展。包装设计离不开艺术装潢的层面、市场营销的层面和后期制作工艺的层面。具体而言，这段时期在包装制作上有几个重要的新发展：新型包装材料的出现、电脑辅助下的数码设计、摄影成像质量和印刷技术的提高等客观因素使广东的包装设计有了很好的技术基础。

4.4.1 技术引进

1. 设备和材料

1980年前，广东包装产品是以纸为主，木箱、麻袋、陶器等次之，后来引进了瓦楞纸箱生产线后，纸包装制品工业得到高速发展[1]。1980年，全省共有包装专业或兼业厂家194个，从事包装生产的在职5.6万人，到了1989年，全省包装企业已发展到470个，职工总数增加到15.09万人[2]。

随着技术的引进，包装结构和材料的运用都发生了很大的变化，出现了很多新包装材料和包装容器，大大改善了包装的形态。1983年设在黄埔区的广州可口可乐装瓶厂引进美国可口可乐装瓶生产线和原料，每分钟装瓶500支；广州市东方红印刷公司于1985年引进自动模切粘盒生产线，使彩印纸盒生产实现了机械化和自动化。同年，广州引进国外先进设备和技术工艺的现代化大型啤酒厂，建成珠江啤酒厂。1989年东方红印刷公司又引进纸塑混合包装生产线，制造市场流行的新颖的多面开窗纸盒。广州市大公制盒厂于1985年引进日本产螺纹形纸管生产线开发纸管生产，使圆形纸盒生产实现了机械化。

[1] 赵延伟，许晴．广东：我国包装工业的排头兵[N]．中国包装报，2007-8-17：（001）版．

[2] 唐昆碧．广东包装工业十年[J]．中国包装，1990，10（04）：67-68．

在材料创新上，广州的礼品包装主要采用现代工艺和现代包装材料，使一些传统工艺品的包装既典雅，又时尚，例如，南方大厦出售的一款裘皮高级服装，其包装以布代锦，外观似传统锦盒，图案配以电化铝烫金，外面以彩色丝带捆绑，增加了商品的名贵感。在20世纪80年代末，广州还出现了3家中外合资的专业包装企业，分别是越发包装实业有限公司、广州包装机械设备有限公司和广州力得容器有限公司。

除了广州外，广东省内其他地方市也积极通过引进技术来提高当地的商品包装设计水准。江门市商标原纸厂引进美国生产线生产热熔型商标纸；深圳市饮乐汽水厂引进美国汽水生产成套设备，分别生产瓶装和罐装汽水，生产过程从洗瓶、消毒、灌装、上盖、封口和包装全部都在自动线上完成，每分钟可生产瓶装汽水400瓶和罐装汽水500罐。当时所生产的“百事可乐”优质汽水绝大部分提供出口[1]。

汕头作为改革开放以来我国五个经济特区之一，通过引进外国先进设备，促进了一大批包装企业快速发展，使包装工业获得长足的发展，形成包材多元、门类齐全的新兴包装工业系统。汕头在引进技术思路上走“高科技、高起点”的道路，快速地拉近了与国际水平的差距，例如，汕头的海洋集团从美国引进的聚苯乙烯树脂生产设备和工艺，可生产通用型和抗冲击型聚苯乙烯，年产量5万吨，在当时处于世界先进水平。汕头包装材料公司从奥地利引进的OPE生产线；汕头东方塑料片材厂引进的PVC特级玻璃纸生产线，各种片材生产线、真空镀铝膜生产线在国内同行中占有明显优势。除了包装材料外，印刷对于包装的视觉呈现十分重要。汕头不少企业引进电子分色制版系统、四色胶印机、涂彩印铁生产线，不干胶等生产设备，使包装的印刷质量上了一个台阶。

综上所述，从改革开放初期到1989年，在这短短的10年期间，广东引进了很多先进的包装设备和技术，同时市场的激烈竞争和人们对商品要求的提高使市面上出现的包装材料丰富多样，不断地推陈出新，包装材料也转为以纸代木、以塑代木、以纸塑代铁、

[1] 苏汉新. 广东省包装机械的现状和展望[J]. 广东机械，1982（04）：5-9.

以塑代纸等。

20世纪90年代以来，在各个包装制品企业引进技术和材料的基础上，广东包装工业继续发展壮大。佛山华新复合材料有限公司生产的纸基复合软包装（利乐包）材料，满足广大饮料食品厂罐装果汁、乳制品、酒类的需求；广东罐头厂引进意大利马口铁全易开盖生产线，生产马口铁全易开盖两片罐装获得国家专利；汕头特区珠南塑料包装机械厂研制的双层共挤复合薄膜吹塑机等，大大促进广东省包装业的扩大发展；中山市晶山包装公司引进的金属化彩合和金属化印刷纸生产线，使普通纸具有强烈的金属效果，经过在其金属化表面进行精美图案的印刷，压纹着色，使包装产品金属感强、印刷美观、密封防漏，运用于名酒、名烟、化妆品、药品、高级糖果食品的内销包装；佛山环宇食品包装薄膜有限公司引进美国、加拿大的生产线，开发具有高阻隔性能的包装材料PVDC薄膜，应用于肉类的保鲜薄膜。这些新技术的引进离不开当时对国内外包装工业业内交流的重视。

改革开放后，广东包装工业日趋发达，初步形成一个以包装原辅材料、包装容器、包装机械、包装印刷为主的新兴的包装工业体系，推动了广东包装设计的快速发展。

2. 摄影

我国的商业摄影起步于20世纪90年代。而作为改革开放前沿阵地的广州是全国商业摄影的先行者，在香港还没回归之前，因为有广交会，广州那时已经有了广告摄影产业。当时广州商业摄影师从业人员数量应该是全国之冠，摄影技能水平全国一流[1]。随着人们对广告设计要求的提高，对产品展示手法追求更逼真的效果，摄影的应用范围不断扩大，部分代替手绘插画，因此，摄影技术开始被广泛运用在包装设计中。为满足商业对摄影人才的需求，甚至有些高校开设了专门的商业摄影课程。

随着摄影技术的发展和印刷工艺的革新，摄影被广泛应用在包装设计之中，摄影能将商品的高质量、高性能，真实客观地直接表现出来，使顾客在琳琅满目的商品中，能直观地感受商品。运用摄影手法

[1] 冯崴. 商业摄影：因地制宜因需而生[N]. 中国摄影报，2017-4-28:（001）.

的包装因具有强烈的展销效果而越来越受到人们的重视。如图4-15广东罐头包装，以逼真的商品实物形象来突出和宣传商品，蘑菇、柑橘、西红柿、菠萝、青刀豆的真实形象和色彩，使人一目了然，引起消费者的食欲。在1982年的全国包装展览会上，展出了由各省市经过评比推荐出来的36000余件展品，广东包装设计的现代感，尤其是摄影在包装图案上的运用成为展会的亮点。广东的摄影包装，色彩鲜艳，形象逼真，符合时代潮流，相比之下，山东、四川、辽宁、陕西等省设计的包装则富有民间传统和浓厚的乡土气息[1]。可见摄影技术的运用是当时广东包装设计的一大亮点。

图4-15
1982年广东罐头包装
（图片来源：《包装与装潢》1982年1月）

摄影图片画面直观，货架感染力强，能真实地再现商品的质感与形态，在当时成为现代包装的一种新的设计手法。摄影手法的运用要注意摄影图片与文字的应用与处理。文字的运用，字体的形式、大小、位置都要和图片密切配合。当时有些包装设计在采用摄影手法时不是很成熟，未能很好地处理实物图片与文字排版的关系，虽然效果突出，视觉夺目，但在信息传达上面就会被图片喧宾夺主，例如，广东天坛牌菠萝罐头包装，菠萝肉真实画面的再现，摄影图片处理简洁，但“糖水菠萝全圆片”的字体放置于摄影图形上，在整体包装中下位置，使得消费者产生阅读困难之感（图4-16）。

图4-16
1982年天坛牌菠萝罐头包装
（图片来源：《包装与装潢》1982年1月）

3. 电脑技术

20世纪80年代，西方发达国家在艺术与设计方面呈现出电脑化的发展特征，一方面是电脑广泛地被运用到设计的整个创作流程，另一方面是电脑硬件的快速进步，如法国黑方糖设计公司，从1981年起，就全部采用电子计算机和图像技术进行包装设计，是世界上最早采用尖端设计技术的设计公司之一[2]。1984年苹果公司推出的第一代苹果Macintosh电脑，其中包含专业的平面设计软件，为设计师编排和字体选择带来便捷，带来了数码设计的新时代。以IBM电脑为主的个人电脑后来居上，从大规模集成电路板设计到新的软件设计上全力以赴，出现了版面编排软件、照片处理软件、文字处理软件等，造就完全新颖的设计工作方式[3]。至20世纪90年代，

[1] 洪梅芳. 参观《全国包装展览会》有感[J]. 中国包装，1982（10）：32.

[2] 唐昆碧. 包装设计进入电子计算机时代[J]. 中国包装，1988（3）：12.

[3] 王受之. 世界现代平面设计史[M]. 广州：新世纪出版社，1998：359.

在国外设计和设计教育的机构内，以电脑系统辅助设计已是一个普通的现象。

20世纪80年代末期，中国的艺术院校以及设计公司开始引进电脑来从事设计及设计训练，在高等院校，教师们开始学习电脑的应用技术并创造性地应用于设计工作之中。1987年，广州市推广电脑应用的工作进一步发展，在应用范围上，由过去大部分用于单机控制和生产线程序控制发展到在企业、商业事务处理和办公室自动化方面的应用，但普及程度不算很高，很多设计师也未能掌握电脑进行设计。当时著名设计师陈绍华为“92平面设计在中国”展览创作主题海报，手工制作的部分还是占了大多数。据他回忆，当时还不是很熟悉电脑使用的他在海报上花了很多时间。他先画了两条腿的线描黑稿，云纹图案的大稿也是自己画的，然后缩小，剪下来拼贴上去。贴完后，用CMYK标颜色，完全是按照印刷厂制版流程来手工分色，因为海报颜色之繁杂在当时实属少见，交付给印刷厂时，原稿上已是密密麻麻标满了数字。印刷厂制版房的两位师傅用了4天时间进行手工分色。

电脑技术运用在包装设计上，不仅能直接看出包装的平面、立体、空间的效果，还能根据消费者反馈意见反复修改，或者根据企业需求不断修整，电脑技术的运用给设计师带来了极大的便利。运用电脑设计时，电脑能实现仿实物的包装设计，可以获得摄影和电脑技术的合成、数学与图形关系处理、操作之中出现意想不到的效果[1]。电脑图形语言千变万化的风格，对于设计者和消费者的审美观的影响都是显著而深远的。1995年，广东拓普设计有限公司电脑制作的五羊牌雪糕包装平面设计，用四条白线与标志统一品牌形象，是结合产品口味来进行图形设计，表现手法采用了摄影技术与电脑技术的结合（图4-17）。20世纪90年代末，著名设计师王粤飞设计的太太口服液包装，选用了色彩处理后的玫瑰花图像，颜色艳丽鲜明。包装上的产品名和文字信息的字体工整、精准，电脑字体的运用，使包装上传达的信息更加清晰（图4-18）。

电脑辅助设计的发展也有赖于设计软件的不断开发。广东省设计

[1] 王雪青. 电脑对设计艺术的影响与贡献——对法国国立高等装饰艺术学院Louis-BRIAT教授的采访[J]. 装饰，1991（3）：12.

图4-17
1995年五羊牌雪糕包装平面设计
（图片来源:《包装&设计》1995年）

师作品集（1994～1999年）的封面设计不单单运用了平面的排版软件，其中几个“金色的人头”就是用三维软件绘制而成的（图4-19）。类似的效果在以前没有电脑辅助的情况下，人力和时间的耗费成本就大很多了。由此可见，电脑设计达到方便快捷、整体规范、视觉形象鲜明的特点，电脑辅助设计有助于包装设计要素的直接再现，大大推动了广东包装设计业的发展。

自20世纪90年代以来，随着电脑技术日新月异地发展，作为设计人员，超越传统设计方法的束缚，掌握新一代设计理念和工具，是每个人都十分渴望的[1]。广东的包装设计手段借助电脑设计软件，由“动手”转变到“动脑”，使现代包装设计摆脱了传统意义上的手工制作，甚至摆脱颜色、纸张等，使设计过程变得简单而快捷。数字化、虚拟化的设计特征使设计效率增高，更灵活和更具有可编辑性，电脑辅助下的包装设计行业越来越贴近高速运转市场的需求。

4. 印刷技术

中华人民共和国成立前，我国包装印刷业只有一些彩色凹凸印和石印，彩色胶印极少。20世纪60年代初期到80年代初期，随着对外贸易的发展，国内国外印刷技术的交流逐渐增多，我国从国外引进了

[1] 吕宇翔. 电脑平面设计中的图像处理[J]. 装饰，1998（2）：8-12.

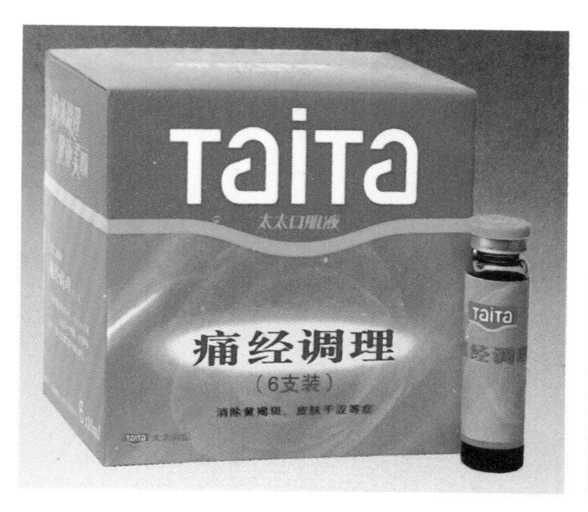

图4-18（左）
20世纪90年代末太太痛经口服液包装（设计：王粤飞）
（图片来源：《广东设计师作品选（1994～1999年）》）

图4-19（右）
20世纪90年代末广东设计师作品选（1994～1999年）（设计：李向荣）
（图片来源：《广东设计师作品选（1994～1999年）》）

成套精美印刷设备，使包装设计有了技术的保证，呈现出丰富的视觉效果。

改革开放以来，广东印刷行业得到空前发展。20世纪70年代全省只有五六百家印刷企业，职工只有四五万人。1985年全省印刷企业有1268家，从业人数74543人，以后，每年都有百分之十几的速度增长，到了1997年7月统计，全省印刷企业总数12550家，从业人数369635人[1]。20世纪80年代末到90年代是广东印刷业的迅猛发展期，一方面，港台和外资印刷厂进驻珠江三角洲，让广东的印刷业管理水平、产品质量、服务理念上了一个大台阶；另一方面，科技的发展在印刷行业得到广泛的应用，这时电脑排版、电子分色、桌面拼版等技术发展成熟，平版、凹版和柔版印刷速度加快技术进步、品质改进、印后配套设备完善，让印刷能满足各种客户的需要。尤其是深圳的制版印刷技术先进，当时承接了全国绝大部分高档次的制版印刷业务。在20世纪80年代中后期，广东凭借前期积累的先进设备和技术，生产了大批国内品牌和合资品牌的商品包装，如东方红印刷厂承印的虎头牌电池系列招纸被评为广州市优质品；红卫彩印厂和东风印刷厂承印了亨氏婴儿营养米粉、麦氏速溶咖啡等一批中外合资企业产品的高档包装盒；东风印刷厂印制了获得国际商品“金桂奖”的广东金帆牌英德红茶的包装盒；东方纸箱厂生产的10×2毫升针药盒、保济丸包装纸箱与羊城纸箱厂生产的雪山牌洗衣粉包装被评为轻工业部

[1]　张香玉．广东印刷业的现状与未来[J]．今日印刷，2004（08）：2-4.

或广东省优质品[1]。

20世纪80年代末，广东塑料包装印刷在印刷品中的比例显著上升，胶印、凹印、凸印、苯胺印刷、喷呈印刷、丝网印刷得到广泛应用，产量的品种、规格、档次、质量都有很大的发展，而且随着技术的发展，印刷可以在不同材质上进行，如在陶瓷、金属、布匹、玻璃、塑料、竹、木制品上印制各种规格的文字及图案，这无疑对包装设计的发展有很大的帮助。同时一些广东企业开始在包装防伪技术的应用方面进行研发，使得防伪印刷技术朝着多功能、多产品的方向发展，大多应用于日用工业产品、饮料、食品、卷烟、制药等行业。可见当时广东包装工业已开始利用高新科技自主研发新产品，从包装材料、结构、功能、档次与视觉效果上下功夫，为包装设计提供技术支撑。

在印刷工艺方面，随着人们对包装美观度的要求不断提高，精装礼盒等高档次包装的不断涌现。很多礼盒都运用了表面加工处理手段，包括烫印、轧凹凸、夹色、荧光色压印成型、浮雕印刷、上光和上蜡等。特殊工艺带来了视觉效果的提升，使包装熠熠生辉，在陈列架上非常夺人眼球，具有强烈的促销效果，其中烫金、烫银工艺使包装色彩亮丽、图案清晰、美观醒目，体现产品高贵气质，提升其商品附加值，深受人们喜爱[2]。人们对于金属的光泽怀有强烈的崇尚感，是烫金、烫银工艺广受欢迎的原因。20世纪90年代广东企业深谙把成本和价值结合起来体现商品竞争的道理，特别是与日常生活密切的消费品，广泛运用具有“金属”、“银质感”的包装获取消费者的第一视野，极大地提高了商品的市场竞争力。七日香人胎素美容膏包装上运用了烫金工艺，红色背景上的金色装饰线与字体格外引人注目（图4-20）。洁银牙膏包装中“洁银”标题字采用烫金工艺，而装饰线则用烫银工艺，形成主次分明的包装效果（图4-21）。金威啤酒包装结合品牌名“金”的理念，金色成了该品牌的主色调，采用了烫金工艺的啤标高贵、醒目，提高了该啤酒的档次（图4-22）。

再如，广东南源永芳日用化工有限公司生产的永芳高级润肤露与永芳珍珠膏，为了区别两种产品的等级，永芳高级润肤露采用烫金，

[1] 广州年鉴编撰委员会．工业：包装工业[M]．1987年广州年鉴，1987：159.

[2] 白松舫．烫金工艺技术简述[J]．今日印刷，2002（9）：45-48.

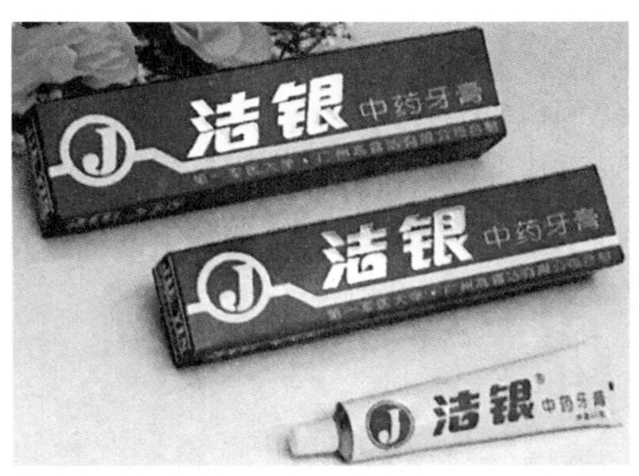

图4-20（左）
1992年七日香人胎素美容膏包装
（图片来源：《广东年鉴》1992年）

图4-21（右）
1996年洁银牙膏包装
（图片来源：《广东年鉴》1994年）

永芳珍珠膏采用烫银，在色彩视觉里，金色比银色更亮眼，视觉效果更强烈（图4-23）。20世纪90年代当时广东包装广泛运用烫金、烫银工艺，大大增强了产品包装的识别度和视觉效果，提升了商品附加值，也能起到区分系列产品档次的作用。

凹凸压印工艺是在改革开放后引进国内的一种特殊工艺，随后在书刊封面、证书、请柬、商标贴头、包装纸盒等产品上得到迅速推广。凹凸压印是利用凹型模版，在一定的压力作用下，使纸张产生塑性变形，从而将印刷品表面的图文模压成不同深浅层次、具有立体感

图4-22
1996年金威啤酒包装
（图片来源：《广东年鉴》1996年）

图4-23
1996年永芳高级润肤露包装、永芳珍珠膏包装
（图片来源：《广东年鉴》1996年）

的浮雕图案[1]，从而增强印刷品的艺术感，丰富包装的肌理感。如图4-24的华夏篇酒系列包装，整体包装以中国五行正色中的红和黑作为主色调，视觉中心是草书字体与古汉字的拓印墨色块，体现了华夏文明中悠久的酒文化与书法文化。在细节上，近看会发现白底包装表面有许许多多凹凸的压痕处理，模拟了碑文雕刻的效果，蕴含独特文人气息，使包装设计艺术得到了升华。

从改革开放初期到20世纪90年代末，广东的包装业一直在国家政策的支持与企业的自强不息中砥砺前行，从一开始的基础薄弱，大量引进外来先进设备与技术，丰富包装的种类与提高包装的质量，到利用技术和资金的积累生产自己的国有品牌，再到自主研发相关的包装防伪技术和制定符合国情的包装发展战略和法规，使广东乃至我国的包装设计业获得长足的发展。

4.4.2 学习借鉴

进入20世纪80年代后，中国与西方国家的来往逐渐增多。1981年，国际包装杂志协会主席、国际包装顾问安德逊来北京进行包装技术交流，还参加了在广州举办的1981年国外包装展览会，提出了国际包装市场的新趋势。1982年美国兰多协会包装机构主席兰多来我国进行包装装潢技术交流，参观了广州交易会展馆，对我国出口

[1] 黄全明，何观海. 包装印刷品后处理技术的现状和发展[J]. 印刷杂志，1994（8）.

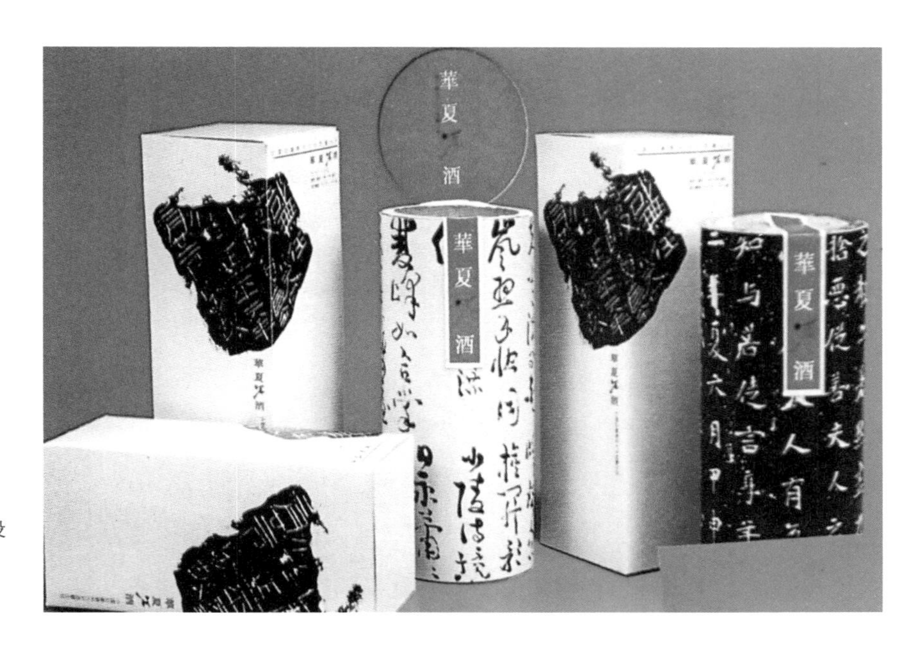

图4-24
1994年华夏篇酒系列包装（设计：李渔、郭湘黔）
（图片来源：《包装&设计》1994年）

商品包装装潢提出了建议："玻璃器皿、化妆品、工具等包装设计较好；卷烟包装设计要显示烟的不同种类，便于不同顾客选购；电子产品的图案要显示出精密度；食品包装设计要吸引人，让人易记易懂；在牌名问题上，要选好商品的牌名，同一牌名要同一格调，注意创名牌。销往欧美市场的出口商品包装要注意设计好外文字；名酒的装潢设计要显示出多年陈酿的特色；药品和药酒的设计要显示出药用价值[1]。"他还举出几个实例一一说明："广东红棉牌工具包装，其包装图案适合西方消费者，但以"红棉"花名作为商标不合适（图4-25）。珠江桥牌卤牛什罐头包装，招贴纸上红黄两个色块很有特点，比例较好，如果有三四层罐头叠在一起，就能组成一个图案，包装设计有新意，但'卤牛什'译成'牛内脏'会无法引起人们的食欲（图4-26）。广东汕头巧手牌抽纱和手帕包装设计图案设计精美细致，但是字体给人随意、粗糙的感觉，破坏了画面的美感（图4-27）。"

为改进出口商品包装设计，广东出口商品公司聘请国外设计师贾德先生为菠萝雪糕盒贴进行改进设计（图4-28），图（a）为最初的设计，雪糕图形以摄影的手段展示食品的真实再现，两个橘红、黄色菠萝实物的形象赤裸裸放置盒贴左上角，很难看出菠萝的美味，

[1] 广东省出口包装研究所. 包装与装潢[Z]. 江门：江门印刷厂，1982（20）：24.

图4-25（左）
广东红棉牌工具包装
（图片来源：《包装与装潢》20期1982.4）

图4-26（中）
珠江桥牌卤牛什罐头包装
（图片来源：《包装与装潢》20期1982.4）

图4-27（右）
汕头巧手牌抽纱和手帕包装
（图片来源：《包装与装潢》20期1982.4）

“菠萝雪糕”采用橙色方正琥珀繁体电脑字体，“PINEAPPLE ICE CREAM”放在右上角，看不出与“菠萝雪糕”的关系；图（b）是国外设计师贾德先生重新草拟的菠萝雪糕盒贴设计；图（c）为贾德先生设计菠萝雪糕的彩稿，深蓝色的“菠萝雪糕”字体设计性强、醒目，“PINEAPPLE ICE CREAM”作为副标题，明显看出是“菠萝雪糕”的英文说明，有助于外商理解其为中国的外销产品，雪糕图形在中间突出，切开的菠萝片在前方，貌似能闻到散发出的菠萝香味，产品说明文缩小放在右边，包装采用国外现代设计手法，整体形象饱满，主色调明确，主次分明。外国专家们的意见对当时中国的外贸包装设计发展有很大的促进作用。

除了借助“外脑”对本土设计进行指导以外，中国包装设计界在当时需要建立起一套现代设计的评价体系，对于尚在摸索探路阶段的广东设计先行者来说，刚刚从工艺美术大环境中脱离出来的设计评判观念还是很稚嫩。1992年的“平面设计在中国”展览在视觉设计方面树立了一个可供参考的评价模式，即便这种模式在后来的发展中不断地在肯定和修正中徘徊。当时展会的主创者们邀请了与西方最接近的中国香港和中国台湾设计师作为赛事的评委，分别有Henry

(a)

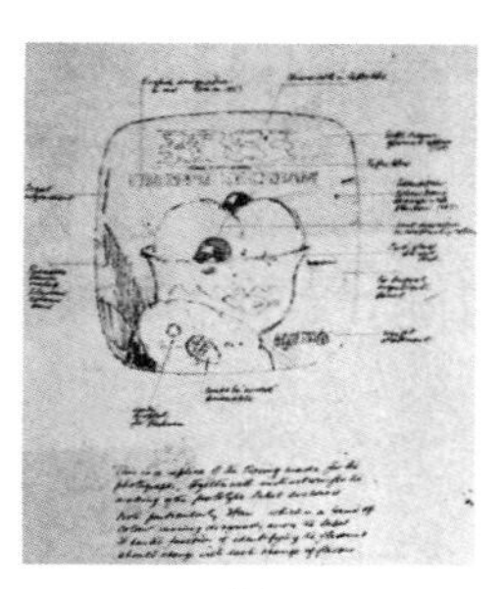

(b)

(c)

图4-28
1983年广东出口商品公司的菠萝雪糕盒贴设计
（图片来源：《包装与装潢》1983年）

Steiner（中国香港）、余秉楠（北京）、王建柱（中国台湾）、陈幼坚（中国香港）、靳埭强（中国香港）和尤慧丽（加拿大）。在“1996年平面设计在中国”展览上则邀请了来自澳洲、法国、日本和韩国等东西方国家的评委。为了尽量使展会具有国际性，香港大一艺术设计学院院长吕立勋、台湾印刷与设计杂志社和香港设计师协会挂名担任组委会成员。展览在广东地区引起的巨大反响与策划的国际阵容不无关系，通过东西方的眼睛共同评选出来的作品虽然不能代表所有人的标准，但它起码给了我们两个重要启示：一方面，广东设计师可以了解西方人是如何看待中国设计的，怎样的作品才符合国际化的审美，对于出口包装具有重要意义；另一方面，可喜的是，一批以中国元素见长的包装作品获得了较高的荣誉，这些作品为后来设计师对民族化设计的觉悟有深刻的意义，提供了一种融合东西方设计的成功范本。

改革开放以来，中国打开国门，主要在两方面学习西方：一方面是现代设计理念、教育体系的借鉴和西方设计风格；另一方面是引进先进印刷技术、数码设计手段和研发多元的包装材料。如果说前者起到了设计界反思和观念转变的铺垫作用，后者则是实实在在地落实现代设计的根本保证。正因为广东包装设计者们勇于改革，开创先河的风气和虚心学习，重视实践的务实品格，使广东包装逐步摆脱“一等产品、二等包装、三等价格”的困境。

4.5 百花齐放：多元设计思潮下的广东包装设计

由于外来文化的长期流入，广东设计师善于接纳新鲜事物，对传统文化与外来文化有着自然的调和力。在融合、创新的理念下，广东设计师用设计实践探索着现代包装设计的思想、理论、方法、程式等。从“中体西用”到“洋为中用”，突破西方文化的简单位移，形成古今中外融为一体的折中思维[1]。市场上的包装也从以出口为主转变成外贸与内销双线发展，多元的需求导向必然促进不同风格的包装设计，因此，融合和多元并存的设计是改革开放以来广东包装设计艺术的主要特征。

[1] 诸葛铠．裂变中的传承[M]．重庆：重庆出版社，2007：109-115.

4.5.1 民族风格

民族风格是一个民族的文化传统、审美心理、审美习惯等的集中体现，民族风格的形成往往取于由来已久的历史积淀与文化传承[1]。

“文革”期间，我国的商品包装设计并没有得到重视。“文革”结束后，包装业作为工业的重要组成部分，日益受到政府重视，被称为“永不衰落的朝阳产业”。改革开放初期，人们接触到很多带有异国风情、体现各个国家自身独特民族风格的外国包装。面对西方文化的汹涌而至，大部分设计师都抱着追赶世界潮流的心态去学习西方的设计，曾一度盲目地照单全收西方的设计形式和设计理念，“拿来主义”的设计占据上风，例如，图4-29是一款名为“回春·养荣酒”的中国传统药酒。药酒在中国有悠久的历史，并非舶来之物。但这款药酒包装并没有传达出中国养生文化的内涵，造型反倒更像西方的洋酒，虽然形式感不俗，但整体“表里不一”。包装似乎满足了当时一些顾客盲目崇洋、一味追求高档次的消费诉求。

此外，经济的高速发展带来的物质消费观也促使很多包装走向过度奢华的风格，豪华包装和过度包装频频出现，引发了设计界呼

[1] 何人可．工业设计史[M]．北京：高等教育出版社，2004.

图4-29
20世纪90年代 养荣酒包装
（图片来源：《广东设计师作品选》（1994-1999））

吁材朴质美，重现人文情怀的传统民族包装的回归。在1989年的第三届中南星奖包装大赛上，酒、茶、烟和土产类等民族风格的包装受人瞩目，他们善于就地取材，把当地的文化风貌融在包装设计上，例如，湖北省设计的董酒包装、春秋杯酒包装，湖南省设计的回雁峰大曲包装、浏阳豆豉包装等，坚持民族风格的探索，其包装设计富有地方特色和文化内涵，在当时一片洋味十足的国际风格中异军突起。在1990年的《包装&设计》中刊登了一篇名为《从中南星看广东包装设计》的文章，指出广东包装虽然在现代性和实用性方面令人称赞，但缺少对广东本土传统产品民族形式包装的探讨，因此在历届中南星评比中成绩平平。在1994年的《包装&设计》杂志上刊载了当时深圳设计界年轻设计师对于精神性和传统的回溯渴求。他们提出："呼唤设计的精神性，指出设计艺术已经不仅仅是一种简单的视觉传达手段，而已经成为一种文化，探求中国设计的文化底蕴，确定设计的文化定位，这对于中国设计的健康发展，将具有重要意义[1]。"同时，广东改革开放以来，设计师较多受港澳地区设计的影响，在见识"东西结合"风格的设计作品后，开始意识到我们需要设计出具有民族特性的包装，凭借其独特的文化内涵和独立的艺术品格立足于国际市场。因此，包装设计要重拾民族特性包装的呼吁再次响起。当时，有不少探讨民族风格包装设计的文章发表，例如在《包装&设计》杂志上，有几期都刊登了相关的文章：《民族形式与现代设计的综合运用——西汉古酒包装设计观念》（1987～1988年）、《传承传统、贵有所创》（1989年）、《自然之美——日本传统包装的启示》（1995年）、《现代商业设计与民俗文化》（1998年）等。

由于20世纪80年代中后期不少学者对民族性的呼吁，20世纪90年代以来，设计观念在客观上形成中西和古今的交融，这种交融模式容纳了古今中外极为丰富的文化样式和要素。20世纪90年代的设计师们对待东西方风格的取舍更为理性，有不少包装蕴含民族文化和本土审美，他们挖掘、整理中国包装设计中优秀、丰富的民族文化内涵，从传统中探寻本土设计的"根"，将传统的文化思想精髓同当代

[1] 卢莹. 设计与传统[J]. 包装与设计，1998（4）：60.

包装设计的要素有机结合起来，注入现代性、超越现代性，使包装设计在具备本土化特征的同时具有广泛的世界性和国际性[1]。

[1] 王娟. 包装设计[M]. 北京：中国水利水电出版社，2013：132.

例如，中国包装进出口公司广东分公司设计师阚宇设计的茶叶包装，整个背景用宝蓝色的花样剪纸作为底纹，4个书法字体区分开不同的品类。最为巧妙的是仿木的纸盒把一个系列的包装放在一起，具有锦盒的雍容华贵之感，整体设计古典雅致（图4-30）。广州市美术装潢设计公司设计师马淑新设计的利是多糖果包装，品牌名称中融入粤语文化，粤语中的“利是”意即“红包”，源于广东有过年派利是、逗利是的习惯，用蕴含吉祥意义的印章、钱币、挂饰等传统图形作为底纹，主色调为大红，渲染过年的喜庆色彩，包装把岭南文化和中国的传统“喜”文化发挥得淋漓尽致（图4-31）。汕头食品进出口公司设计师陈大良设计的素食斋饼盒，采用《韩熙载夜宴图》的局部图案为主体图形，描绘歌姬和晏、歌舞通宵的情景，使素食饼增添了典雅华贵的感觉，通过盒面古画及盒侧面“饼史”的介绍，突出我国传统文化的特色，增强节日气氛，该包装在首届中国商品包装大奖赛中获金奖（图4-32）。广东省白马广告有限公司设计的月饼包装盒，运用了一幅月光下的山水画，营造出高雅的意境，一改月饼包装大红大紫的格调，清新脱俗（图4-33）。

除了在平面视觉上体现民族特色外，在改革开放初期被认为与现代设计格格不入的民间手工艺以创新的形式出现在现代商品包装设计上。汕头茶叶进出口公司把潮汕民间工艺品与包装巧妙地结合起来，创造出竹编茶盒、麦秆贴画茶盒、丝绸珠绣茶盒、贝雕茶盒、锡罐刻

图4-30
20世纪80年代末东方神草冲剂包装（设计：阚宇）
（图片来源：《广东设计年鉴》1988-1993年）

图4-31（左）
20世纪80年代末利是多糖果包装（设计：马淑新）
（图片来源：《广东设计年鉴》1988-1993年）

图4-32（中）
20世纪90年代素食斋饼（设计：汕头食品进出口公司陈大良）
（图片来源：《广东设计师作品选》（1994-1999年））

图4-33（右）
20世纪90年代月饼包装盒（设计：广东省白马广告有限公司）
（图片来源：广东省包装技术协会设计专业委员会提供）

花茶馆等10个品类100多个规格品种，这些具有岭南手工艺特色的包装，用完后还可以作为陈列品供人玩赏，相比当时强调机械高效生产的包装更具有文化意义，深受消费者的青睐，特别是竹编贝雕礼品盒，入选全国14件优秀包装，参加第16届亚洲之星包装评比[1]。

因此，这些具有民族特色的包装实质上与本土商品有着文化内涵上的一致性，彰显了民族特色。这部分商品并没有因为讨好西方市场而在设计上全盘“西化”，使众多出口“广货”形成鲜明的特色，在国际市场上大放异彩。

传统的工艺美术给现代包装设计带来了丰富的灵感源泉，体现了现代人对文化的多样化需求。广东设计师善于从传统的角度对待现代，以国际化的视野审视民族化，使两者超越了简单的拼凑，形成东情西韵的包装设计风格。

4.5.2　个性设计

个性化包装是随着经济与人们消费意识的发展而产生的。所谓“包装设计个性化”是指在买方市场、市场细分以及目标消费者分化的情况下，针对小批量生产的个性产品和商品包装设计[2]。与之相对应的则是“大众化包装”，大众化包装是现代工业社会的产物，它是以广泛的都市大众为消费对象，按照市场规律高效、快捷地批量生产模式化、易复制的包装产品[3]。

20世纪80年代以前，中国经济刚刚起步，社会上物资相对匮乏，为满足广大群众对日常产品的需求，中国实行大批量的工业化生产，包装设计也在高效、节省成本的大方向下进行，这种做法可以快

[1]　赖来源. 浅谈出口商品——包装设计与市场效应[J]. 包装与设计，1991（4）：22-23.

[2]　朱和平. 现代包装设计理论及应用研究[M]. 北京：人民出版社，2008：155.

[3]　朱和平. 现代包装设计理论及应用研究[M]. 北京：人民出版社，2008：154.

速带来可观的经济效益和短时间内满足市场需求。广东亦如此，商品短缺导致人们对商品及其外包装没有太多的要求，也不存在明显的市场细分、消费群体划分等情况，因此商品包装不需要多高的质量与个性设计，此时的包装多为“大众化包装”。

1980～1990年，中国的包装设计逐渐走上发展的正轨，在包装造型上已适应批量化、标准化、机械化生产的要求，人们开始在注意规整化的同时，也注意个性化；注重实用性的同时，也强调与艺术性的结合[1]。进入20世纪90年代，包装业正由传统加工制造业逐渐向现代服务业转型，产品和包装的个性与创意是企业加速发展的关键。如何通过不同的包装策略开发新产品、开拓新市场，如何开拓设计思维，将创新型的思维应用到包装上来，在货架陈列上营造独一无二的品牌形象，成为当时激烈的探讨话题。

消费市场的成熟和市场竞争的需求是个性化包装出现的主要原因，而科技的发展使个性化包装得以实现的保证。一般来说，包装的个性化可分为视觉的个性化、容器造型的个性化和容器生产的个性化。包装上的视觉表现有赖于计算机绘图技术的发展，硬件系统的升级和软件程序的开发，使视觉上的创意能够越来越随心所欲地实现，不必因为过程的繁复而有所限制。在包装容器造型方面，因为生产技术的成熟，常规的造型在市场上经常出现，容易使消费者产生审美疲劳，无法触发消费者的购买兴奋点。随着各种数码化和无纸化设计的应用，设计造型能及时生成和预见，效率提高了，设计师也更乐意尝试创新的造型。包装造型设计和视觉表现属于制作前的准备，个性化包装的最终实现得益于各种生产设备的快速发展，在20世纪90年代后期和21世纪初，已经出现了各种数字化加工技术，设计好的包装容器数据可以输出到相应的数码模具进行后期的制作[2]。

改革开放以来，在理念更新及技术进步的时代背景下，广东设计师们开始注重个性化包装的设计。从企业需求、消费者心理出发，注重产品的个性化设计的新包装来吸引消费者的眼球[3]，例如，图4-34中的月饼包装突破了传统锦盒或者铁盒的造型，借鉴了走马灯灯笼

[1] 杨先艺. 设计史[M]. 北京：机械工业出版社，2011：15.

[2] 林华. 信息时代与个性化包装设计[J]. 装饰，2000（2）：56-57.

[3] Wang Shaoqiang. New Packaging [M]. Sandu Publishing Co. Limited, 2009.

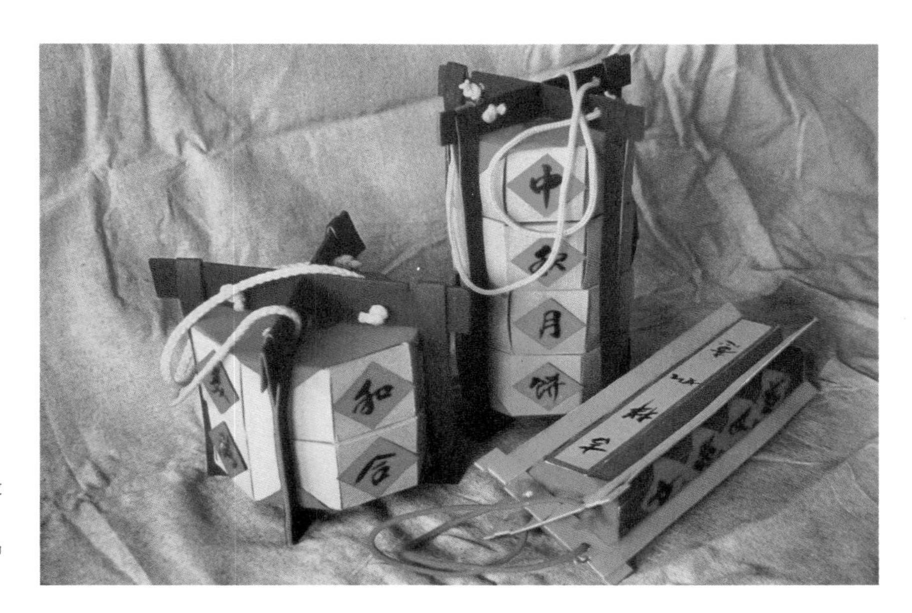

图4-34
20世纪90年代 月饼盒包装（设计：潘国庆）
（图片来源：《广东设计师作品选（1994-1999年）》）

的形式，寓意美好。而且因为没有完全包裹产品，降低了不少材料的耗费，既具有独创性，又环保。图4-35同样是一款月饼的包装，把包装盒设计成房屋，区别于市面上大多数的矩形盒装，以丝带捆绑作封口固定，整个包装趣味横生，传达出中秋“团圆”与“家”的气氛。

帆船美酒包装，似“船帆”新颖奇特的酒瓶造型给产品带来三维视觉冲击，也给消费者带来立体幻想，该创意造型能迅速地吸引消费者的视线，激起消费者的情感幻想，促进商品的销售（图4-36）。

4.5.3　绿色设计

绿色设计，又称为生态设计、环境设计等，绿色设计着眼于人与自然的生态平衡关系。在包装设计的每一个创意中，都要充分考虑人与环境的和谐发展为价值取向，不以经济增长为唯一目的，即满足人的需要又有益于生态平衡，尽量减少对环境的污染与破坏[1]。绿色设计应遵从国际上普遍认可的“三R”原则，即Reduce（减量），Recycle（再循环），Reuse（再利用）。

在20世纪60年代末，美国设计理论家维克多巴巴纳克在其所著《为真实的世界设计》一书中首次提出了绿色设计的概念。在20 世纪

[1]　张杰. 谈绿色包装艺术设计[J]. 包装工程，2003（6）：69-71.

图4-35（左）
20世纪90年代 趣香花屋秋韵月饼盒（设计：梁连英）
（图片来源：《广东设计师作品选（1994-1999年）》）

图4-36（右）
20世纪90年代末帆船美酒包装（设计：文建军）
（图片来源：《广东设计师作品选（1994-1999年）》）

70 年代，随着“能源危机”的爆发，维克多巴巴纳克在书中提到的关于生态资源的理论得到重视。1972年联合国发表的《人类环境宣言》拉开了世界绿色革命的帷幕。1975年，德国率先推出产品包装的绿色回收标志。在20世纪80年代末，美国率先掀起了“绿色消费”的浪潮[1]，随后绿色设计成为国际的设计潮流[2]。欧洲和日本等发达国家从设计、制造、使用和回收4个方面进行绿色设计的研究，取得了不少成果。

在我国，随着商品经济的发展，市场竞争在一定程度上转移到包装上的竞争。各个企业都企图通过精美的包装设计在货架上脱颖而出，而成为市场赢家。20世纪90年代后期，在包装上铺张浪费的风气逐渐兴盛，有的商品包装的成本比例已高于商品自身成本占总成本的比例。不合理的奢侈装潢、用料过多和结构复杂造成了过度包装。从当时的一些资料来看，过度包装有四种情况：第一是包装层次过多，一般商品包装的层次为1～3层，通常是内包装和外包装，但有些商品的包装是里三层、外三层，层层包裹；第二是包装材料超标，一方面材料种类上盲目提档，出现以塑代纸，以瓷代塑的逆向操作，另一方面是材料的等级上一味攀高，以高档、厚重、进口为标杆；第三是包装印刷色彩日趋浮华，一律由单色向套色、套色向彩印发展，追求视觉刺激；第四是包装功能喧宾夺主，某些

[1] Scott Boylston. Designing Sustainable Packaging[M]. Lawren ce King Publishing Ltd, 2009.

[2] 周斌. 绿色设计思潮对产品包装设计的启示[J]. 包装工程，2011（2）：99-101，105.

商品包装忽略保护商品的最基本功能，在一些次要功能上挖空心思地大做文章[1]。

过度包装一方面使价格飙高，加重了消费者的负担，另一方面由于包材不能循环再用，人为地制造了大量包装废弃物。据有关资料显示，包装的费用有的高达产品成本的40%，甚至一半；我国的固体废弃物年产量高达6亿吨，其中只有40%能利用，其余的难以处理，而废弃物中最主要、危害最普遍的就是包装垃圾[2]。

我国从20世纪80年代中期开始生产和使用绿色包装材料和制品，其中最典型的是纸浆模塑和蜂窝纸板制品[3]，而广州纸厂（现广州造纸有限公司）则在20世纪80年代就开始引进国外先进的废纸处理及废纸脱墨设备，使当时的废纸可以重新利用作为包装材料，减少了木材的过度砍伐。到了20世纪90年代绿色设计的观念得到设计界和社会的广泛的关注。1992年，广东省正式启动并实施绿色食品开发工程[4]。1994年3月31日，为了推进中国绿色革命浪潮，我国第一个民间环保组织——“自然之友”成立。同年5月7日，中国环境标志产品认证委员会（CCEL）正式成立，并开始实施环保标识制度[5]。1995年制订了《中国21世纪议程——中国21世纪人口、环境与发展白皮书》，从而通过法律条文来实现对产品废弃物体的遗留量进行调控限制[6]。1997年，包装工业继续进行结构调整，抓好技术改造与管理工程，绿色包装事业方兴未艾，包装工业法制化建设开始起步。1998年，全省包装企业已由量的扩大转变为质的提高，并对包装企业进行技术改造，包装使用的环保纸、环保油墨、环保快餐盒等陆续面市。

首先，绿色包装材料是绿色包装迈出的第一步，绿色材料的选择与使用是绿色设计的最重要的部分。在宣传环保主义的时代，广东包装设计师开始注重环境保护意识，致力于人与自然环境的和谐统一来开发产品包装。绿色包装从材料选用、生产制造，再到产品的使用、回收，每一个环节都要与环保紧密联系。用纸、木、竹、麻等色泽优雅的天然材料做包装材料，不仅能深刻展现我国民族文化特色，又能赋予包装作品以绿色活力。

20世纪80年代初，以极简风格作为潮流的设计流派悄然兴起，

[1] 李沛生. 把握大局，发展适度包装[J]. 包装世界，1998（2）：24-25.

[2] 朱源. 过度包装当休矣[J]. 生态经济，1999（1）：2.

[3] 崔晓维. 绿色理念在包装设计中的应用及推广[J]. 广东印刷，2012（2）：42-44.

[4] 张树恒，肖植雄. 广东绿色食品产业现状及发展对策[J]. 广东农业科学，2008（10）：152-155.

[5] 韩锦平. 中国包装行业30 年发展的历史回顾[J]. 包装学报，2009（01）：1-4.

[6] 王晓萌. 产品包装绿色设计的研究[D]. 北京：华北电力大学，2017.

以法国著名设计师菲利普斯达克作为代表人物的“简约主义”形成了一定规模[1]。这种在形式上推崇“少即是多”的设计观念使当时的产品设计减少了材料的使用和多余工艺的附加堆砌，虽然只是一种形式上的删减和简约美感的追求，而非设计师自觉的环保意识所使然，但在一定程度上与绿色设计的潮流不谋而合，产生了一些影响。广东设计师很敏锐地接受了西方设计潮流，并在本地的包装设计中进行实践，不少绿色包装在积极追求环保材料和可循环使用外，形式上摒弃了复杂的外形和丰富的色彩表现，以简约主义的手法包装商品，如图4-37，熊猫衬衣包装盒、手提袋灰白两色与画面中间的一竖英文字体为主要视觉形象。图4-38中“三九胃泰”包装中“999”突出，加上几块蓝色快的组合，品牌突出，体现出简洁有力的设计手法。除了在视觉上追求简约风格外，在包装结构造型方面，简单洗练的外观也节省了材料和工艺的成本。图4-39是广州市好迪化妆品的整体包装，其容器造型简洁明了，不矫揉造作，具有流线型的设计美感，符合女性消费者的使用偏好。包装根据产品功能性质，选用透明或不透明的材质，既美观，又实用，瓶身上方清晰地看到蓝底的品牌标志，包装整体简洁又耐人寻味。

绿色包装并不是创造商业价值，也不是在包装及风格方面的争奇斗艳，是人类利用设计为媒介对人与自然生态关系的一种反思，是设计伦理对商业导向下设计恶性竞争的一种约束。在经历了轰轰烈烈的市场经济洗礼后，设计又回归到本源问题上：处理人与物、

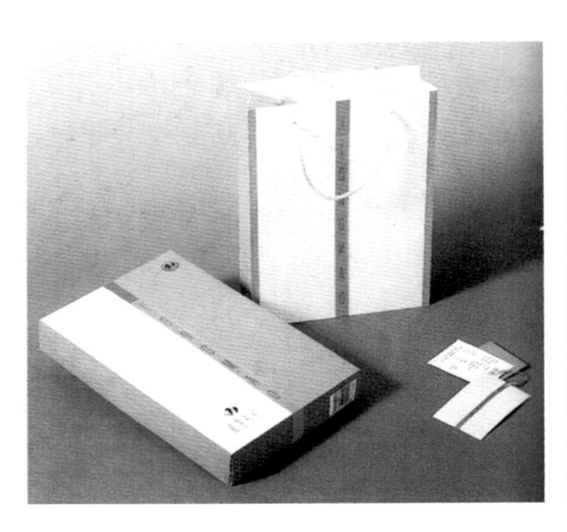

图4-37（左）
20世纪90年代末熊猫衬衣包装
（图片来源：《广东设计师作品选（1994-1999年）》）

图4-38（右）
20世纪90年代末“三九胃泰”包装
（图片来源：《广东设计师作品选（1994-1999年）》）

[1] Edward Benison, Guang Yuren. Thinking Green Packaging Prototypes[M]. Roto Vision SA, 2001.

图4-39
2000年好迪牌化妆品包装
（图片来源：《广东年鉴》2000年）

人与自然的关系，设计成为呈现这样一种思考方式的工具。改革开放以来，广东设计师率先以高度的职业道德以及社会责任感来思考包装设计。

4.5.4　人性化设计

经济的发展通常伴随着对利益的追逐，在利益的驱动之下，设计师把设计重点放在包装夺人眼球的外形和视觉图案上，投入到激烈的货架陈列竞赛中，使得市场上充斥着许多假、大、空、繁缛的不合理包装，而忽略了人们使用时的舒适感与安心感。自20世纪80年代以来，广东包装重视追求视觉上的美感，达到让人赏心悦目的效果，在短时间内促进商品销售，虽然发展迅猛，但未免有“为设计而设计”的短浅之嫌。

当时一些包装在设计上没有考虑到人们的使用方便，造成使用者的一些困扰。如图4-40，包装设有提手的地方，但并没有考虑到包装开启后的使用，作为液体容器，如果是一次性包装的话，包装本身没有增添一些便于倾倒或饮用的设置。如果是多次使用的可保存饮料，包装也没有添加封存的开口。相比之下，后来在世界范围内流行的“利乐包”则很好地解决了使用过程和保存的问题，更具有人性化设计的特色。

图4-40
纯天然饮品包装
（图片来源：《广东设计师作品选（1994-1999年）》）

20世纪末期，这种情况逐渐有了转变，凸显人性化设计的包装增多。一方面，人性化包装设计注重改善产品与人之间冷冰冰的关系，力图将人与物的关系转化为类似于人与人之间存在的一种可以相互交流的关系[1]。人性化包装设计赋予人们更多情感的、文化的、审美的内涵，从过去对功能的单一满足上升为对人的精神层面的关怀，在设计中建立一种人与物、人与环境和谐统一的美妙境界[2]。另一方面，“以人为本”的人性化设计观念使包装设计师开始把更多的目光从设计产品本身转移到设计的关照对象——人，从而出现了许多脱离千篇一律模式的非常规个性化包装[3]。

人性化设计首先体现在该设计是以“人”为导向的，是为人提供实用和使用舒适的商品，如注重人体工程学，方便使用，方便携带，符合人的生理和身体尺度以及方便运销等。如图4-41，海丰县金源实业有限公司的金源饼类包装，“美心什锦饼”为了方便消费者携带，采用有着手柄的桶装包装，“发财曲奇饼”采用铁盒罐装包装形式，不易携带，因此为该曲奇饼配备了手提袋，手提袋与铁盒罐视觉形象一样，形成系列，方便识别。广东省梅陇酿酒厂的各类米酒，有丰梅春牌黑米酒、粤海牌粤海米酒、丰梅牌海丰米酒等不同口味的米酒，采用了多种包装形式、多种结构造型，有礼品装、普通装米酒，满足

[1] 王娟. 包装设计[M]. 北京：中国水利水电出版社，2013：83.

[2] 徐晓玲. 包装设计中的人性化关怀[J]. 中国包装，2003（12）：2.

[3] 杨蕾，黄子源. 新设计. 包装艺术[M]. 南昌：江西美术出版社，2001：1.

图4-41（左）
1999年金源饼类包装设计
（图片来源：《广东年鉴》1999年）

图4-42（右）
1999年米酒包装设计
（图片来源：《广东年鉴》1999年）

不同层次的消费者。然而该米酒包装瓶口设计基本一致，封口塑料纸封住，起到保护酒的卫生与防止酒泄露的作用，便于运输，同时也方便消费者使用（图4-42）。

再如555牌电池是广州市虎头电池集团有限公司旗下的一个品牌，在各大商场均有出售，为了方便陈列与展示电池，包装上方有个小口，便于挂放，倾倒的“555”设计醒目，增强展示效果（图4-43）。七日香洁肤洗面奶包装采用非透明塑料瓶身，瓶的底部有凹凸槽的处理，考虑到洗涤用品多在浴室等湿滑的环境下使用，凹凸槽的地方方便人手握住并打开瓶盖，设计非常周到、贴心（图4-44）。这些设计不但给消费者带来新的感受，并提高了他们的消费欲望，并且在包装容器设计和材料选择上更多地考虑了使用的方便、安全，体现了对消费者生理和心理上的人文关怀。

20世纪90年代的广东包装设计师深谙包装是满足人的需求为出发点

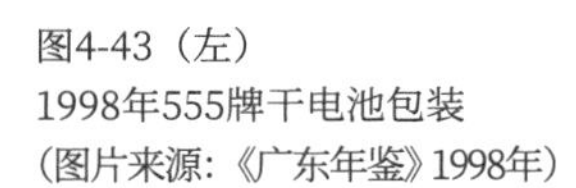

图4-43（左）
1998年555牌干电池包装
（图片来源：《广东年鉴》1998年）

图4-44（右）
20世纪90年代 七日香洁肤系列包装（设计：邱志文）
（图片来源：《广东设计师作品选（1994-1999年）》）

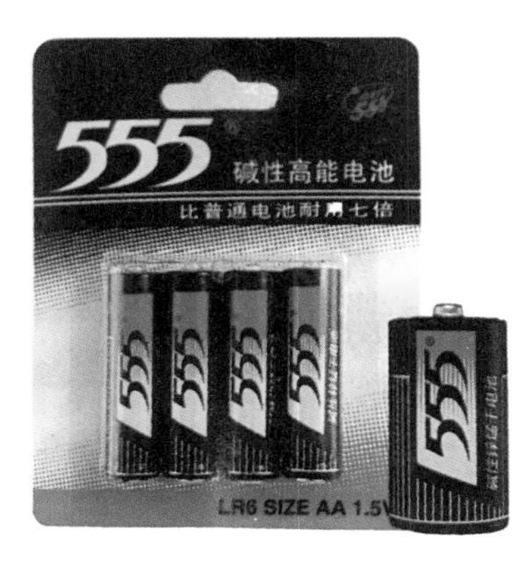

的。包装设计以人为本，从最基本的功能需求上升至一种人文思想的精神，给消费者更多的人文关怀，使产品和包装一同更好地为人服务[1]。

进入20世纪末，广东外向型经济不断持续稳定发展，基本实现现代化，为包装设计提供了更宽阔的发展平台。20世纪90年代到21世纪初，广东的包装无论设计理念，还是设计形式、设计风格等都进入全方面发展、兼容并蓄的局面，不同的发展脉络纵横交错，呈现个性化、民族化、绿色化、人文化等多元设计风格。设计手段和设计理念的百花齐放、百家争鸣成为改革开放以来广东包装设计的主要特征。

[1]　吴丹. 包装设计中的人文思想再思考[J]. 包装工程，2002（12）：94-96.

第 5 章

改革开放以来广东包装设计的发展历程

5.1 专业崛起:《中国出口商品交易会》引发包装设计的民间交流活动

自从1957年广东省政府与商务部联合主办的《中国出口商品交易会》设在广州以来，由于出口商品包装的设计简陋，保护功能、美观促销功能不足，导致产生“一等产品，二等包装，三等价格”的后果，促使政府部门重视。至1971年，周恩来总理在外贸部文件上批示“要做好包装工作”。

1972年12月，外贸部从国外和中国香港购进一批优秀商品包装样品，举办内部观摩展，期间全国各省市专业人纷纷赶来参观。广州市袁勇、潘效良等一轻、二轻设计公司领导在接待工作中与各地主要来穗设计单位北京、天津、上海、青岛、沈阳、哈尔滨等七地设计公司领导，协商并发起组织“七地区十六单位装潢设计经验交流活动”。每年一次轮流主办，并议定下年八月在天津举行。此次会议除展览外，还举办了设计研讨，经验交流等活动，全国4000多专业人员参加。从此，揭开了源于广东的全国民间包装设计交流活动的序幕，得到了全国设计界广泛的赞赏和支持。之后，1974年在沈阳，1975年在哈尔滨，1977年在广州，1978年在上海，1979年在北京，1980年在青岛召开，并不断发展完善提高交流水平。

1974年8月5日，第二届七地区交流活动在沈阳如期举行，广东省工艺美术包装装潢公司，广州市一轻、二轻设计公司出席会议。会议收到全国各地很多设计单位报名参加，组织者不敢接收，因为当时的政治环境限制，规模只可保持在局部地区活动，不敢形成全国性组织。有鉴于此，会议期间，广东省工艺美术包装装潢公司代表丁为美发起建议在轻工行业内再组建一个民间交流活动组织。经酝酿增加湖南、杭州、南京等市于同年11月12～11月15日在广州流花宾馆召开筹备会议商议新组织名称为“七省市轻工系统装潢设计交流活动”。议定首届交流活动于1975年5月在杭州举行。依旧每年一次轮流主办。第二届于1976年11月25～11月30日在长沙，第三届于1977年10月15～10月22日在南京，第四届于1978年12月4～12月10日在武汉，第五届于1979年12月10日～17日在福州。自1975年至1979年，连续五年举办了五届，成员由七省市发展到十三省市，还有中央工艺美院和无锡轻工学院共15个成员，邀请列席代表达17个省市轻工代表和全国大部分院校的有关艺术设计专业老师以及中国工业美术协会。所以至第三届即改名："兄弟省市轻工产品包装装潢美术设计经验交流会议"。

至此，两个民间组织互相呼应协调，开展全国性的包装设计交流活动。这样以轻工系统名义的交流活动，行业明确，每届活动前向轻工部报告，会后由主办单位和下届主办单位派人向轻工部汇报，得到政府部门认可和支持是个好办法。轻工交流活动自第三届开始已得到当地和轻工部的重视与支持，第四届国务院包装储运的领导出席，轻工部包装公司副总经理戴国璋从此亲自参与组织领导会议，提供经费，并支持大会向中央和国务院写信。反映我国包装设计现状，要求尽早成立国家管理专业机构。以广东、武汉、南京等市领队组成的临时班子，写文汇报。一个月后，于1979年1月10日，获邓小平批示："这些意见值得重视，请你们嘱有关部门切实注意。"中央其他领导据此指示："要经委来抓，先从轻工部搞起。"并明确由当时国家经委副主任邱纯甫遵办。

1980年12月11日～17日，原本是第六届"兄弟省市轻工产品包装装潢美术设计交流会议"，由重庆市包装公司筹办，经理王志芳已向经委申请经费七万。后轻工部出面改为由轻工部包装公司主持召开"全国轻工包装装潢评比大会"，重庆市协办。在重庆经委的支持下办得很有声势，到会正式代表200余人，涵盖了全国29个省区市，还有5000多名设计人员从全国各地赶来参观学习。由各地推选组成的评审团，评出优秀作品250余件。学术交流也有新的突破，福州的龚雄就铅笔包装设计阐述市场营销理念；广东省丁为美《关于企业统一化设计战略的初探》，推广海外VI理论。被认为是国内第一篇CI理论文章，引发了国内对CI的研究和实践。

1980年12月21日，在轻工部包装展评会闭幕后三天，中国包装技术协会成立大会，由国家经委主持在重庆渝州宾馆举行，全国各地包装产业的代表和各省区市经委领导，还有全国轻工包装评比会的评委和领队也列席。通过协会章程，选举理事会和领导班子，国家经委副主任邱纯甫任会长。广东省经委主任旋芝华，省包装公司丁为美和广州市经委主任及东方红印刷厂厂长，被选为理事。确定中国包协下设包装装潢、包装机械、包装容器等若干专业委员会，并指定负责筹备各专业委员会的理事。其中装潢设计专业委员会筹建由理事丁为美负责。1981年3月18日中国包协包装装潢设计委员会于北京正式成立。北京商标印刷二厂厂长王可广同志任主任委员，丁为美任副主任委员。同年9月广东省包协成立，广东省包装设计委员会也相继成立，广东省包协常务理事丁为美兼主任委员（连任了六届）。

5.2 规模初现：改革开放中诞生的广东省包装技术协会设计委员会和包装设计机构

5.2.1 广东省包装技术协会设计委员会

广东省包装技术协会设计委员会受中国包协设计委和广东省包协双重领导。1981年，广东省包协设计委员会成立，省二轻产品包装设计公司副经理丁为美当选为设计委员会主任，广州美术学院工艺系副主任尹定邦、中国包装进出口广东公司副经理胡耀武、广州市轻工美术设计公司经理袁勇、广州市二轻美术设计公司经理潘效良、广州市包协设计委主任周奇新等当选为副主任，中国包装进出口广东公司副科长庄永洽当选为秘书长。设计委员会自成立以来，积极推动广东的包装设计事业，开展包装行业的调查研究，发动全省设计人员组织重点出口产品设计攻关，定期开展学术交流、专家讲座活动，大搞包装创新设计参加每年一届的设计评比活动。至此，广东省包协设计委员会聚集了改革开放以来广东最有代表性的设计机构，形成广东轻工业系统、外贸系统、院校系统三大支柱的势态，不遗余力地推动广东包装设计事业的发展。在20世纪80年代至90年代期间，广东省包协设计委员会每年举办一届“广东之星”设计大赛活动，率先带动全国各省建立“星奖”制度，并且发展成为省星奖——大区星奖——中国之星——世界之星的连环推荐体系。同时也是它率先开创了国内与港澳台以及国际设计界的交流活动。1982年至1986年，每年均与港澳地区举办设计交流活动，1986年还举办了“日本、美国、中国香港设计展示会”。1988年主持了首届粤港澳包装博览会的学术交流活动以及粤港澳包装设计大赛的评审工作。20世纪90年代，广东省包协设计委员会以名录式编辑推介广东设计师亦带动了国内各省出版类似的作品专集。在改革开放的年代里，广东省包协设计委员会在推动广东省包装设计事业发展中作出了重大的贡献。

5.2.2　包装设计机构

改革开放前，20世纪60年代广东工业系统只有三家从事包装及平面类的设计公司，它们是广州市轻工美术设计公司，广州市二轻美术设计公司，以及广东省工艺美术包装装潢工业公司。外贸系统有中国包装进出口广东公司，主要经营包装印刷材料，并设有出口包装装潢设计室，著名设计师王序、王粤飞、胡川妮、黄励曾在设计室工作。中国包装进出口广东公司于1973年还创办了《包装&设计》杂志，该杂志至今已成为国内设计行业优秀期刊。加上后来广东省包装技术协会创办的《广东包装》杂志。当时广东只有两种包装期刊。

改革开放后，广东经济得到快速发展，商品流通加快，加上中国出口商品交易会设在广州，出口商品包装需要改进，包装设计需求增加。同时，商品流通包装的需求也加速了广东包装印刷业的发展。广东面临港、澳，纷纷进口先进的印刷设备及印后加工设备。印刷厂也需要设计配套，在这样的大环境下，广东催生了不少以包装设计为主的设计公司。当时广州较知名的有：黑马设计事务所（后改名为广东黑马广告有限公司）、广东省白马广告有限公司、广东省包装装潢设计实业公司、集美工业设计工作室、新境界设计公司、广东天一文化有限公司、广东创意广告实业公司、广州市天艺广告有限公司、广东环球之星设计制作有限公司、广东红方格广告公司、点线面设计顾问机构等。深圳市较知名的设计公司有：王粤飞设计有限公司、龙兆曙设计有限公司、韩家英设计有限公司、深圳兰韵企业形象设计有限公司、董继湘企业形象设计有限公司、珠海双马广告设计有限公司、佛山敦火鸟形象策略机构等。

5.3 探路先驱：广东包装设计的践行者

1. 丁为美 高级工艺美术师

图5-1
丁为美
（图片来源：由广东省包装技术协会设计专业委员会提供）

曾任广东省包装装潢总公司暨省室内装饰总公司副总经理，中国包协第一届理事，中国包协设计委员会1～4届副主任委员，中国包装装潢设计刊授大学1～2期副校长，中国包协专家委员会委员，“中南星奖”领导小组成员，中国工业设计协会理事，《中国设计年鉴》编委会副主任、编委，广东省包协常务理事，广东省包协设计委员会主任委员，广东省工业设计协会副理事长，广东省工艺美术专业高级职称评审委员会委员（1991～1994年）。

多篇论文在国内发表及参加国内、国际学术会议，其中：《关于企业统一化设计战略初探》1980年在全国轻工设计交流会发表，被认为是国内VI研究第一篇；《公用纸品与VI计划》1985年应《装潢刊大》之约发表；《视觉流程设计的原则与方法》在理论上提出了一种新的设计思维，1983年《中国广告》杂志刊载后，1984年全国设计委推荐参加首届“北京国际包装学术讨论会”，1987年中国工业设计协会成立再次选定为大会发言；《中国现代设计之反思与今后发展道路》1992年在中国科协“全国工业设计发展战略学术讨论会”上发表，并入选会议论文集。

多件设计作品在省、中南地区和全国获奖，其中：奖杯设计《玉蚌怀珠》、《妙笔生花》、《买椟还珠》获全国和中南地区金奖。

毕生致力设计与设计运动，长期主持省设计委工作，积极主办展览评比、设计培训、学术研讨、对外交流、出国考察，紧跟时代，不断促进广东现代设计之发展。2001年获“中国包装设计事业创业奖”和“中国包装设计行业先进工作者”称号；2011年被授予“中国设计事业功勋奖荣誉”。

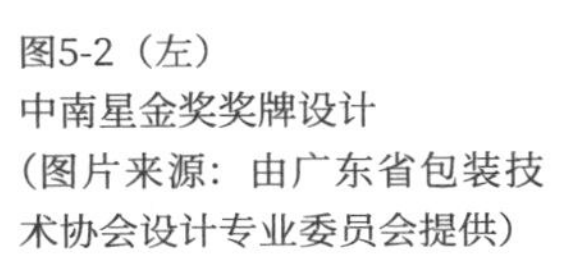

图5-2（左）
中南星金奖奖牌设计
（图片来源：由广东省包装技术协会设计专业委员会提供）

图5-3（右）
《中国专家大辞典》书籍设计
（图片来源：由广东省包装技术协会设计专业委员会提供）

2. 李向荣 中国包装联合会设计专业委员会副主任

图5-4
李向荣
（图片来源：由践行者本人提供）

中国包装联合会设计专业委员会副主任，广东省包装技术协会设计专业委员会主任，国际商业美术设计师协会中国总部专家，“中国之

图5-5
《1994～1999广东省设计师作品选》
（图片来源：由践行者本人提供）

星”设计大赛评审委员，“中国设计机构年鉴”编委会主任，“中南星奖”设计艺术大赛评审委员，“GBDO广东之星”创意设计大赛评审委员会主任，粤港澳环保包装设计大赛评委会主任，广东省包装设计师技能鉴定专家组组长，包装设计师国家职业技能鉴定考评员，广州创意产业协会顾问，高级平面艺术设计师。1991年、1995年被评为全国优秀包装设计工作者，1998年、2000年被评为全国包装行业先进工作者，2001年被评为中国包装设计事业突出贡献奖获得者，2006年中华创意产业大会授予创意产业先锋人物荣誉，2011年中国包装联合会授予“中国设计事业功勋奖”荣誉。

从事包装及平面设计、协会管理工作37年，期间一直负责广东之星设计大赛的组织工作，并连环推荐中南星奖、中国之星设计大赛。负责省内、国内的设计学术交流、展览、出版、培训等工作，为推动广东包装设计事业发展作出了出色的贡献。

同时积极推动包装设计领域的理论研究，多篇设计论文曾在国际、国内发表并获奖；多项设计作品在国内获奖，受聘广东省内多所设计院校设计专业指导委员会主任、委员、客座教授。

3. 尹定邦　前广州美术学院副院长，设计理论家和教育家

著名设计理论家和教育家，是白马、集美和集美组三大设计企业的创始人，被誉为中国现代设计的开拓者和领路人，光华龙腾奖中国设计贡献奖金质奖章获得者。曾任广州美术学院副院长、教

图5-6
尹定邦
（图片来源：由广东省包装技术协会设计专业委员会提供）

授，广东省美术家协会副主席，广东省包装技术协会设计委员会副主任，广东省工业设计协会会长，广东室内设计师公会名誉会长，中国工业设计协会副理事、中华民族文化促进会荣誉委员、中国科协五届委员、中国矿业大学艺术与设计学院名誉院长等，同时受聘于武汉大学等30所大学的教授或博导，是我国现代设计教育的奠基人之一，代表性著作有《设计学概论》、《设计目标论》等。

图5-7（左）
《设计学概论》
（图片来源：由广东省包装技术协会设计专业委员会提供）

图5-8（右）
《尹定邦论文集》
（图片来源：由广东省包装技术协会设计专业委员会提供）

4. 刘达銮 前广州美术学院设计分院副院长

广东广州人，1960年入读广州美术学院附中，1969年由美院工艺系毕业并留校任教，2004年退休。在从教的近50年里，主要从事广告、包装、色彩构成、编排设计、品牌策划及商标标志设计等课程。退休前曾任广州美术学院设计分院副院长、教授、硕

图5-9
刘达銮
（图片来源：由践行者本人提供）

士研究生导师。曾被聘为广州市广州广告协会顾问，广东包装设计委员会副主任，省工艺美术高级职称评委，以及省内多个设计院校客座教授。

多年来设计或主持设计的作品有“华凌”“华丰”“白云山集团”“集美工程公司”“大京九物流”“罗氏药业”“凯达化工”等企业形象策划设计以及“泮溪点心”系列包装、“生丽”“七日香”系列包装设计，“凯达”精细化工喷雾系列包装设计。同时撰写的专业论文及著作有：《CI包装设计与设计美学》《当代平面设计变异种的耗散形式》及《平面设计的编排技巧》等。

图5-10（左）
银花牌方糖
（图片来源：由践行者本人提供）

图5-11（右）
点心包装
（图片来源：由践行者本人提供）

5. 王序　湖南大学设计学院教授

1979年毕业于广州美术学院设计系，广东省包装技术协会设计委员会资深委员。20世纪80年代曾任聘香港粤海包装部，致力于粤港包装设计的交流，1986～1995年于香港任职平面设计师，并曾担

图5-12
王序
（图片来源：由广东省包装技术协会设计专业委员会提供）

任香港设计师协会执行委员，1995年回广州创建王序设计公司（wx-design）。曾任王序设计有限公司创意总监、广东美术馆设计总监、湖南大学设计艺术学院教授、广州美术学院设计分院客座教授、澳门设计师协会荣誉顾问、上海平面设计师专业委员会顾问。曾获得91-93、96-98美国传艺优异奖八项、第16、19、20届纽约字体指导协会优异奖六项，第75～78届纽约艺术指导协会一项银奖、一项特优奖及六项荣誉奖，第17届捷克布尔诺国际平面设计双年展、国际平面设计社团协会奖，96“平面设计”在中国展二项金奖及评审奖，96“香港设计双年展”亚太区一项金奖及评审奖。第四届莫斯科国际平面设计双年展金蜂奖、第八届克罗地亚国际平面设计及视觉传达展二等奖等。

图5-13（左）
江中牌乳酸菌素片包装
（图片来源：由广东省包装技术协会设计专业委员会提供）

图5-14（右）
参灵草包装
（图片来源：由广东省包装技术协会设计专业委员会提供）

6. 王粤飞　深圳王粤飞设计有限公司总监

图5-15
王粤飞
（图片来源：由广东省包装技术协会设计专业委员会提供）

1979年毕业于广州美术学院设计系，1983年任职广东省包装进出口公司，1987年5月创办合资设计机构——深圳嘉美设计有限公司，1997年创办深圳王粤飞设计有限公司，是广东省包装技术协会设计专业委员会资深委员，纽约艺术指导俱乐部ADC会员、国际平面设计师联盟AGI会员、深圳平协名誉主席。20世纪80年代致力于推动广东省包装设计交流活动，20世纪90年代致力于平面设计事业，竭力推动中国平面设计向高层次发展。1992年、1996年，联合国内设计精英共同举办了两届“平面设计在中国”展览。历年来曾获多个奖项，包括：第七届巴黎国际海报展最优秀作品（1993年）、入选15届华沙国际海报双年展（1996年）、入选墨西哥国际海报双年展（1996年）、92“平面设计在中国”银奖、铜奖，96“平面设计在中

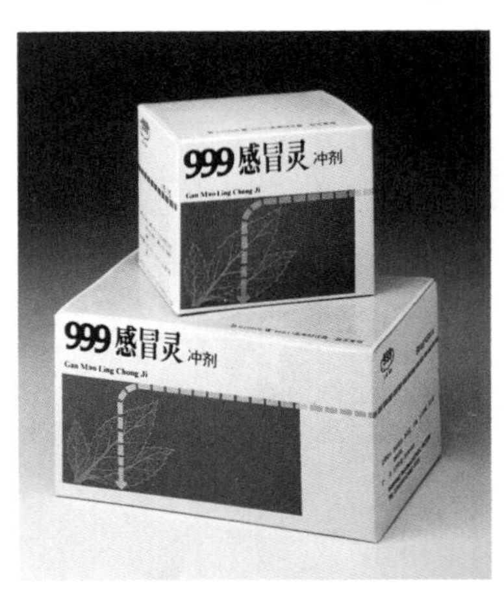

图5-16（左）
白兰地品牌包装
（图片来源：由广东省包装技术协会设计专业委员会提供）

图5-17（中）
维维汤旺河高端大米包装
（图片来源：由广东省包装技术协会设计专业委员会提供）

图5-18（右）
“999感冒灵冲剂”包装（1998）
（图片来源：由广东省包装技术协会设计专业委员会提供）

国”优异奖、入选海报年鉴97（1996年）、香港设计展亚洲区优异奖（1996年）、入选1997亚太海报展（1997年）、法国足球世界杯海报竞赛优异奖（1998年）、入选布尔诺国际平面设计双年展（1998年、2002年）、入选墨西哥国际海报双年展（1998年）、入选17届华沙国际海报双年展（1999年、2002年）、入选第九届全国美展（1999年），其作品被多个国家博物馆收藏。

7. 张小平　前广东黑马广告有限公司总经理

图5-19
张小平
（图片来源：由广东省包装技术协会设计专业委员会提供）

张小平，笔名黑马。1982年毕业于原中央工艺美术学院，同年进入广告界。曾任广州市广告公司设计师、副总经理。1985年创建广东黑马广告有限公司，曾任广东黑马广告有限公司董事长，总经理兼创意总监，广州美术学院、广州大学客座教授，中国广告网首席执行官，中国对外经济贸易广告协会副会长，中国包装技术协会设计委员会副主任，中国广告协会学术委员会资深会员，广东美术家协会会员，广州4A顾问。获得奖项有：2000年入选“中国创意50人”、2003年荣获“中国当代杰出广告人”、领导黑马连续两届荣获IAI年鉴中国大陆广告公司创作实力50强、广州十佳广告公司、中国百强广告公司、2003年度广东省创作实力10强广告公司等荣誉。作品曾获得中国广告节金银铜奖，中国之星金银奖，香港设计双年展铜奖，及地方性大赛奖项约200项。

图5-20（上左）
香屋漆系列包装设计
（图片来源：由广东省包装技术协会设计专业委员会提供）

图5-21（下）
可采面贴膜包装设计
（图片来源：由广东省包装技术协会设计专业委员会提供）

图5-22（上右）
红桃K国际型包装（1999）
（图片来源：由广东省包装技术协会设计专业委员会提供）

8. 龙兆曙　深圳大学艺术研究所所长 教授

图5-23
龙兆曙
（图片来源：由践行者本人提供）

1975年就读湖南师范大学艺术系油画专业，后主攻艺术设计。现任深圳大学长期教授，深圳大学设计艺术研究所所长。深圳市高层次国家级领军人才、国务院特殊津贴享受者。1988年获国家人事部（首批）国家有突出贡献中青年专家、国家经委授全国优秀包装工作者、国家外贸部授（首批）全国外贸行业劳动模范称号，是第六届湖南省政协委员、第七届全国青联委员、第三届全国包装大会执行主席。曾任：联合国WPO会员、湖南大学教授、湖南大学设计艺术学院艺术设计系主任、硕士导师、深圳市平面设计协会创会主席、第九届全国美展（设计艺术类）评委、央视“东方之子”人物。

获得奖项包括：1984～2008年历获国际、国家及地区与省市多项设计奖，其中国家经委优秀设计奖一项（1983年万里副总理授予）、“亚洲之星”包装设计奖两项，联合国WPO包装“世界之星”设计奖六项（其中1986年10月为中国第一次夺得），“中国建筑学会建筑学术特别奖”一项，“深圳市长杯工业设计（海报、产品）设计优秀奖”多项，“2011深圳世界大学生运动会海报设计优秀老师指导奖”一项，广交会历年出口产品包装设计获99%成交率。

图5-24（左）
百龙酒包装设计
（图片来源：由践行本人提供）

图5-25（中）
青白梅酒包装设计
（图片来源：由践行者本人提供）

图5-26（右）
“2003深圳设计展”奖杯
（图片来源：由践行者本人提供）

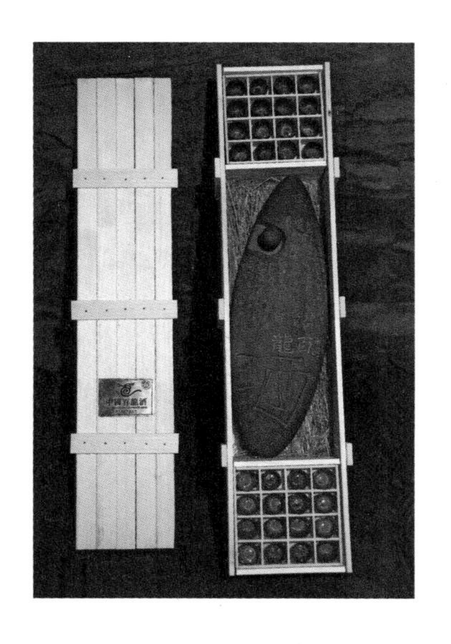

9. 李渔　当代视觉设计艺术家

图5-27
李渔
（图片来源：由广东省包装技术协会设计专业委员会提供）

1984年毕业于湖南省轻工业高等专科学校（湖南长沙理工大学前身）工艺设计系工艺绘画专业。曾任中国包装进出口总公司湖南省分公司设计科科长、湖南省进出口商品包装研究所所长、深圳芙蓉形象设计公司设计总监（法人代表）、深圳市李渔设计有限公司创作总监。曾任深圳市工业设计协会包装设计专业理事会主席、长沙理工大

图5-28（上左）
黄龙玉液酒包装（“世界之星”获奖产品）
（图片来源：由广东省包装技术协会设计专业委员会提供）

图5-29（上右）
长城老窖（1991年“世界之星”最高成就奖）
（图片来源：由广东省包装技术协会设计专业委员会提供）

图5-30（下）
中国金酒（1989年“世界之星”最高成就奖）
（图片来源：由广东省包装技术协会设计专业委员会提供）

学等多所高等院校客座教授、深圳市设计联合会荣誉主席、联合国“全球大学生设计大奖赛”大中国区评审委员会主席。获得湖南省人民政府专家顾问、深圳市政府专家联合会专家顾问等多个头衔。在国内外设计大赛中获奖数百项，其中包括自1988年以来的21项联合国“世界之星”包装设计最高成就奖；“世界之星”主席奖；1986年法兰西国际设计大赛金奖；1988年香港龙杯包装设计金奖；2007年国家包装事业突出贡献奖。

10. 黄励　《包装&设计》杂志社前主编、《绿色包装》杂志副主编、高级工艺美术师

图5-31
黄励
（图片来源：由践行者本人提供）

毕业于广州美术学院，从事包装、平面设计及编辑工作多年，作品曾获国内外多个专业奖项，包括世界包装组织颁发的“世界之星”包装设计奖、比利时国际食品与茶叶包装金奖。曾任《包装&设计》杂志主编，现为中国出口商品包装研究所的《绿色包装》杂志副主编，多年从事设计交流活动及应邀担任国内外设计专业大赛的评委，其中包括中国“包装之星”设计奖、“中国元素”设计大赛、美国AIGA跨文化设计中心的国际设计大赛、俄罗斯KAK海报设计大赛、芬兰欧芬蓝泰Label设计大赛、法国Luxepack绿色包装奖等，以及由Lcograda推荐担任Good50X70设计大赛的评选工作。2018年获光华基金会颁发的“改革开放40年，中国设计40人”特别奖。

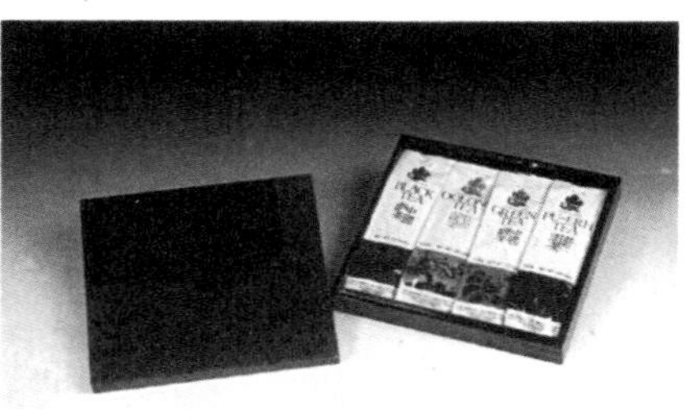

图5-32（左）
云南普洱茶包装设计（1996）
（图片来源：由践行者本人提供）

图5-33（右）
中国名茶
（图片来源：由践行者本人提供）

11. 郭湘黔

广州美术学院副教授、硕士研究生导师、高级广告设计师

图5-34
郭湘黔
（图片来源：由践行者本人提供）

出版《品牌包装》等专著5部，在《装饰》等国家艺术类核心期刊发表论文多篇，作品先后发表于《美术》等国家艺术类核心期刊、联合国世界包装组织年刊《世界之星特殊杂志》（89、92、94）、《国际设计年鉴》、中国台湾版《印刷与设计》杂志、《中国人物年鉴》、《中国包装》杂志、《包装&设计》、《中国设计年鉴》、《中国创意百科》、《中国设计师年鉴》等，曾参加亚洲设计师联展、1996中国艺术大展、97当代艺术设计展、广州美术学院院展（中国美术馆）、平面设计在中国等重要展览。

担任多个职务：兼任中国包装联合会设计委员会全国委员、中国工业设计协会会员、国际品牌联盟（IBF）中国南方设计中心主任、广东省包装技术协会设计委员会专家、广州市广告行业协会顾问、广东省人力资源与社会保障厅职能技术鉴定专家、广东省高级广告设计师评审委员、2011中国包装创意设计大赛评审委员会专家、《包装&设计》杂志顾问、视觉指导等。

多年来致力于品牌形象设计、包装设计、平面视觉设计的教学与实践，设计作品多次荣获国际国内设计大奖，其中包括：五项联合国世界包装组织WPO授予的“世界之星”包装设计大奖、中国十年包装成果金奖、中国包装展评会金、银奖、97当代艺术设计奖、中南星银奖、中国之星国家包装奖等。2010年参与第十六届广州亚运会《广州城市整体形象景观设计》项目荣获一等奖并被采用，2011年荣获中国包装联合会授予的“中国设计事业突出贡献奖”，2011年获第五届设计之星全国大学生设计竞赛优秀指导老师奖，2012年荣获中国设计师协会授予的“2012中国设计教育成果奖”，2014年荣获中国国家包装奖，2016年作品《写意岭南》选送参加东方视角—联合国70+华人当代艺术创意设计成就展、包装设计作品《梦味意求》入选澳门国际设计联合会主办的2016第二届金莲花杯国际设计大师邀请展等。

图5-35（上）
安化黑茶（中国设计师作品年鉴—年度铜奖）
（图片来源：由践行者本人提供）

图5-36（下左）
海龙宝营养口服液（获95广东之星金奖、中南之星银奖）
（图片来源：由践行者本人提供）

图5-37（下右）
岭南文化邮册设计（选送参加东方视角—联合国70+华人当代艺术.创意设计成就展）
（图片来源：由践行者本人提供）

12. 郑学华　高级工艺美术师

图5-38
郑学华
（图片来源：由践行者本人提供）

毕业于广州美术学院，高级工艺美术师，国家职业摄影技师。2008年深圳被联合国教科文组织授予“设计之都”称号申都组专家成员；2010年深圳市设计界十大领军人物。曾担任中国包协设计委员会副秘书长、广东省包协设计委员会副主任、深圳市印刷学会副会长、深圳包协设计委员会主任兼学术委员会主席、深圳大学艺术研究会执行会长兼秘书长、万里鹏城文化创意产业（集团）副总裁、《深圳设计家》总编、北京大学资源美术学院客座教授、深圳书画学院特聘教授、深圳大学艺术与设计学院校友会常务副会长、深圳职业技术学院艺术与设计管委会主任委员等多个职务。

图5-39（下左）
丽纯牌日化系列用品包装设计
（图片来源：广东设计年鉴2004）

图5-40（下右）
确治牌日化系列用品包装设计
（图片来源：广东设计年鉴2004）

5.4　佳作欣赏：21世纪广东优秀包装设计作品选

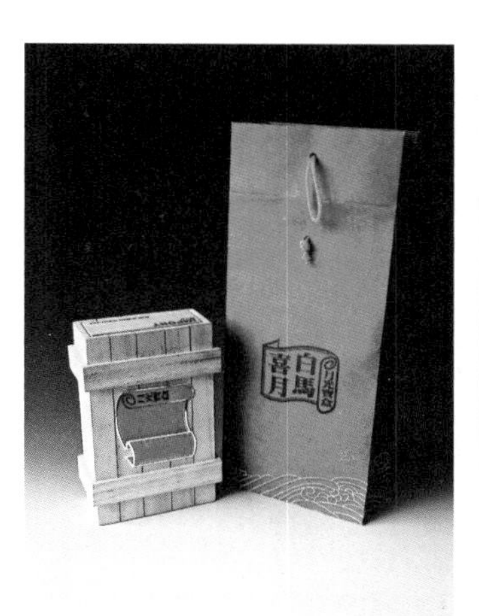

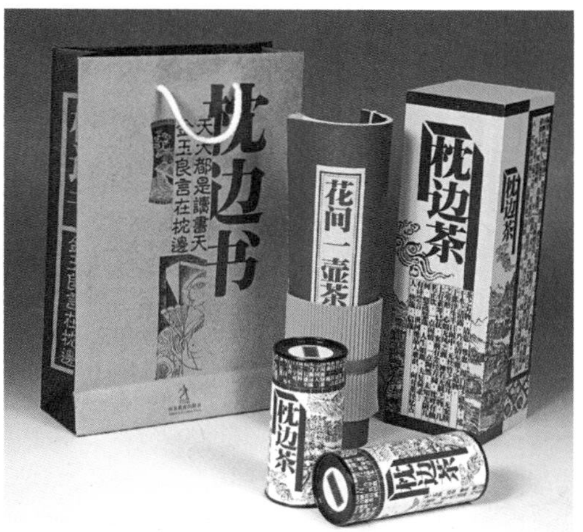

图5-41（左）
“月光宝盒”月饼包装设计（2001）
设计：广东省白马广告有限公司
（图片来源：《广东省设计师作品选》版次：1999年9月第1版）

图5-42（右）
“枕边茶”包装设计（2005）
设计：广东天一文化有限公司
（图片来源：《广东省设计师作品选》版次：1999年9月第1版）

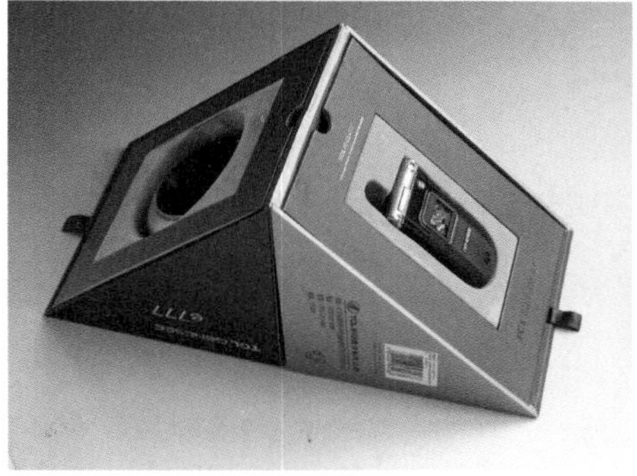

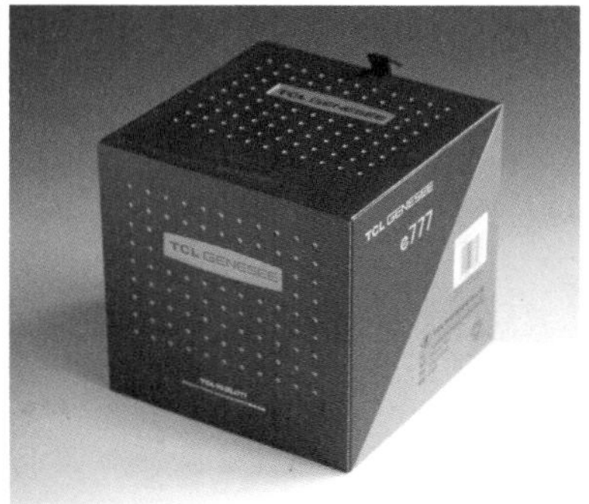

图5-43
TCL手机盒包装设计（2005）
设计：于光 深圳绿尚设计顾问有限公司
（图片来源：广东省包装技术协会设计专业委员会提供）

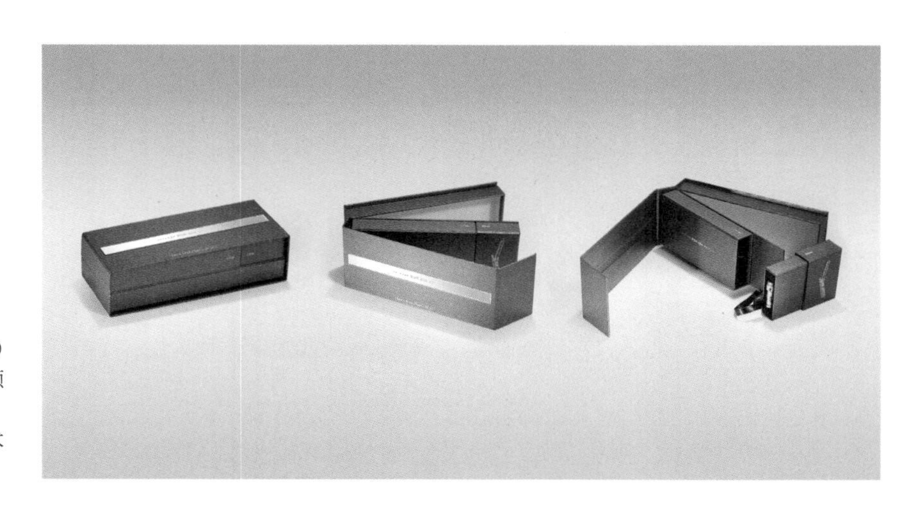

图5-44
Mobo手机盒包装设计（2005）
设计：于光 深圳绿尚设计顾问有限公司
（图片来源：广东省包装技术协会设计专业委员会提供）

图5-45
风华正茂礼品包装设计（2008）
设计：广东创意广告实业公司
（图片来源：《中国设计机构年鉴》包装卷2008年版）

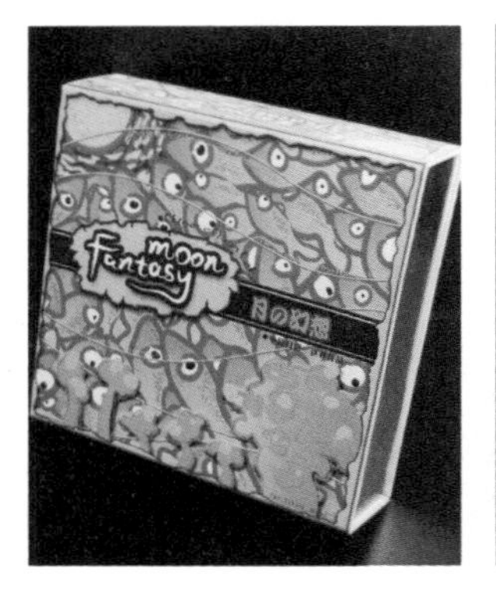

图5-46（左）
月之幻想包装设计（2008）
设计：广东创意广告实业公司
（图片来源：《中国设计机构年鉴》包装卷2008年版）

图5-47（右）
爱青系列化妆品包装设计（2008）
设计：麦智传扬广告传播有限公司
（图片来源：《中国设计机构年鉴》包装卷2008年版）

图5-48
普洱茶礼品包装设计（2008）
设计：武宽夫
（图片来源：《中国设计机构年鉴》包装卷2008年版）

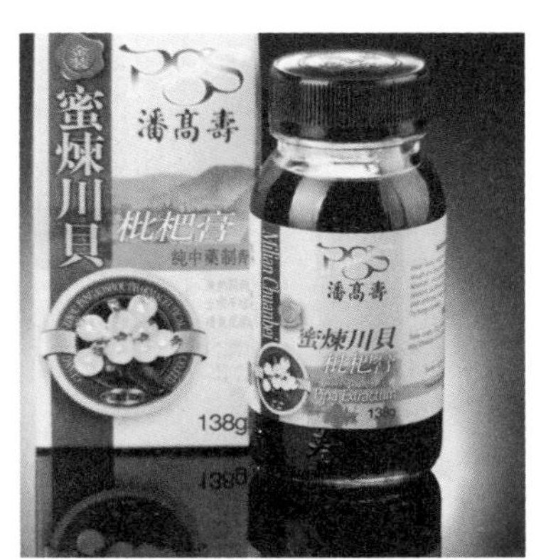

图5-49（左）
美媛春肾宝糖浆口服液包装设计（2008）
设计：广东黑马广告有限公司
（图片来源：《中国设计机构年鉴》包装卷2008年版）

图5-50（右）
药品包装设计（2008）
设计：东方红文化策划传播有限公司
（图片来源：《中国设计机构年鉴》包装卷2008年版）

图5-51
凤凰城月饼盒包装设计（2008）
设计：广州市艺洋包装有限公司
（图片来源：《中国设计机构年鉴》包装卷2008年版）

图5-52（左）
北京希尔顿酒店包装设计（2008）
设计：广州市艺洋包装有限公司
（图片来源：《中国设计机构年鉴》包装卷2008年版）

图5-53（右）
彝源酒包装设计（2008）
设计：陈颖松
（图片来源：《中国设计机构年鉴》包装卷2008年版）

图5-54（左）
鹤年堂凉茶包装设计（2008）
设计：方棱
（图片来源：《中国设计机构年鉴》包装卷2008年版）

图5-56（右）
sax伏特加酒包装设计（2008）
设计：陈颖松
（图片来源：《中国设计机构年鉴》包装卷2008年版）

图5-55
《China》筷子笔礼盒套装（2008）
设计：广东天一文化有限公司
（图片来源：《中国设计机构年鉴》包装卷2008年版）

图5-57
吉久王系列包装设计（2010）
设计：深圳市冯建军设计有限公司
（图片来源：广东省包装技术协会设计专业委员会提供）

图5-58
“中国赊酒”包装设计（2011）
设计：深圳甲古文包装设计有限公司
（图片来源：广东省包装技术协会设计专业委员会提供）

图5-59
深圳2010大运会金银纪念币包装盒（2012）
设计：东莞市铭丰包装品制造有限公司
（图片来源：广东省包装技术协会设计专业委员会提供）

图5-60
冈州祥益-新会陈皮礼盒（2012）
设计：乘沁堂设计中心
（图片来源：广东省包装技术协会设计专业委员会提供）

图5-61
POWERBANK移动电源包装设计（2012）
设计：深圳裕同集团
（图片来源：广东省包装技术协会设计专业委员会提供）

图5-62
猛景号普洱茶包装设计（2012）
设计：本点包装·品牌设计工作室
（图片来源：广东省包装技术协会设计专业委员会提供）

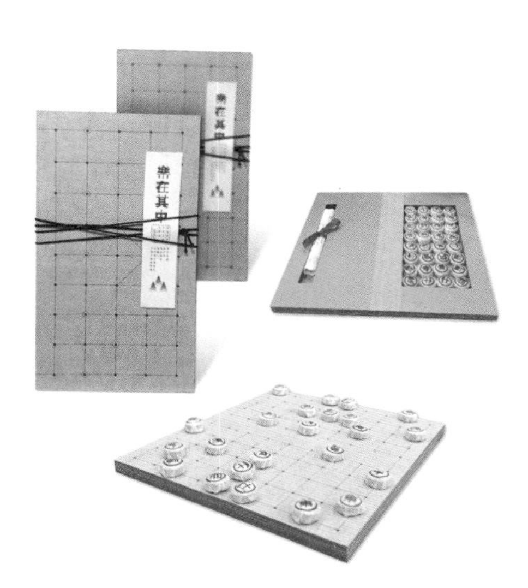

图5-63
“乐在其中普洱茶”包装设计（2014）
设计：广州本点品牌设计机构
（图片来源：广东省包装技术协会设计专业委员会提供）

图5-64
“中华孝道”酒包装设计（2015）
设计：广州市东方红文化策划传播有限公司
（图片来源：广东省包装技术协会设计专业委员会提供）

图5-65
包装·花茶包装设计（2015）
设计：深圳市绿尚设计顾问有限公司
（图片来源：广东省包装技术协会设计专业委员会提供）

图5-66
福禄寿喜茶包装设计（2015）
设计：广州市东方红文化策划传播有限公司
（图片来源：广东省包装技术协会设计专业委员会提供）

图5-67
“椚季茶”包装设计（2017）
设计：枯木（仝亚男）、于光
（图片来源：广东省包装技术协会设计专业委员会提供）

图5-68
Tangram刀具包装设计（2017）
设计：于光 深圳市绿尚设计顾问有限公司
（图片来源：广东省包装技术协会设计专业委员会提供）

图5-69
《巨鹿堂》包装设计（2017）
设计：广州枯木设计
（图片来源：广东省包装技术协会设计专业委员会提供）

图5-70
《汤》(2017)
设计:深圳市香橙壹品广告设计有限公司
(图片来源:广东省包装技术协会设计专业委员会提供)

图5-71
漫橙面膜包装设计(2018)
设计:广州市鲜在设计有限公司(伍中舫)
(图片来源:广东省包装技术协会设计专业委员会提供)

图5-72
境系列茶叶包装设计（2018）
设计：广州市义统包装制品有限公司
（图片来源：广东省包装技术协会设计专业委员会提供）

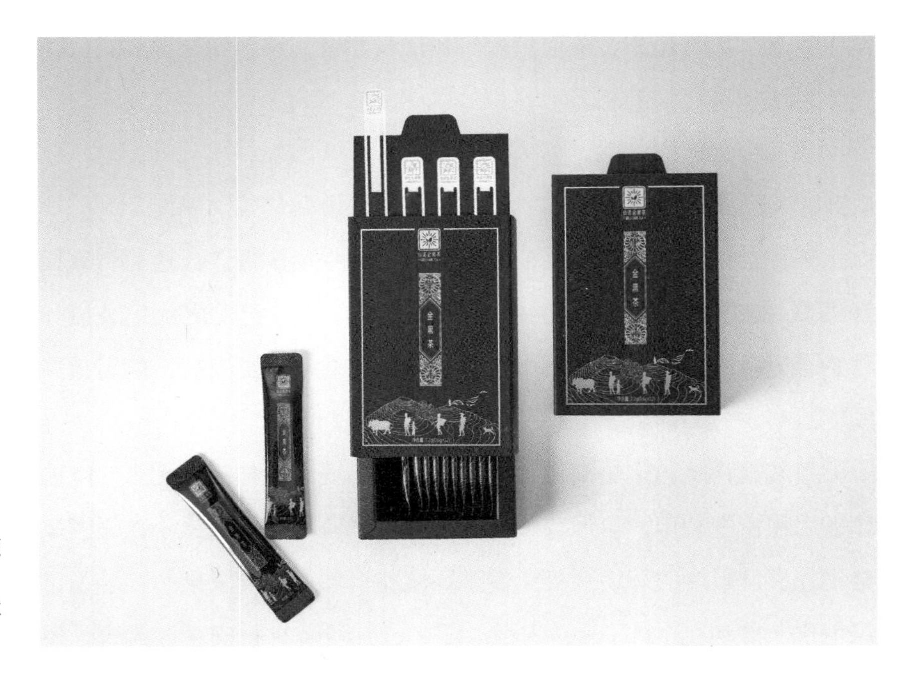

图5-73
仙诺金黑茶包装设计（2018）
设计：于光深圳市绿尚设计顾问有限公司
（图片来源：广东省包装技术协会设计专业委员会提供）

5.5 21世纪包装设计的发展趋势

21世纪的到来，广东包装设计进入了机遇与挑战并存的阶段。由于网络社会的不断发展，信息技术的不断进步，在我国加入世界贸易组织的过程中，包装设计的内涵和功能随着信息社会及经济全球化的变化不断发展。包装设计不再是单一的设计行为，而是一个整体综合策划设计过程。新时代的包装设计，需要与相关产业相结合，更需要与新科技、新工艺、新材料相结合，才能实现设计创新。

21世纪的包装设计将在减少全球产品生产浪费、促进海洋环保和循环经济的发展方面起到重要作用；继续突出包装的品牌推广特性，同时线上品牌需要考虑其包装可以提升消费者网购的体验和互动[1]。绿色化、个性化、极简化、互动化以及有文化内涵的包装设计将受到求新求异的新生代消费者追捧。

总之，东方和西方融汇，传统和现代结合，绿色与简约并重，将是新世纪包装设计的总趋势。

5.5.1 包装设计绿色化

环保意识越来越得到人们的重视，健康生活的理念渗透到包装设计领域。20世纪兴起的绿色包装将进一步在21世纪发展，包装设计将结合更多的科技手段和新型材料，使包装对环境更友好，朝可持续发展战略的方向前进。

包装设计绿色化是指包装设计对生态环境和人体健康无害，能循环复用和再生利用，以保存最大限度的自然资源，形成最小数量的废弃物和最低限度的环境污染，促进环境和自然可持续发展。包装设计绿色化一般包括6个方面的内涵，即：（1）包装材料安全、无害、寿命长。（2）包装材料单一化、可拆卸化。（3）包装材料可回收再利用和再循环。（4）包装结构减量化。（5）通过结构设计，延续包装功能。（6）建立更高的运输和储存效率。

包装设计绿色化强调一种对环境影响最小的设计，如包装的结构合理性、材料环保性、回收便利性、市场效应、消费者的接受程度

[1] 聚焦2018包装行业发展大势[J]. 中国包装，2018.

等。要求21世纪的包装设计工作者应具有社会责任感，将“绿色设计”理念贯穿于包装设计全过程，从材料选择、结构功能、制作过程、包装储运方式、产品使用和废品回收利用等方面全方位考虑资源的利用和对环境的影响及解决办法等，尽可能降低能耗、便于拆卸、使材料和部件都能得到再循环利用，并促进消费者的可持续消费习惯，用设计来帮助消费者建立可持续的生活方式。

5.5.2　包装设计个性化

21世纪的人们更加强调产品以及包装的个性化，消费者对那些具有创新设计思想并与他们的想法有关的包装产品表现出强烈的兴趣，购置生活用品的过程成为个人风格不断清晰化过程[1]。包装产品个性化设计的实现途径主要分为3个方面：

（1）从人的不同生长阶段切入开发个性化包装设计。人的一生分为幼儿、儿童、少年、壮年和老年5个发展阶段，不同发展阶段表明人的成熟程度不同和不同的个性心理特征。研究人的发展阶段及其不同心理要求，有助于赋予新产品个性。

（2）从社会不同的消费者层面切入开发个性化包装设计。社会构成的基本成分是个体与群体，因民族、地域、文化、教育因素使个体与群体形成各种层次。不同的个体与群体层次的人有不同的消费需求、消费方式，而且相互影响，所以考察他们相互之间的异同以增加产品的适应范围，使某种产品及包装成为个体和群体成员的共同标志，成为某一事业成就的象征，不但使消费得到物质满足，而且得到精神的补偿等。

（3）从包装功能切入开发个性化包装设计。现代产品及其包装正朝着多功能和特殊功能的方向发展。包装设计个性化，除注重包装的基本功能外，还需在增加附属功能和特殊功能上下工夫，使之与同类产品包装相比具有不同的特点。

包装设计个性风格的多样化，符合21世纪市场对商品多样化的要求，随着社会的不断发展和科技水平的不断提高，人们不仅需要丰富的物质产品，而且还需要与之相匹配的精神享受。人们需要自己的

[1]　刘兵兵. 个性化包装设计[M]. 北京：化学工业出版社，2016.

情感能得到尊重，个性能得到张扬，感情能得到沟通……这些都为设计师提出了新的课题、新的挑战。

5.5.3 包装设计极简化

20世纪80年代，简约主义作为一种追求极端简单的设计流派在欧洲兴起。这种风格把产品的造型简化到极致，从而产生与传统产品迥然不同的新外观。随着信息化时代的来临，商品在市场中的竞争激烈化程度极剧增加，不断更新的商品正以更加迅速及快捷的方式吸引着消费者。商品包装借助摄影、绘画、插图、字体、色彩、印刷等各种视觉传达手段出奇制胜，体现着商品的个性和差异。然而，简约甚至无装饰的包装设计风格反其道而行之，试图通过极简的包装设计在众多静态商品中迅速有效地引起消费者注意并唤起消费意识。

包装设计极简化推崇最简单的包装结构，最节省的包装材料，最洗练的造型，最精练的文字及准确无误的信息传达。它主张用清晰、明确、冷静的抽象形式，追求简单中见丰富，纯粹中见典雅，强调“少即多”“少即美”的设计思想，文字语言精练幽默，版式设计醒目简洁，表达意图直截了当；冲破常规的字体设计，使文字成为艺术，使观者能借助简约的字体设计领悟设计意图，强调布局构图的严谨但又不拘泥于简单形式而有所创新。

包装设计极简化的特色是将设计的元素、色彩、照明、原材料简化到最少的程度，但对色彩、材料的质感要求很高。主张抛弃烦琐过度的装饰元素，提供适度的审美装饰享受，崇尚自然功能性的结构之美，主张功能与形式并重。

5.5.4 包装设计智能化

21世纪的今天，我们正处在智能化的时代。早在20世纪70年代就有了“智能化”的提法，如当时的各种智能化机器人，智能化建筑等。基于近距离无线通信技术和低功耗蓝牙技术的发展，移动设备正在给包装领域带来一场全新的革命。由于技术进步，具有特定数字功能的智能包装能够为消费者提供一种更深层次的参与度。Mintel市场研究咨询公司在《全球包装趋势报告》中预计，智能手机引发的革命正在商品包装领域发生。今天全球智能手机用户已超34亿，预计到2021年这一数字将翻番[1]。在此趋势下，世界各国包装界特别是食品界以极大的热情开始关注智能化包装领域。据专家预测，未来用智能包装技术生产的包装袋将占食品包装袋总数量的20%～40%。21世纪的智能化包装设计主要体现为以下几个方面：

（1）变色包装

变色包装是一种智能包装，它通过包装材料颜色的变化来显示产品质量的改变。其基本原理是在包装材料内加入适量特殊的化学元素，例如铁元素，当包装内的产品变质时，内部氧气的含量随之变化，铁元素随着氧浓度的变化发生一定的化学变化，表现在外观上就是包装容器的颜色发生变化。消费者由此判断所购产品是否已经变质。

（2）活性包装

活性包装是指能感知环境变化，并通过改变其特性做出反应的包装技术，是基于食品和环境之间互相作用的动态原理提出的。它自动地在包装内部空间起作用或直接作用于内容物，以改进内容物的储存期或内容物的质量。活性包装技术涉及食品、包装材料与内部气体间的相互作用机制及其相应的控制技术[2]。澳大利亚食品科学委员会的科研人员最近推出了新颖的活性包装技术，如乙烯去除技术等。方法是使用高锰酸钾制成小包装放在新鲜食品的托盘上，这样可以去除由于呼吸作用产生的和周围环境中存在的乙烯，从面延长货架期。

（3）电子信息组合包装

电子信息组合包装是将电子信息技术与包装技术相结合，开发出具有特殊功能的新型包装形式。一些包装专家已经开始研究在包装上嵌入一种有记忆信息的磁条，通过一定仪器，消费者可以获得产品包装的相关信息，如生产日期、生产厂家和保质期等。这些能显示商品生产和销售信息的智能包装，对于用户掌握商品的使用信息和自动物流管理有着积极的作用[1]。

[1] 潘弋. 智能化将彻底改变包装[J]. 印刷杂志，2018（10）：11-15.

[2] 邱伟芬. 食品的活性包装[J]. 食品科学，1998，19（8）：11-14.

（4）品牌保护包装

使包装智能化，从而达到保护品牌的目的也是一种包装新趋势[2]。德国一家公司研究出一种新型防伪方法，他们将多层3～4微米的具有不同特定颜色的塑料薄膜紧密迭合，组合成特殊颜色的模块，然后将其切碎研磨，加入到油墨中。由该种油墨印出的图文在显微镜下（3倍以上）将会呈现特有的不同颜色分布，从而起到防伪的作用。

包装设计智能化使商品及其包装对于人类更具有亲和力，使商务信息的人机交互式沟通更为便捷。

5.5.5 包装设计互动化

20世纪90年代以来，人类迈入了体验时代。体验消费模式将传统消费模式对人的生理和安全等低层次需求扩大到对消费者自尊及自我价值实现等高层次的精神需求的思考。体验设计将消费者的参与融入设计中。消费者不仅仅通过视觉、听觉、触觉、嗅觉等感官系统来感知，还包括了精神愉悦等全方位的体验。

包装设计互动化的主要内涵是指通过包装材料和包装手段的实施，将包装和产品直接联系起来，甚至成为产品的一部分，使产品和消费者之间建立起一种紧密地互动和交流的包装设计。它不只是关注视觉形式是否能吸引消费者购买，而是更多地研究如何传达包装的信息，消费者如何使用该包装。更多关注的是人或物、人与物甚至人与人之间的行为和内涵，以消费者为中心，并注重消费者的体验。

（1）感觉互动

让消费者对产品包装有一种直觉上的感受，如触觉、视觉或嗅觉。例如带有气味的包装，有着一定质感纹理的包装以及视觉效果夸张的包装设计等。这一概念使包装印刷已经超出了只是改善图像效果这一范畴，而是成为产品的一部分，甚至就是产品本身[2]。

比如提取内部产品的气味以吸引客人，如烤面包、烤肉、巧克力或水果气味，提取出的气味被融合在胶粘剂或涂料中，使整个包装都

[1] 金国斌. 智能化包装技术及其发展[J]. 中国包装，2002（6）：81-84.

[2] 张靖. 交互式理念在包装设计中的应用研究[J]. 美术大观，2018，365（5）：120-121.

充满了诱人的味道。可口可乐公司曾做过的一次促销活动，在产品包装的收缩膜标签中隐藏着一个中奖信息。消费者必须购买可口可乐产品，并将它们存放在冰箱中观察才能知道自己是否中奖，这是因为这种标签是用温度敏感的油墨印制而成的，只有在温度下降到一定程度的时候才能被人眼察觉到。通过这样的方法可以在产品和消费者之间建立起联系和互动。

（2）情感互动

情感互动是让消费者对产品包装有一种情感上的沟通、交流与感受。在有了感官的初步认识后，消费者心理活动发展到对商品的主观体验和感受过程，这个心理过程最终支配了消费者对商品的主观态度，引导消费者产生买或不买的思想倾向和决策。好的包装具有给予消费者积极感情体验的作用，可促进消费者的购买欲望，反之，则有抑制作用。“心相印”手帕纸中“春的畅想”和“冬的恋歌”这两款包装的设计就运用了故事情节达到消费者与包装的情感互动。包装图案中一个情景是表现为两个小朋友在春天的田野里嬉笑地追逐蝴蝶，另一个情景是两个小朋友在冬天的雪地里快乐滑雪。通过两个美好情节的图像符号来打动消费者，使之产生相应的联想或想象，从而树立自己品牌在消费者心中的美好形象。

（3）行为互动

行为是消费者在购买活动中的意志和行为过程，即消费者确定购买目标并付诸实施的过程。消费者经过感官、情感阶段，通过商品包装获取的有关商品信息在这个阶段进行归纳、筛选之后，形成对产品的轮廓印象和主体定位，并结合自己的需要，决定采取购买行动。日本设计师德田祐司的成名作——水森活（I LOHAS）矿泉水的包装设计，这款从外观上看似中规中矩的包装，其实材质上选择了能减少原油消耗量的绿色环保瓶和标签设计，瓶身重量只有普通宝特瓶的60%，消费者在饮用完毕之后可以把水瓶“拧”成一条再回收，契合日常拧毛巾的动作，令消费者从行为上参与“感觉环保”。

包装技术日新月异，一件受消费者喜爱的包装设计不仅有独特的结构和美丽的外表，更体现在与消费者的互动上，给人们带来愉悦、满足、趣味、互动，让人过目不忘，这是对一件好包装最好的诠释，包装设计互动化能让设计师深刻的了解人、文化、社会，激发灵感，启发新的设计思路。

5.5.6 包装设计民族化

包装设计师在为人类创造物质产品的同时，更重要的是从事一种精神活动。包装不仅创造了附加值，更重要的是产生一种文化的感染力和震撼力，提高消费者对商品品牌形象了解的同时更进一步地认知生产的国度、区域、传统文化、企业文化、审美特征、哲学思考、消费心理等全方位的认知，包装既是产品的营销工具，也是企业的窗口，甚至代表着国家形象，传递着更多的文化信息[1]。

21世纪的包装设计越来越认同本土化、民族化，我们欣赏德国包装设计的严谨、理性，日本包装设计的空灵、轻巧，意大利包装设计的优雅与浪漫，英国包装设计的传统、保守，美国包装设计的实用、商业化等，无不来自他们对本民族文化的挖掘、继承与创新。我国传统的包装设计风格则追求欢喜、平稳、圆满、幸福、寓意和形式上的完整性、对称性，也正是我国人民崇尚礼节和中庸平和、相对保守的民族特征的体现。

民族文化的挖掘与迸发是包装设计的创新之源，在此基础上，才能树立自己民族的品牌。因此，21世纪需要我们更多地了解中国传统文化，包括包装文化，但不能表面化地点缀一些传统文化形式来表示继承。因为文化传承生命力是“创新”，只有在吸收借鉴的基础上创造出新的包装形式，与时代和观念相结合才能更好地为商品传达信息，提升附加价值。探求民族传统文化和现代审美观、价值观的契合，成为原创的一个重要方法。

21世纪，全球文化差异逐渐缩小，世界经济更趋一体化，对于广东商品包装设计艺术来说，既是挑战又是机遇。广东包装若想在新世纪展现自身包装的设计特色、文化内涵、品质价值，必须以开放的姿态在竞争中学习、在挑战中提高，才能赢得包装设计新的发展和机遇。这也要求包装设计师有更高的设计水平及更广泛的知识

[1] 王娟．包装设计中的民族性与现代性关系[J]．中国包装，2007（01）：39-42.

储备。未来的设计人才应具备国际视野、全球意识和专业化、复合化的知识结构，不断研究新时期不同消费群体的价值取向、科技进步以及传统文化对包装设计的影响，注重跨学科知识的积累和具备较高的审美水准。

附录

改革开放以来广东包装设计大事纪

1974～1979年广东省工艺美术包装装潢工业公司和市一轻、市二轻美术设计公司坚持每年组织设计人员参加全国两个群众性设计交流活动，并参加与联名写信给国务院领导，反映我国包装设计现状，要求尽早成立国家管理包装的专门机构。

1978年，广东省轻工业部门在省轻工业学院举办了广东省优质瓶酒包装设计班，对16种省优质酒包装进行改进设计。

1980年，广州市包协，市一轻、二轻设计公司邀请香港设计家王无邪来穗讲学、在国内首次介绍设计三大构成等理论。12月，国家经委主持中国包装技术协会成立大会，推选了广东省施之华、丁为美、陈波等为第一届包协理事，委托上海市陈明、广东省丁为美负责筹备组建中国包协包装装潢设计委员会。

1980年12月，丁为美的《关于企业统一化设计战略的初探》在全国轻工系统包装设计交流大会上发表，被认为是国内第一篇CI的理论。

1981年3月，中国包协设计委员会在北京成立，广东省丁为美当选为第一届副主任委员。9月，广东省包协包装设计委员会成立，丁为美当选为第一届主任委员。

1982年2月，广州市经委、广州包协举办了“广州市包装设计展览”。同期，“全国广告、装潢设计展览”在广州巡展，并举办学术交流会，丁为美作了《关于设计中视觉流程的探讨》演讲。

1982年8月，省包协设计委员会在全国轻工包装科技情报站联合举办一期全国轻工包装设计研究班，邀请了广州美术学院、香港大一艺术学院、香港李惠利工学院教师共8人讲课。9月，省包协设计委员会选送了800多件包装设计作品参加全国包装展览。

1983年，省包协设计委员会、广州美术学院设计系、广州市包协设计委员会联合邀请香港理工学院王无邪、勒埭强等专家来穗，在省博物馆举办“香港设计展”，这是香港设计作品第一次在国内展出。3月，省包协设计委员会邀请日本、新加坡、菲律宾等国家有关包装设计专家来穗讲学。

1984年4月，省包协设计委员会邀请了香港理工学院泰勒教授、李德志讲师，天田国际公司刘勇武设计师，广州美术学院尹定邦、王受之等专家在省科学馆作了为期3天的“工业设计与包装设计”学术讲座。同期广东省丁为美的论文《视觉流程设计的原则和方法》被中国包协设计委员会推荐参加第一届北京国际包装学术讨论会。

1985年7月，省包协设计委员会接待来华访问的美国纽约包装设计友好代表团，在广州举行学术交流，并邀请美洲《华侨日报》美编朱晨光为设计骨干培训班讲课。7月，省包协与广州美术学院设计系在省二轻职工大学联合举办“设计骨干培训班”。由王受之教授主讲《设计与市场营销》，同期王受之主编的《世界工业设计史》一书出版，成为中国第一部现代设计史著作。11月，省包协设计委员会举办“广东星奖”包装设计评比，共评出获奖作品41件，同时选送作品参加在郑州举行的第一届“中南星奖”展评会，共获得了13个奖项。

1986年11月，省包协设计委员会与省包装进出口公司、广州美术学院联合举办了“日本、美国、中国香港设计展示会”，展出日本、美国、中国香港设计作品1000多件，委员会副主任尹定邦主持了与香港靳棣强等三位设计师的学术交流的会议。这是国内首次大型引进国际设计作品展览，国内各地设计师踊跃来穗参观，国内各类媒体争相报道。

1987年，省包协设计委员会主持省广东之星包装设计评比，评出了省优秀设计作品52件，并连环推荐作品参加在广西举办的第二届“中南星奖”，广东获30个奖项。中国工业设计协会在北京成立，广东省高永坚、尹定邦、丁为美分别当选为副会长、常委和理事。

1987年12月，省包协设计委员会推荐李向荣的论文《关于包装设计行业管理体制改革的设想》入选全国首届包装经济研讨会，并在会上获奖。

1988年2月，省包协设计委员会邀请荣获世界之星的湖南外贸设计师龙兆曙携带获奖作品来穗交流。

1988年6月，省包协设计委员会接待法国巴黎黑方块设计公司设计师DISI先生在广州举行学术交流，介绍电脑设计原理等。

1988年9月，中国包协设计委员会推荐我省姜田田的《包装装潢设计美学探微》、李向荣的《包装设计与价值工程》、林长武的《关于包装集焦视觉功能的探讨》三篇论文入选第二届北京国际包装学术讨论会。

1988年9月，省包协设计委员会组织考察团赴港对香港包装设计行业进行考察，访问了香港工业总会设计委员会设计及包装中心、香港广告制作中心、香港正形设计学院等，之后曾向省经委汇报并提出我省今后包装设计的工作意见。

1988年9月，广东设计专业职称评审工作开始，由于高级评委会专家组缺少包装、平面类专业评委，省职改办委托省包协设计委员会组成评审小组，丁为美任组长，周奇新、胡耀武、刘露微、刘仪鸿任副组长，进行包装设计师职称评审工作。

1988年11月，省包协设计委员会主持了首届粤港澳包装博览会的学术交流活动，包括论文发布，香港汪恩光、广州童慧明等专家学术讲座。并主持了粤港澳包装设计大赛的评审工作，评选出金奖10件，银奖15件，表扬奖25件。

省包装设计委员会主任丁为美、秘书长庄永洽应邀担任广州军区后勤部军需包装委员会包装评比会评委。

省包协设计委员会受省工业编志办委托，由李向荣执笔编写《广东省包装装潢设计志》。

1989年7月，省包协设计委组织我省设计作品参加"全国包装设计展评会"，获金银铜奖共9项。

1989年11月，省包协设计委举办全省包装评比，共评出获奖作品86项，获奖设计论文3篇。

1989年12月，省包协设计委推荐设计作品参加在武汉举办的第三届"中南星奖"评比，广东获奖44项。获金银奖总数居五省第一位。

省包协设计委驻港委员、《设计与交流》杂志主编王序赴美，采访了多位著名设计家，并在当年省包协设计委员会年会上作了采访报告。

1990年2月下旬，省包协设计委组团赴港对香港包装设计技术进行考察，先后参观香港展览中心、香港贸易发展局设计部、靳棣强设计公司等单位。考察后李向荣撰写的"香港的包装装潢设计"考察报告在《中国包装》杂志上发表。

1990年12月，广东省、广州市包协设计委员会邀请湖南省包协设计委员会在广州举办设计联展，湖南省带来曾获"世界之星"的6项设计作品参加展出。

1991年11月，省包协设计委员会举办广东之星包装设计评比，共评出获奖作品66项，获奖设计论文5篇。

1991年11月，省包协设计委推荐设计作品参加在长沙市举办的第四届"中南星奖"评比，广东省获奖19项。

1992年5月，省包协设计委员会与省包协纸制品委员会联合参加"92北京CIP国际包装展览"。

1992年9月，省包协设计委员会、省广告协会、省贸促会联合在珠岛宾馆举办“92广东国际包装装潢、广告设计研讨会”，邀请了美国、英国、法国、德国、日本、新加坡、中国台湾、中国香港及国内的15位专家作了学术演讲，并举办了外国设计作品观摩展览。

1992年11月，丁为美的论文《中国现代设计之反思与今后的发展道路》被中国科协选入《工业设计发展战略与工业现代化》论文集，同年应邀参加全国工业设计发展战略及应用学术研讨会，并作发言。

1993年4月，省包协设计委副主任、省工业设计协会副理事长、广州美术学院副院长尹定邦牵头，由广州美术学院、省包协设计委员会、省广告协会、省工业设计协会、省室内设计协会及部分设计机构发起，编辑出版了《广东设计年鉴》。

1993年5月，省包协设计委员会、省广告协会、省包装装潢设计实业公司联合邀请日本CI理论权威稻恒行一郎和曾振伟先生在广州宾馆举办了《从世界名牌看CI设计的发展》讲演。

1993年7月，广东省包协设计委员会举行了1993年广东之星包装设计评比会，评选出省包装设计金银铜奖共58项。

1993年8月，受全国包协中南领导小组委托，广东省包协设计委员会在广州文化公园主办了第五届“中南星奖”展评会其中奖杯《买椟还珠》由丁为美设计，被认为是历届最好的奖牌。广东省在评比中获得了金、银牌数第一，总奖牌数第一的好成绩（共获奖44项）。

1994年5月，省包协设计委员会、省广告协会联合邀请日本专家在广州花园酒店举办《日本成功导入CI实例》讲演会。

1995年3月，省包协设计委、深圳宝安区政府、红方格广告公司、深圳罗湖区商业广告公司联合邀请日本标识学会副会长佐藤优教授和曾振伟先生举办《现代都市视觉形象与标识系统》演讲会，在我省首次提出了都市形象与标识系统设计问题。

1995年5月，省包协设计委员会、省广告协会、省企业管理协会、深圳艺术研究会、红方格广告公司邀请美籍华人王受之教授在省科学馆礼堂举行为期3天的讲座，内容是借鉴美国经验，开拓中国市场，美国现代广告与CI策划，美国现代建筑与室内设计。

中国包协设计委编辑出版首卷《中国设计年鉴》，省包协设计委推荐广东设计界54人入编，入编数量全国第一，入选率最高，作品水平也获编委好评。

1995年10月，广东省包协设计委员会举行了1995年广东之星设计评比会，评选出省包装设计金银铜奖78项。

1995年11月，第六届“中南星奖”展评会在海口市海南大学召开，我省获金银铜奖、优秀作品共40项，入选论文4篇。

1996年11月，《包装&设计》杂志成立理事会，由全国10家著名设计机构组成，还邀请中央工艺美术学院教授陈汉民、高中羽、香港靳棣强先生担任顾问，邀请11所高等院校的教授担任特约编委，全面报道国内外设计界的信息。

1996～1999年王序共编辑设计了22本《平面设计师之设计历程》丛书，介绍了22名世界各地著名的平面设计师。

1997年3月，《包装&设计》杂志举办首届《包装&设计》新星大奖赛，在全国大专院校送评1303件作品中评出金银铜奖128件，入围奖142件。

1997年6月，第七届“中南星奖”展评会在郑州市河南科技馆举行，广东省获金银铜及优秀奖共60项，奖牌总数与湖北省并列第一。

1997年6月，《包装&设计》编辑出版《香港回归祖国》特辑，刊登香港回归海报130幅，介绍了香港26名设计家。

1997年12月，中国包协设计委编辑出版《中国设计年鉴》第2卷，广东设计界入编90人，入编人数全国之冠，占年鉴总人数1/6，作品的水平也赢得了国内广泛的肯定。全国第五届包装设计展评会在北京召开，广东参展的包装、标志设计共获23个奖项。

1998年6月，《包装&设计》杂志刊出内地、香港、台湾设计师为刊物创刊25周年而作的封面设计专辑。

1999年1月，广东省包协设计委员会《广东省设计师作品选》编委会邀请英国特许设计师协会香港分会前主席李德志访穗，与广州设计界、广告界、新闻界进行交流。

1999年4月，《包装&设计》杂志举办中国和韩国学生作品联展。深圳市包协设计委员会、工业设计协会等单位组织编辑出版《深圳设计年鉴》。《包装&设计》杂志与澳门设计师协会联合编辑出版《澳门回归祖国》特辑。

1999年9月，深圳市包协设计委员会成功举办了“深圳市首届包装设计成果展”。

1999年9月14日，广东省包装协会设计委员会编辑的“金脑袋”《广东省设计师作品选》第一卷首发式暨“广东省设计作品展”开幕式在广州中山图书馆举行，由于名录式编辑极具特色以及“金脑袋”的书籍装帧形象极具设计创意冲击力，受到设计界的一致好评。

1999年10月15日，广东省包装协会设计委员会主办的99“广东之星”平面设计大赛评审揭晓，经评审委员会评选，评出包装书籍类金奖6名，银奖11名、铜奖15名、优秀奖31名；海报类金奖1名，银奖2名、铜奖2名、优秀奖20名；标志类优秀奖36名。

1999年11月15日，中南六省区包装协会设计委员会联合在武汉举办的“中南星奖”平面设计大赛。广东省包装协会设计委在99“广东之星”平面设计大赛中获金银铜奖及优秀奖中选了80多件作品参加评比，获得金奖3名、银奖11名、铜奖18名、优秀奖54名、优秀论文4篇；获奖总牌数在中南第一。

1999年11月25日，中国包装技术协会设计委员会在北京举办的99“中国之星”设计大赛。全国30个省市（含港澳台）共选3895件作品。经全国评委会评出包装、书籍类金奖9件、银奖26件、铜奖50件。全国优秀标志761件。包装书籍类获金银铜奖数前三名为：一、广东（9名）；二、黑龙江、山东（并列8名）；三、香港、台湾（并列6名）。优秀标志奖牌数前三名是：一、广东（58名）；二、辽宁（57名）；三、台湾（56名）。两类作品获总牌数广东均为全国之首。

2000年11月，由《包装&设计》杂志主办的第二届“新星奖”大奖赛，在深圳举行评选，共选出金奖10件，银奖20件，铜奖49件，是国内唯一面向全国设计院校学生的设计大赛。

2000年11月8日，在中国新世纪包装大会暨中国包协成立二十周年庆祝大会上，广东被表彰为全国包装工作先进集体的有：广东省包协设计委员会、《包装&设计》杂志、《广东包装》杂志等。被表彰为全国优秀包装工作者计有：省包协设计委员会秘书长李向荣，《包装&设计》杂志原主编庄永洽等。

2000年12月，深圳包协设计委员会出版发行《深圳设计家》一书。

2000年12月13日，由中国包协设计委员会主办的2000北京国际平面设计展览会上，广东有“广东省优秀设计师作品选”、“深圳市平面设计师联盟”、深圳兰韵企业形象设计有限公司、广东黑马广告有限公司、广东汕头市东风印务有限公司、深圳雅昌彩色印刷有限公司等12家机构参展，展示了广东设计及相关机构的实力。

2000年12月17日，在2000北京国际平面设计展活动期间，广东设计师有：石萍、林立、胡洁、郭承辉、黄扬佳、黄炯青等被评为“中国优秀包装设计师”。广东设计公司有：广东创意广告实业公司、ARTWAY艺道·孔森设计有限公司、广东黑马广告有限公司、深圳力创企业形象设计有限公司、深圳兰韵企业形象设计有限公司、广东天一文化有限公司、广州市天艺广告公司、深圳市华村设计事务有限公司、深圳九星印刷包装中心、深圳翰林社广告策划公司授予“IGD优秀设计机构”称号。

2001年，广东汕头市东风印刷厂设计总监林立设计的“真龙”香烟及“盛唐香烟”包装双双荣获2001年世界包装组织评比的“世界之星”包装奖。深圳市陈小明包装设计有限公司陈小明设计师设计的“坂城烧锅酒”包装同时获得“世界之星”殊荣。

2001年4月28日～6月1日，中山大学、东大艺术设计培训中心主办，广东省包协设计委员会、《包装&设计》杂志协办的现代平面设计高级研修班开学。其中第一、第二天为王受之、勒埭强讲座，其后由王文亮、余希洋、陈绍华、黄炳培（中国香港）、梁小武、郭承辉、吕敬人、何家超（中国香港）、王粤飞等国内设计界精英专题授课。广东及国内近200名设计师接受培训。

2001年5月9日，广东省包协设计委员会顾问王受之教授，健力宝包装研究所包装策略顾问李向荣先生，邱志文先生，应健力宝集团邀请，出席健力宝集团关于国际品牌营销策略研讨会。王受之教授作了关于国际品牌营销策略的报告，李向荣先生、邱志文先生作了品牌的包装策略及成功案例分析的专题发言。

2001年7月13日，中国包协设计委员会成立二十周年举行表彰活动中，广东省包协设计委主任丁为美获“中国包装设计事业创业奖”；潘效良、丁为美、胡耀武、尹定邦、李向荣、何健、卢华能、张小平、孔森、黄炯青、郭承辉、黄励、黄扬佳、林立、胡洁、李冠辉、郑学华、郑协平、廖荣盛被评为“中国包装设计行业先进工作者”。

2001年7月23日，中国包协设计委员会举行第六届常务委员会第一次工作会议，选举产生了第六届常委会，主任、副主任及秘书长、副秘书长人选。广东省李向荣当选为常委，副秘书长。当选为常委的有：孔森、张小平、黄励。当选为委员的有：丁为美、石萍、何健、周焰、林立、郑学华、黄扬佳、黄炯青、董继湘、廖荣盛等。

2001年8月5日，第五届中国花卉博览会主办，省包协设计委员会，顺德职业技术学院协办的第五届中国花卉博览会宣传画设计大赛评审揭晓。博览会执委会聘请了李向荣担任评委主任，张小平、胡川妮、黄励、廖荣盛为评委，对全国二十多个省市80多所院校及200多家设计公司参评的900多件作品进行评审，评出金奖作品2名、银奖5名、铜奖10名、优秀奖37名。获奖作品于9月28日在花卉博览会内特别开辟的百米宣传区长廊内展出。

2001年12月15日，由广东省包协设计委员会主办，广东省广告协会、广东省工业设计协会、广东装帧艺术委员会、广州市广告协会、广州市工业设计促进会、《包装&设计》、《真言》、中国广告网协办的“广东之星”平面设计大赛系列活动评审揭晓，此次大赛征集计有广东省内各市设计机构共1000多件作品，经大赛评委会评审，评出包装类：金奖6名、银奖9名、铜奖12名；海报类：金奖4名、银奖4名、铜奖9名；标志类：金奖3名、银奖8名、铜奖19名；书籍类：金奖2名、银奖3名、铜奖5名；学生组：金奖6名、银奖8名、铜奖11名。

2001年12月23日，由中南六省区包协设计委员会主办的中南六省区“中南星奖”平面设计大赛揭晓。此次大赛六省区共展出入围作品1000多件。经六省区评委会评出金奖19名、银奖33名、铜奖45名。广东省和东道主湖南省分别获5块金牌并列第一；其中金银铜总牌数广东省获27块名列五省之首。至此，广东省已经连续三届中南星奖获得奖牌总数第一。“广东之星”“中南星奖”获奖作品在《包装&设计》、《真言》杂志及中国广告网上选登，并由省设计委编辑《广东之星获奖作品集》印刷发行。

2001年12月22日～1月19日，中山大学、东大艺术设计培训中心主办，广东省包协设计委员会、《包装&设计》杂志协办的第二期现代平面设计高级研修班开班。其中第一天、第二天为王受之、韩秉华讲座，其后由李永铨、崔德明（中国香港）、郭湘黔、张小平、区德成（中国香港）、Simon（英国）等国内外设计精英专题授课。广东及国内近100名设计师接受培训。

2002年7月2日～3日，北京2008年——奥林匹克设计大会在北京国际会议中心拉开帷幕。北京奥组委主席、北京市市委书记、市长刘淇，北京奥组委执行主席、国家体育总局局长袁伟民等出席了会议；参加本次会议的还有国际奥委会和科勒哈默尔、盐湖城、都灵冬奥运会组委会的设计负责人；国内外著名设计师和设计公司代表210人，国际奥委会赞助代表共计609人。广东包协设计委常务副主席李向荣、常委郭承辉，集美公司梁建国，广州市天艺广告公司韩小鹰，深圳市包协设计委主任郑学华，著名设计师陈绍华、王粤飞、张保成、黄炯青、韩家英、李红兵、孔森、董继湘、郭显君以及陈建军、周焰、林剑、李坚、蒋菁等应邀出席。

2002年7月，张小平先生在2001～2003年连任广州市广告协会副会长、广州4A召集人；出任中国对外经济贸易广告协会副会长、中国包装技术协会设计委员会副主任，广州美术学院、广州大学客座教授，《国际广告》杂志编委，《品牌真言》杂志理事会理事长。

2002年7月20日，由广东省包装设计委员会主办，广东省工业设计协会、广东省广告协会、广东省装帧艺术委员会、广州市广告协会、《包装&设计》、《真言》杂志、中国广告网等单位协办的《广东设计师作品选》、《广东之星优秀作品》、《罗耀辉标志设计作品集》发行仪式暨第九届广东之星平面设计大赛颁奖仪式、第九届“中南星奖”广东颁奖仪式、“广东之星”优秀作品展览开幕式在广州画院美术馆举行，省内设计界、广告界、出版界、新闻界2000多人参加了盛会。主办方特别邀请了中国著名平面设计专家陈汉民教授出席开幕式。陈汉民教授在致辞中赞扬广东设计界这几年来交流活动越办越好，《广东设计师作品选》的出版一卷比一卷好。

2002年9月22日～24日，深圳包协组织设计师7人队伍前往香港，拜访著名设计师靳埭强先生；参观香港泰业印刷集团及香港平面设计师协会副主席吴秋全设计公司，与叶智荣主席达成共识，加强香港与深圳的学术交流与来往。

2002年10月，深圳包协设计委联合博雅华强北书店举办靳埭强大师展览、李渔先生个人作品展。

2002年10月29日，顺德市委宣传部聘请了广东省包协委员会执行主任李向荣、副主任刘达鉴、副主任黄励、副秘书长廖荣盛等担任顺德电视台台徽评审评委。

2002年11月，由广东省包协设计委员会主办的“2002广东之星”平面设计大赛在广州举办，从全省各地送评的1080件海报、包装、书籍、标志类作品中评选出金奖11件、银奖14件、铜奖21件。并送北京参加“2002中国之星”评审。

2002年12月，由中国包协设计委员会主办，“2002中国之星”包装及标志设计评比在北京降下帷幕，这次“中国之星”评比征集了全国28个省、市、自治区及港澳台地区共11900件设计作品，经“中国之星”评审委员会评定包装类金奖26件、银奖56件、铜奖96件、优秀奖330件，标志类最佳设计奖310件、优秀奖1178件，其中广东省获奖包装金银铜奖牌数42件，标志最佳设计奖41件，获得总奖牌数冠军。

2002年12月6日，英国文化委员会广州办事处与广州美术学院设计分院联合主办的“易用设计”展，在广州天河北路时代广场举行。配合该展览，举办了学术研讨会并在设计分院举办了工作坊。

2002年12月7日～9日，在深圳高交会馆F1馆成功举办了第二届包装设计成果展，共有6000多件作品参展，评出“深圳之星”金银铜、优秀奖200多件。

2003年1月18日，珠海市平面设计协会成立，经三十多名准会员选举和珠海市科协批准，刘刚为珠海市平面设计协会主席，马牧、刘静宇为副主席，马牧为协会专业委员会主任；同时举办珠海市平面设计协会首届海报展。

2003年3月19日～21日，江南大学设计学院视觉传达系邀请广东省包协资深委员王序先生为2000级学生授课。19日晚，王序先生为设计学院的师生进行以编辑设计为主的讲座，向大家介绍了自己最新的设计理论，之后又以幻灯片向大家展示了自己以及国外大师的经典之作，让在场学生大开眼界，获益匪浅。幽默风趣的语言不时博得广大学生的阵阵掌声。

2003年3月30日，广东省包协设计委员会联合广州番禺职业技术学院开展中国商业美术设计师培训认证工作，先后在3月30日与6月29日在广州进行了两次全国统考。有58名来自省内各地广告公司、设计公司的设计师通过了中级和高级的考试，其中广东天一文化有限公司有9位设计师通过了考核，取得了资格证。

2003年7月，由广东省包协设计委员会、国标商业美术设计师协会中国广东分会（筹）、金脑袋设计网主办，广东省工业设计协会、广东省装帧艺术委员会、深圳包协设计专业委员会、珠海平面设计协会、顺德设计与传播协会、《包装&设计》杂志、《真言》杂志、广州番禺职业技术学院、中国广告网、设计在线网、亚洲CI网协办的广东设计活动周开始启动。进行“广东之星”平面设计大赛作品征集、“中南星奖”平面设计大赛作品征集、《广东设计年鉴》作品募集、广东省优秀设计师评选征集、国际商业美术设计师资格认证征集。至12月份一周内举行评审、展览、颁奖、出版、论坛、讲座等一系列活动，创造一个设计交流的平台。

2003年9月27日，中国包装技术协会设计委员会第七届全国委员大会在北京召开，来自全国20多个省市自治区、特别行政区以及台湾地区的代表共计200人出席。会议选举了316名第七届全国委员，广东省有24名：丁为美、李向荣、张小平、郑学华、李耀杰、黄励、曾振伟、陈希、孔森、黄炯青、文建军、潘文龙、许礼贤、孙运春、陈平波、廖荣盛、杨敏、林立、周月麟、周余萍、周焰、胡洁、郭显君、黄扬佳；全国常委48名，广东省4名：李向荣、郑学华、张小平、黄励；全国设计委主任、副主任16名：名誉主任陈汉民、第一副主任曹铭勋、副主任范克、高峻（设计机构）、何洁（高等院校）、高中羽（专家）、张小平（广告传媒）、王国伦（北京地区）、李宗儒（天津地区）、刘维亚（上海地区）、扬仁敏（重庆地区）、王亚非（东北地区）、尚奎舜（华东地区）、郭线庐（西北地区）、李向荣（中南地区）。同时，会上由中国包协领导向首批中国平面设计师代表颁发了资格证书，以及为全国A级设计机构颁发了证书。会议还向会员通报了设计委2004年北京国际平面设计展览会的工作计划。

2003年10月17日，由世界包装组织举办的“2003世界之星”包装设计奖评比大会，在埃及开罗隆重举行。我省获2个“世界之星”奖项，它们分别是由深圳九星印刷包装中心谢代森设计、内蒙古奥淳酒业有限公司使用的“奥淳”酒包装；由深圳柏星龙包装设计有限公司刘文设计、承德板城烧锅酒业有限公司使用的“板城烧锅”酒包装。

2003年10月31日，由深圳大学主办、深圳包协设计委协办，在深圳大学国际会议厅举行的“设计年鉴”当代英国平面设计研讨会，有400多位专业人士到会。

2003年11月，佛山市广告协会举办第三届优秀广告作品评比，聘请了广东省包协设计委主任李向荣、暨南大学新闻与传播学院副教授星亮、广州奥美整合行销传播集团梁荣志、广东旭日东升广告传播有限公司总经理陆穗岗、广州美术学院设计分院副院长刘达銮担任评委。

2003年11月1日～11月9日，由深圳包协设计委在华强北博雅书店主办香港著名平面设计师李永铨先生平面展览活动；并于6日下午在深圳职业技术学院举办李永铨作品解码讲座，反应热烈，共300多人出席参加。

2003年11月12日～12月11日，香港著名设计师李永铨先生在广东美术馆举行“Bad——李永铨海报概念解码”设计系列展览。11月14日下午，为配合展览广东美术馆举行了名为“冰山定律”——李永铨设计讲座。在美术馆多功能厅里，广东省美术馆馆长王璜生先生、中国包协设计委副主任李向荣先生、广东省包协设计委副主任黄励先生、《包装&设计》杂志原主编卢华能先生会见了李永铨先生并进行了亲切的交流。出席讲座的广告公司、设计公司的设计师、美术院校师生共有500多人。讲座期间，李永铨先生以自己设计的作品，生动地讲述了“冰山定律”一挖掘深度的创作空间，不采用“潜意识”反射的元素、另类的表现形式的追求态度。

2003年11月27日，广州刚古纸业有限公司组织、香港理工大学廖洁莲教授到广州美术学院、广州大学作“纸与设计”的专题报告。

2003年12月25日～26日，“广东之星”平面设计大赛评审在广州翰林斋美术馆举行，“广东之星”评审委员会李向荣、余希洋、汤重熹、郭承辉、陈希、廖荣盛、郑学华、潘文龙等评委对省内各地送来评审的包装、书籍、印刷品、标志、海报及学生作品1115件进行评审。

2003年12月27日～28日，广东设计活动周项目之一“中南星奖”平面设计大赛作品评审于12月27日～28日在广州翰林斋美术馆举行。本届“中南星奖”首次对全国征稿，评选作品除中南五省外，还包括台湾、澳门、厦门、上海、北京、山东等地，共计收到平面作品1950件。评委主任李向荣，评委杨夏蕙（中国台湾）、郭承辉、张一明、樊友志、许劭艺、付中承、陈希、廖荣盛等专家教授对参评作品进行分类评审。

2003年12月29日，广东设计活动周暨“中南星奖”获奖作品展开幕典礼在广州翰林斋美术馆举行。开幕式由李向荣主任致开幕词，并宣读了中国包协设计委的贺电，开幕式由广东省经贸委产业政策处王运炳处长、中国对外广告协会副会长张小平先生、中国包协设计委员会副主任李向荣先生、白马广告总监余希洋先生、湖南省包协副会长陈平生先生剪彩。中南五省设计委员会领导、台湾形象策略联盟总监杨夏蕙先生以及各大报社、电视台、省内各地设计界2000多人参加了开幕式。

2003年12月29日，“中南星奖”、“广东之星”平面设计大赛颁奖典礼在开幕式之后举行。“广东之星”共征集到115件平面作品，分类评出金银铜奖共57名、优秀奖198名。“中南星奖”共征集到1950件平面作品，分类评出金银铜奖共94名、优秀奖255名，广东获铜奖以上25名，再次名列获奖总牌数第一。广东省经贸委产业处处长王远炳先生、湖南省包协副会长陈平生先生、刚古纸业王梦佳女士、台湾形象策略联盟总监杨夏蕙先生、广东省包协常务副会长黄启洪先生为中南五省获奖者颁奖。白马广告余希洋先生、黑马广告张小平先生、湖南省设计委主任张一明、河南省设计委主任王在东先生、湖北省设计委主任吕淑梅女士、海南省设计委主任许劭艺先生为“广东之星”获奖者颁奖。中国设计委副主任李向荣先生特别为台湾代表颁奖。台湾杨夏蕙先生即席发表了热情洋溢的讲话。

2003年12月，广东省包协设计委员会举行了换届改选会议，选举产生了新一届委员会：第六届广东省包协设计委员会。当选新一届设计委员会委员包括广州、深圳、珠海、中山、佛山、汕头等地代表98名，常委25名。被聘为顾问包括王受之教授、靳埭强先生、尹定邦教授。名誉主任：丁为美，执行主任：李向荣，副主任：余希洋、郭承辉、黄励、刘达銮、曾生、刘境奇、郑学华；秘书长：李向荣（兼），副秘书长：骆亚友、廖荣盛、潘文龙、马牧、陈希、陈建军。

2003年12月29日，举行了广东设计活动周重头戏之一“中南星奖”设计论坛，王受之教授作、黑马张小平先生、邮品设计专家郭承辉先生、刚古纸业王梦佳女士做了精彩发言。

2003年12月，广东省包协设计委顾问吕敬人参加在日本名古屋举行的世界设计教育论坛，代表清华大学美术学院发言，同时参加了在中国台湾举行的国际汉字设计展。

2004年3月，广东科学中心筹建办“广东科学中心”标志设计评审会，聘请了广东省包协设计委执行主任李向荣，省设计委副主任、广州美术学院设计分院副院长刘达銮，华南师范大学教授黄丽雅，广东省广告协会黄刚等担任评审委员。

2004年3月，张小平先生连续三年筹划举办《中国（马、羊、猴）生肖图像设计大赛》。出版《大惊小怪》、《美猴百相》、《吉羊百相》、《骏马百相》、《灵蛇百相》5本书。

2004年3月，李向荣主编的金脑设计系列丛书《数码广告摄影》（深圳文建军著）已由岭南美术出版社出版。这是金脑设计系列丛书第四本，以系列丛书这个平台出版设计师个人作品集，是设计师的一种形象包装。

2004年3月11日，由广东省包协设计委员会、国际商业美术设计师协会中国广东分会（筹）主办，佛山敦煌广告公司承办的国际商业美术设计师、广东省优秀设计师佛山巡回颁证仪式在佛山举行，佛山的广告公司、设计公司的设计师共有百人参加了仪式。

2004年3月12日，由广东省包协设计委员会、国际商业美术设计师协会广东分会（筹）主办，深圳包协设计委员会、深圳职业技术学院、深圳文艺文摄影设计公司协办的国际商业美术设计师、广东省优秀设计师深圳巡回颁证仪式在深圳举行，深圳市设计师及院校师生200多人参加了仪式。会议由深圳包协设计委主任郑学华主持，深圳职业技术学院设计学部主任张小钢致辞。省设计委主任李向荣、国际商业美术设计师中国总部广东联络处主任陈希相继发言。李向荣主任、陈希主任、郑学华主任，杜平教授为深圳获“中南星奖”“广东之星”金银铜奖的设计师颁发了奖杯及证书。

2004年3月20日，广州申亚标志设计揭晓，中标作者是盛世骄阳国际广告公司陈文舒（创意）、陈映东（设计）。其他入围作者分别是柴有炜、陈群生、白马广告公司、曾宪烊、黑马广告有限公司申亚标志设计小组（入围5个标志）。

2004年4月10日，中国2010年上海世博会会徽设计研讨会在上海召开。广东省包装设计委受到邀请参加会议的有：张小平、李向荣、李耀杰、郭承辉、潘文龙、黄炯青、李渔、文建军、陈建军、李魏正、孔深等10多位代表出席了会议。

2005年，“广东之星”、“中南星奖”平面设计大赛11月18日双继在广东省广州市、海南省海口市降下帷幕。广东省在这次大赛中蝉联四届金、银、铜奖牌数第一的好成绩。本届广东之星平面设计大赛收到广东省内广州市、深圳市、珠海市、佛山市、中山市等设计公司、广告公司以及设计院校师生投稿一千二百多件。

2005年3月，广东省包协设计委员会受广东科学中心委托举办广东科学中心标志全国征集活动，广东省包协设计委员会采用了公开征集和特邀设计师设计结合的征稿方式，同时召开标志设计研讨会。邀请了国内及粤港澳设计专家介绍标志设计经验。组织了评审团，聘请了北京张武、广州美术学院赵建、香港设计中心刘小康、澳门设计师协会冯文伟、台湾设计联盟杨夏蕙、国际商业美术设计师协会中国总部专家李向荣等担任评委。

2005年12月8日，广东印刷包装领航峰会于广州番禺隆重举行。领航峰会由广东印刷网主办，香港印刷资源中心、中国国际图书贸易总公司广州分公司协办。

2005年4月，《包装&设计》杂志承办首届全国金银泰杯葡萄酒包装设计大赛。

2005年6月，由广东省包装技术协会，中山市创意印刷行业协会和广东印刷网共同举办了《广东国际包装印刷工业论坛》。

2006年，广东省包协设计专业委员会受广州市版权局委托主持“广州市网游动漫总动员”标志设计评审工作。

2007年3月，广东之星设计大赛及粤港澳包装设计大赛奖作品展在琶州中国国际包装工业展览会内展出。

2007年3月7日，广东省包协设计委员会与中国国际包装工业展览会合作联合香港包装协会、澳门设计师协会举办“雅式杯”全国环保包装设计大赛，创新开设了各类适合企业参与环保包装设计生产奖项，受到广大包装企业欢迎。

2007年3月8日，为加强粤港澳三地合作及深化三地包装行业的交流，由广东省包装技术协会、香港包装专业协会及澳门广告商会共同主办，广东省包协设计委员会及广东省工业设计协会等单位协办的“2007粤港澳包装行业发展高峰论坛”，在广州琶洲2007中国国际包装工业展举行。

2008年，广东之星设计艺术大赛在全国范围内经过四个月的征集收到报名设计作品2000多件，终评会议于8月15日在广州举行。

2008年2月，广东省包协设计专业委员会联合广东省工业设计协会，香港设计师协会、澳门设计师协会、台湾形象策略联盟编辑出版《中国设计机构年鉴》分包装设计、平面设计两卷，李向荣任主编，聘请了张小平、张武、靳埭强、余志光、冯文伟、林采森撰写序言，专集运用名录式编辑方法，受到设计机构的欢迎。

2009年7月24日，由广东省包协设计专业委员会、国际商业美术设计师协会中国总部联合举办的09广东之星艺术设计大赛在广州降下帷幕，大赛评选出金奖14件，各类银奖27件，各类铜奖43件，各类优秀奖93件；学生组各类设计作品一等奖总数21件，二等奖总数45件，三等奖总数75件，优秀奖总数105件。设计论文类获奖共11名，优秀指导教师奖共26名，优秀组织奖共15名。

2009年，由广东省经贸委、广东省造纸协会主办的2009年第六届广州国际纸展于2009年7月23日～25日在广州锦汉展览中心举行，进一步推动印刷包装新技术应用，促进印刷包装行业发展，提升印刷包装设计的新理念。

2009年，广东省包协设计专业委员会担任越秀区博物馆顾问，开展广州五仙观文化产业传承与开发的研究工作。

2010年6月20日，受白天鹅宾馆委托，广东省包协设计专业委员会负责白天鹅宾馆月饼包装设计的招标评审工作。

2010年7月3日～4日，为了促进珠三角地区包装行业各成员之间的技术交流和合作，由包装技术专家网发起的“2010年度首届泛珠三角包装应用技术论坛，在东莞常平海霞酒店举行。

2010年8月1日，由广东省包协设计专业委员会和国际商业美术设计师协会中国总部主办的2010年广东之星设计·印艺大赛终评会议在广东工业大学展览厅举行。

2010年上半年，为推动我省包装设计师职业技能鉴定工作，广东省包协设计委员会专家组开展了全省的包装行业现状调研工作，对重点包装企业进行考察，深入到设计企业和包装设计师中，通过咨询、座谈、问卷调查等形式，以及包装协会网站、专刊资料等，掌握包装设计行业的第一手信息，进行包装设计职业能力分析制定工作。根据国家职业标准要求，专家组编制了我省包装设计师职业能力标准，对销售包装设计、储运、工艺设计的职业能力、工作内容以及各种要素的内容进行具体细致的分析制定。

2010年，为加强粤港澳包装行业的交流，推动环保包装政策，在3月份第14届华南国际包装工业展期间，省包协设计委员会联合港、澳包装设计行业主办了粤、港、澳环保包装设计大赛，由粤、港、澳包装专家担任评委，获奖作品在琶洲中国国际包装工业展展出，受到中外客商的赞誉，在粤港澳包装行业反响热烈。

2010年，广东省包协设计委员会组织专家积极参与包装专业相关课题研究。专家组成员郭湘黔撰写了“大有可为的包装设计师职业”论文，发表在《职业能力开发与评价》杂志，专著《品牌与包装》由湖南美术出版社出版，并荣获2010中国包装创意设计大奖赛优秀指导老师奖。专家组组长李向荣撰写的《包装设计与价值工程》、《食品包装设计的现状与发展》刊登在省包协设计委网站上。专家欧建志、吕艳娜共同承担了“数码印刷工艺及数码印刷产品开发”“软包装材料阻隔性测试系统的开发”两个项目的科研工作。

2010年下半年，广东省包协设计委员会专家组启动了包装设计师考试认证题库开发工作。根据国家标准，包装设计师分为销售包装设计师、储运包装设计师、工艺包装设计师三个专业方向，专家组为此成立销售包装和储运、工艺包装小组分工负责进行理论题库和技能题库的开发，经过初稿、审定、修改一系列复杂细致的工作，完成了三个专业近10000条试题的开发工作。

2010年，受广东省科学技术厅委托、广东省包协设计委员会承办了第25届全国青少年科技创新大赛会徽，吉祥物的定向征集工作。

2011年1月8日～20日，为了配合政府部门宣传欢迎2011国际亚太科学中心大会，广东科学中心与广东省包装技术协会设计专业委员会联合举办庆祝活动，邀请数十位省内设计师及院校师生将对广东科学中心广场熊猫公仔彩绘亚太各国家民族服饰，并在广东科学中心广场展览迎客。

2011年，广东省包装技术协会第七次会员大会在番禺祈福酒店召开，现场有400多名协会代表出席了会议。

2011年7月29日，由广东省包协设计专业委员会和国际商业美术设计师协会中国总部主办的2011年广东之星设计·印艺大赛终评会议在广州越秀新都会大厦会议室举行。本届大赛共收到全国各地共1200多件作品报名参评。

2011年9月，我委主持首批广东省“包装设计师”资格认证培训考试。同年11月主持了第二批培训认证考试，参加包装设计师和助理包装设计师包括包装工艺设计师、储运包装设计师57人，两批共109人。

2012年7月，中国包装联合会设计委员会成立三十周年纪念大会，授予《中国设计事业功勋奖》的全国各省市包协设计委员会领导人计有：曹铭勋、陈汉民、丁为美、樊文江、樊友志、范克、韩秉华、韩顺伟、李向荣、李宗儒、刘维亚等。

2012年7月8日，广东省包协设计专业委员会广州日报报社集团联合主办的“垃圾分类广州范本”启动仪式拉开帷幕。特向全球公开征集垃圾分类卡通形象，以及符合减量、循环利用等环保标准的物品包装设计。

2012年7月21日，由广东省包装技术协会设计专业委员会和国际商业美术设计师协会中国总部主办的2012年广东之星设计·印艺大赛终评会议在广州越秀新都会会议室举行。本届大赛共收到全国各地共1500多件作品报名参评，包括包装、装帧、标志、品牌、海报、插画、多媒体、产品设计、环艺设计等类别。

2012年8月，广东省包协设计委主任李向荣与粤、澳包装行业专家出席广东省外经贸委在澳门举办的“粤澳产品包装设计合作发展论坛”并发表大力推动环保包装设计的演讲。

2012年8月，中国包装联合会设计专业委员会副主任、广东省包装协会设计委员会李向荣主任在北京中国包协设计委员会成立30周年庆祝大会上为“中国设计事业突出贡献奖”获奖者颁发奖牌证书。

2012年10月，《广东包装》组织第二届软包Q友线下交流活动，内容包括：（1）参观ICE Asia 2012展；（2）参加技术报告会；（3）互动交流酒会。

2012年，华南地区环保包装应用技术交流会暨第三届环保包装高峰论坛，在广东东莞桥头镇召开，来自全国各地的环保包装行业专家、学者、技术骨干、企业家以及当地政府领导约200多人参加了会议。

2012年11月，广东省包协设计专业委员会包装设计师职业技能鉴定专家组织了包装设计师职业技能鉴定考试工作。这次考试为工艺、储运包装设计师三级、四级，47人顺利通过考试。

2012年6月，省包协设计委员会举办的“广东之星”艺术设计大赛，省内各市包装生产企业设计公司、设计师、设计院校师生踊跃参加，参评作品共1500多件套，大赛由专家组担任评委，评出金奖11件、银奖21件、铜奖45件、优秀奖95件。这次大赛活动广东省包装设计师技能鉴定专家组派出专家到设计院校宣传包装设计师职业资格认证工作，发动包装专业学生参与。

2012年6月，与广东之星设计大赛同期，广东省包装设计委员会联合省包协印刷委员会开展了“印刷艺术”大赛，对象为印刷厂、包装生产厂生产的包装产品。鼓励、表彰企业在生产包装中推动环保工作取得的成绩，受到广东包装企业欢迎。

2012年5月，广东省包装设计师技能鉴定专家组织在四、三、二级包装设计师考核题库完成后，在经过试考以及对存在问题修改完善的基础上开展了一级高级包装设计师理论题库和技能题库共3000多题的开发工作。

2013年5月，仲恺学院毕业展在文化公园举行,广东省包装技术协会设计委员会主任李向荣、广州创意产业协会李博陶会长出席剪彩仪式。

2013年6月29日，由广东省包装技术协会、东莞市环保包装行业协会、东莞市桥头镇创新发展服务中心联合主办的“2013年华南地区环保包装应用技术交流会暨第四届环保包装高峰论坛”在东莞三正半山酒店召开，来自全国各地的环保包装行业专家、企业、事业单位代表逾200人参加了此次交流会。

2013年7月24日～26日，广东省包装技术协会在广东市内召开广东省包协情报委员会年会暨软包技术交流会。会议的主题是：软包新材、节能降耗、环保工艺、成本控制。引导企业选用节能降耗设备，开发绿色环保工艺，使包装企业获得可持续发展。

2013年，广东之星设计·印艺大赛终评会议7月31日在广州越秀新都会举行。本届大赛包装获奖作品注重环保设计。获奖作品“中国印象古董茶包装”及“普洱茶史话篇包装”材料以黄板纸压纹为主，极少的油墨，结构造型内涵丰富，包装用后可回收再利用。

2013年9月18日，我省首次包装设计师（销售设计）国家职业资格鉴定考试在广州举行，参加考试共有52人，其中三级考试40人，四级12人，成绩合格者获得相应等级国家职业资格证书。

2013年10月21日，2013首届中国包装行业EXPOON网展博览会，在广州举办专门为国内包装企业建立的供应商与客户信息沟通的平台。平台将用高科技网络3D技术常年展出包装企业最新产品与企业形象，定期举办包装行业展会，举办包装创新设计发布会，构建国内最大的包装行业永不落幕的展览会，实现厂商双赢、提升企业形象与品牌价值。

2013年1月，受广州市城市管理委员会委托，广东省包装设计委员会与广州日报承办“广州市垃圾分类卡通形象全球征集暨环保包装大赛”征集活动。活动从征稿1月10日开始至4月22日颁奖，历时近4个月，发动近10家协会，包括广州美术学院等十多家设计院校参与。包括港、澳、台、大陆地区1000多份稿件，聘请了包装设计师专家组十多位专家分二批评选，评选出环保包装及卡通形象获奖作品在3月份中国国际包装展上展出，受到广州市城市管理委员会的赞扬。

2013年3月，广东省包协设计委员会联合国际商业美术设计师中国总部主办中国包装设计30年成果展，在琶洲中国国际包装工业展展馆展出。展出历届世界之星、中国之星、中南星奖、广东之星、深圳之星的包装获奖作品。除了展出历届获奖作品外，还邀请了广州美院郭湘黔老师组织了广州美术学院近几年来的环保包装课题成果展。展出期间不少外商咨询协商业务，反映很好。

2013年6月，广东省包协设计委员会举办了“广东之星”艺术设计大赛，省内各市包装生产企业设计公司、设计师、设计院校师生踊跃参加，参评作品共1200多件套，大赛由专家组担任评委，评出金奖10件、银奖15件、铜奖22件、优秀奖65件，结合这次大赛活动省包协设计委员会派出专家到设计院校宣传包装设计师职业资格认证工作，发动包装专业的学生参与。

2013年11月，广东省包协设计专业委员会在深圳主办了两年一届的中南六省区“中南星奖”艺术设计大赛。活动包括评比、颁奖、展览、论坛、参观访问等交流等活动简朴而隆重，得到六省区与会代表一致好评。本届中南星奖共收到六省区3800件作品，评委会由国内专家和六省专家组成，评出金奖21件，银奖30件，铜奖50件。我省获金奖4件，银奖8件，铜奖14件，保持多年来中南地区获奖牌数第一的成绩。

2013年5月，深圳包协设计委员会承办的深圳包装创意设计精品展在第九届文博会坂田手造于分会场举行。

2013年12月，深圳包装设计展在深圳会展中心举行。

2014年，广东之星设计·印艺大赛由广东省包装技术协会设计专业委员会和国际商业美术设计师协会中国总部主办，终评会议7月9日在广州越秀新都会举行。本届大赛共收到全国各地近2000件作品报名参评。

2014年9月29日，英国考文垂大学艺术设计学院副院长华莱士到穗访问广东省包协设计委员会和广州创意产业协会，并与协会李博陶、邱志文、霍勇翔等一起参观了广州工业设计园区交流中心及大业设计公司进行座谈交流。

2014年10月28日，“2014中欧创意设计产业论坛”在佛山中企绿色总部中欧创意设计院举行，邀请了广东省包协设计委员会、广州创意产业协会组团二十多人参加开幕式和设计论坛、沙龙交流。

2014年，第十届广州国际包装制品展深圳包装设计之旅12月7日举行，PBS主办单位星晖展览公司梁志能先生协同《包装&设计》杂志社主编黄励先生一道应邀访问了深圳市包装行业协会设计专业委员会主任郑学华先生并进行了参观和交流活动。

2014年，广东省包协设计委员会与印刷委员会联合举办“广东之星”设计·印艺大赛，得到我省广大包装行业设计企业、印刷企业、设计院校师生积极参与。专业组各类作品共评出金奖15名，银奖20名，铜奖29名。学生组一等奖40名，二等奖51名，三等奖120名。

2014年，广东省包协设计委员会，广东省国防科技技师学院，主持“2014全国职业技能大赛平面设计技术竞赛”省属赛区选拔赛的实操评审工作。

2014年，广东省包协设计专业委员会组织我省15名资深设计师、设计院校教授报考“广东省包装设计师职业技能鉴定考评员”，筹备成立广东省包装设计师技能鉴定所。

2014年，应香港贸发局邀请，广东包协设计委员会联合广州创意产业协会组织我省20多个设计单位参加“2014香港贸发局设计及创新科技博览会”设计及科技论坛以及香港设计营商周的相关活动。

2014年3月，广东省包协设计委员会在包装设计师培训认证，调研过程中发现大部分设计院校没有设置包装专业，影响包装设计师职业技能人才的培养。为此，广东省包协设计委员会做了大量的推动工作，促成广东省国防科技技师学院等部分院校申报设置包装设计专业成功，同时，广东省包协设计委员会起草文件。建议中国包装联合会设计委员会在全国范围内展开推动工作。

2015年3月19日，省包协设计委员会组织省内十多家设计单位负责人出席2015深圳设计周·全球创意设计大奖D&AD获奖作品展并与国际、国内设计师进行互动交流。

2015年4月27日～30日，省包协设计委员会联合广州创意产业协会组织十二个单位25位代表出席参加香港贸发局主办的香港礼品及赠品展、参观香港贸发局总部，了解行业相关信息。同期参观香港PMQ创意园，与PMQ负责人、设计师等交流。

2015年4月～9月，广东省包协设计委员会、印刷委员会联合国际商业美术设计师中国总部、广州创意产业协会举办广东之星设计大赛。大赛收到省内及部分省市、港、澳、台和阿联酋的专业设计师及设计院校师生包括包装、装帧、标志、品牌、海报、多媒体、产品设计、环艺设计、论文等作品1600多件。共评出专业组金、银、铜等级奖69名，印艺组等级奖9名，专业论文等级奖14名，学生组一、二、三等奖共392名。

2015年6月7日，省包协设计委员会联合广州创意产业协会组织包装设计师出席广州市文联主办的广州科技职业技术学院毕业设计“协同创新作品展”，并为作品展评选部分优秀作品，并对学生就业做出指导性意见，同时就包装设计教育与学院领导进行研讨交流。

2015年9月30日，省包协设计委员会在广州大学城广州美术学院美术馆举行广东之星设计大赛颁奖典礼，广州地区十多所设计院校师生，及深圳、东莞、中山、佛山、顺德、番禺、花都等市设计师、获奖单位代表出席了会议。

2015年10月2日，省设计委员会派出三名省包装设计师职业技能鉴定专家出席清远市“包装工”专业的题库开发鉴定工作，对理论题库、技能题库开发提出指导性意见。

2015年11月17日～19日，由广东省印刷复制业协会、广东省包装技术协会以及广州市特印展览公司首次联合主办的“2015中国（广州）国际印后加工/中国（广州）国际印刷包装纸业展”，在广州琶洲保利世贸博览馆举行。

2015年12月5日～11日，第十六届中南六省区“中南星奖”设计艺术大赛在广西师范大学设计学院举行。本届大赛由中国包装联合会设计专业委员会及其属下中南六省区包协设计委员会（广东、广西、河南、湖南、湖北、海南包协设计委员会）联合主办，广西师范大学设计学院承办。

2015年12月22日，广州包装印刷行业协会四届、广州市包装技术协会六届第一次理事会在广州包装印刷集团有限公司召开，会议主要内容是审议通过协会会长、秘书长换届人选。

2015年12月，深圳市包装行业协会、设计委员会承办的“OPEN15设计之都包装设计暨第十届深圳之星·希望之星包装设计大赛”在深圳龙岗区坂田创意园举行。

2016年3月，“广东之星”创意设计大赛启动系列活动暨广州创意产业协会广府创造旅游商品研讨会，在中国进出口商品交易会中国国际包装展中举行活动：第十六届“中南星奖”设计大赛颁奖仪式及作品展示；创意产业企业认证颁发；国际商业美术设计师认证（ICAD）颁证活动。

2016年04月14日～16日，2016中国包装容器展览会在广东现代国际展览中心举行。

2016年5月，应省内部分设计机构要求，广州创意产业协会和《包装与设计》杂志合作组织了一期日本创意设计之旅。拜访了日本三大设计大学之一的武藏野美术大学、GOOD DESIGN AWARD奖项的运营单位日本设计振兴会、BRAVIS International、资生堂的新总部及其设计中心、以原研哉先生为主席的日本设计中心，国立新美术馆的三宅一生展览，三得利美术馆广重浮世绘展览，Tokyo midtown DESIGNHUB，森美术馆展览等。

2016年，2016“广东之星”创意设计奖颁奖典礼于11月19日在广州金天成印刷包装产业园举行。出席颁奖会的有广东省包装技术协会、广东省包装技术协会设计专业委员会、广东省印刷复制业协会、广州创意产业协会、中国贸促会广州印艺专业委员会、金天成印刷包装产业园、广州双鱼体育用品集团等机构负责人、国际商业美术设计师协会中国总部专家、广东省包装设计师技能鉴定专家、广州美术学院等十多所设计院校获奖师生以及深圳、中山、佛山、顺德、番禺、广西等地的获奖设计师、设计单位代表三百多人出席颁奖活动。

2017年3月，“广东省包协设计委员会成立36年专题展”在2017中国（广州）国际包装制品展览会上展出，广东省包协设计委员会36年来工作历程，图文并茂展示出来，众多观众前来交流互动，成为国际包装制品展览会的亮点。

2017年8月，由广州市委宣传部、广州市文化体制改革与文化产业发展办公室、广州市文化广电新闻出版局指导支持，广州创意产业协会主办、广东省包协设计委员会协办的“广州城市品牌联盟成立仪式”暨2017广州（国际）品牌创新论坛说明会在广州大剧院举行，作为广州文化产业迎接《财富》全球论坛系列活动之一，百余位来自政府、企业界、文化创意产业的嘉宾出席会议，多位专家、企业家为广州城市品牌形象的国际化立言献策，分享经验。

2017年8月，一年一届的广东之星创意设计大赛进行评审，从近2000件作品中评选出90件专业组等级奖，300多件学生组等级奖，其中包括专业组金奖15名、银奖25名、铜奖39名及文化产业专项奖11名、学生组三等奖以上的包装75名、装帧18名、标志38名、品牌34名、海报47名、插画44名、产品环艺26名、多媒体40名。

2017年9月，省包协设计委根据目前包装设计师培训认证的形势发展，组织省包装设计师技能鉴定专家对包装设计师技能鉴定题库进行修改，并通过大量调查研究，编写了相应的补充教材，积极开展包装设计师培训认证工作。

2017年11月，广东省设计委员会联合中南六省包协设计委在海南省海口市举办中南六省区“中南星奖”艺术设计大赛，我省从9月份开始征稿至11月份共收到1500多件稿件推荐参评。广东在这次大赛中获得专业组金奖7名、银奖5名、铜奖10名，获奖总牌数及获金数均名列第一，保持了一直以来在中南六省区的领先地位。

2017年11月11日，广东省包协设计委员会第36届广东之星创意设计奖在广州大道中云顶同创汇广场举行了广州站的颁奖仪式，11月17日在广东创意城市博览会举行了第二场佛山站的颁奖。

2017年12月17，以广州包装印刷行业协会、广州市包装技术协会主办的2018年年会暨“智能制造　转型升级”研讨会在广州市隆重举行，本次会议特邀各行业领导以及会员单位代表共二百余人出席。

2018年4月9日～11日，GBDO广东之星创意设计奖征集巡展在顺德职业技术学院图书馆举行。本次活动由广东省包装技术协会设计委员会，广州创意产业协会主办，广州文化创意与设计品牌联盟支持，顺德职业技术学院与雅文品牌机构承办，包括由创意作品展示，文创产品和包装、创意设计海报展，同时在学术报告厅举办了学术讲座。

2018年4月初，在“2018东莞国际瓦楞彩盒展”上，广东省包装技术协会主办了“特种纸在产品包装方面的应用和发展趋势论坛”，邀请有关专家和用户企业代表就特种纸的生产、开发、应用等方面与100多位纸包装生产企业进行了广泛的交流。

2018年6月14日，GBDO广东之星创意设计奖2018征集巡展广州美术学院站在广州美术学院城市学院报告厅举行，同时举办了“品牌与包装”的学术报告会。展出了历届广东之星获奖作品。

2018年6月底，广东省包装技术协会应省环境生态厅（原环保厅）的邀请，参加了“广东省快递业包装绿色环保情况座谈会”，代表包装行业发表了意见和看法。

2018年8月18日，GBDO广东之星创意设计奖2018初评会议暨广东省包协设计委理事会在珠江新城广州大剧院3楼召开。

2018年9月中旬，在广州琶洲展馆的“中国环博会”上，广东省包装技术协会、联合广东省环保产业协会共同举办了“环保新形势下印刷包装行业的发展之路研讨会”。研讨了新环保政策下印刷包装企业面临的环保风险及对策。

2018年10月中旬，广东省包装技术协会、东莞市环保包装行业协会，联合举办了“2018年华南地区环保包装应用技术交流会暨第八届环保包装高峰论坛”。

2018年11月13日，由富士施乐（中国）有限公司与广东省包装技术协会设计委员会主办、广州创意产业协会承办的第一届G3数字印刷创意设计大赛活动启动仪式暨设计师培训沙龙在富士施乐广州展厅举行。

2018年12月26日，第37届GBDO广东之星创意设计奖颁奖礼在广州大剧院3楼隆重举行，本届设计奖在广东省包协设计委员会、广州创意产业协会推动广州创意设计对接各大产业的目标下，将GBDO广东之星创意设计奖作为广州建设创意城市设计之都系列活动。

2019年1月15日，2019年第一期广东省包装设计师技能水平认证考试在广州举行，36名设计师通过了考试取得证书。

2019年3月，G3数字印刷创意设计大赛、G3创意100全球华人设计师作品邀请展颁奖典礼暨获奖作品展、设计论坛”活动于2019年3月4日～6日在广州广交会展馆A区5-2馆隆重举行。活动由富士施乐（中国）有限公司、广东省包装技术协会设计专业委员会主办，广州创意产业协会承办。

2019年4月，由广东省包协设计专业委员会主办、广州创意产业协会承办，富士施乐（中国）、康戴里纸业等协办的第38届广东之星创意设计大赛开始启动，并于4月23日在“力嘉国际”环保包装印刷产业园举办历届获奖作品展览，进行推广宣传活动。

2019年5月5日，由广东省文化和旅游厅、广东省自然资源厅、广东省工业和信息化厅、广东省住房和城乡建设厅、广东省体育局联合主办，广东省包装技术协会设计委员会、广东省工业设计协会、广州创意产业协会等单位协办的中国南粤古驿道第三届文化创意大赛拉开帷幕，首批大赛命题专家一行23人深入清远、英德、阳山、连南、连州、清城等地搜集命题元素和素材。

参考文献

著作

[1] 阮荣. 中国绘画通论[M]. 南京：南京大学出版社，2005.

[2] 吴为山，阮荣春. 中国美术研究：第12辑[M]. 南京：东南大学出版社，2014.

[3] 故宫博物院. 清代宫廷包装艺术[M].（中英文本）北京：紫禁城出版社，2000.

[4] 张鸣皋. 药学发展简史[M]. 北京：中国医药科技出版社，1993.

[5] 陈新谦，张天禄. 中国近代药学史[M]. 北京：人民卫生出版社，1992.

[6] 广州市政协学习和文史资料委员会，广州市地方志编纂委员会办公室. 广州文史：第61辑：广州老字号：下[M]. 广州：广东人民出版社，2003.

[7] 广东省地方史志编纂委员会. 广东省志：轻工业志[M]. 广州：广东人民出版社，2006.

[8] Murphy, Kevin C. The American merchant experience in nineteenth-century Japan[M]. Routledge, 2004.

[9] 陈基，广州市工商业联合会，等. 广州文史资料：第41辑：食在广州史话[M]. 广州：广东人民出版社，1990.

[10] （清）吟香阁主人. 羊城竹枝词：二卷[M]. 1877.

[11] 龚伯洪. 百年老店[M]. 广州：广东省出版集团，2013.

[12] 郑则民. 中国近代不平等条约选编和介绍[M]. 北京：中国广播电视出版社，1993.

[13] 邱仕君，肖莹，李姝淳. 中医药趣闻[M]. 广州：羊城晚报出版社，2006.

[14] 张荣芳，黄淼章. 南越国史[M]. 广州：广东人民出版社，1995.

[15] 萧剑青. 工商美术[M]. 世界书局，1940（民国二十九年初版）.

[16] 彭泽益. 中国近代手工业史资料：1840～1949年：卷二[M]. 北京：中华书局，1962.

[17] 广州市地方志编纂委员会办公室. 近代广州口岸经济社会概况：粤海关报告汇集[M]. 广州：暨南大学出版社，1995.

[18] 南海乡土志：卷15 [M]. 北京：商务印刷馆，1908.

[19] 张晓宁. 天子南库：清前期广州制度下的中西贸易[M]. 南昌：江西高校出版社，1999.

[20] 李杨. 广州：辛亥革命运动的策源地[M]. 广州：广东人民出版社，2011

[21] 黄启臣，庞新平. 明清广东商人[M]. 广州：广东经济出版社，2006.

[22] 方志钦，蒋祖缘．广东通史：近代：下[M]．广州：广东高等教育出版社，2010.
[23] 王小英，汤宇虹．茶叶对外贸易实务[M]．杭州：浙江摄影出版社，2005.
[24] 王绍坊．中国外交史[M]．郑州：河南人民出版社，2001.
[25] 陈建华．广州市文物普查汇编：越秀区卷[M]．广州：广州出版社，2008.
[26] 华表．包装设计150年[M]．长沙：湖南美术出版社，2004.
[27] 广东省地方史志编纂委员会．广东省志：出版志[M]．广州：广东人民出版社，1997.
[28] 郭恩慈，苏钰．中国现代设计的诞生[M]．上海：东方出版社，2008.
[29] 黄启臣．广东商帮[M]．合肥：黄山书社，2007.
[30] 上海社会科学院经济研究所轻工业发展战略研究中心．中国近代造纸工业史[M]．上海：上海社会科学院出版社，1989.
[31] 上海商务印书馆编译所．大清新法令[M]．北京：商务印书馆，2011.
[32] 章开沅，等．苏州商会档案汇编[M]．成都：巴蜀书社，2008.
[33] 孙毓棠．中国近代工业史资料：1840-1895：第一辑：下[M]．北京：中华书局，1962.
[34] 李康华．中国对外贸易史简论[M]．北京：对外贸易出版社，1981.
[35] 方志钦，蒋祖缘．广东通史近代：上[M]．广州：广东高等教育出版社，2010.
[36] 厦门大学南洋研究所历史组．近代华侨投资国内企业史资料汇编[M]．厦门：厦门大学南洋研究所，1960.
[37] 中国史学会．戊戌变法[M]．上海：上海人民出版社，2000.
[38] 冼庆彬．广州——海上丝绸之路发祥地[M]．香港：中国评论学术出版社，2007.
[39] 徐润．徐愚斋自叙年谱：卷17[M]．台北：文海出版社，1978.
[40] 广东省地方史志编纂委员会．广东省志：经济综述[M]．广州：广东人民出版社，2004.
[41] 蔡博明，中国日用化工协会火柴分会．中国火柴工业史[M]．北京：中国轻工业出版社，2001.
[42] 黄现璠．古书解读初探——黄现璠学术论文选[M]．桂林：广西师范大学出版社，2004.
[43] 中国人民政治协商会议广东省佛山市委员会文史资料委员会．佛山文史资料：第9辑[M]．1989.
[44] 黄增章．民国广东商业史[M]．广州：广东人民出版社，2006.
[45] 曾养甫．广州之工业[M]．广州：广州市立银行经济调查室，1937.
[46] 马克思，恩格斯．马克思恩格斯全集[M]．北京：人民出版社，2006.
[47] 郑立君．场景与图像——20世纪的中国招贴艺术[M]．重庆：重庆大学出版社，2007.
[48] （英）贝维斯·希利尔，凯特·麦金太尔．世纪风格[M]．林鹤，译．石家庄：河北教育出

版社，2002.
[49] （德）齐奥尔格·西美尔. 时尚的哲学[M]. 费勇，等译. 北京：文化艺术出版社，2001.
[50] （美）玛乔里·艾略特·贝弗林. 艺术设计概论[M]. 上海：上海人民美术出版社，2006.
[51] 杨国安. 中国烟业史汇典[M]. 北京：光明日报出版社，2002.
[52] 仇巨川. 羊城古钞[M]. 广州：广东人民出版社，1993.
[53] 中国海关学会汕头海关小组，汕头地方志编纂委员会办公室. 潮海关史料汇编[M]. 汕头：中国海关学会汕头海关小组，1988.
[54] 张荣光. 广纸厂志：1958～1993年：第二卷[M]. 广州：广州造纸厂，1996.
[55] 李从兴. 龙凤文化[M]. 长春：吉林文史出版社，2010.
[56] 蔡谦. 粤省对外贸易调查报告[M]. 上海：商务印书馆，1939.
[57] 伍顽立. 广东工业[M]. 广东：广东实业公司，1947.
[58] 李明. 近代广州[M]. 北京：中华书局，2003.
[59] 中国烟草通志编纂委员会. 中国烟草通志：第二卷[M]. 北京：中华书局，2006.
[60] 陈真，姚洛. 中国近代工业史资料：第1辑[M]. 北京：生活·读书·新知三联书店，1959.
[61] 毛华田，黄勋拔，侯月祥. 当代中国的广东[M]. 北京：当代中国出版社，1991.
[62] 黄达璋. 广东对外经济贸易史[M]. 广州：广东人民出版社，1994.
[63] 方志钦，蒋祖缘. 广州通史：现代：上册[M]. 广州：广东高等教育出版社，2014.
[64] 陈湘波，许平. 20世纪中国平面设计文献集[M]. 南宁：广西美术出版社，2012.
[65] 广东省地方史志编纂委员会. 广东省志：对外经济贸易志[M]. 广州：广东人民出版社，1996.
[66] 李向荣. 广东省设计师作品选（1994～1999年）[M]. 广州：广东人民出版社，1999.
[67] 黄勋拔. 当代广东简史[M]. 北京：当代中国出版社，2005.
[68] 陆江. 中国包装发展四十年（1949～1989年）[M]. 北京：中国物资出版社，1991.
[69] 白颖. 中国包装史略[M]. 北京：新华出版社，1987.
[70] 薛扬. 芬芳如花：黄菊芬绘画研究[M]. 南宁：广西美术出版社，2014.
[71] 广东省统计局. 广东省统计年鉴：1984[M]. 香港：香港经济导报社，1984.
[72] 匡吉，《当代中国》丛书编辑部. 当代中国的广东[M]. 北京：当代中国出版社，1991.
[73] 王询，于秋华. 中国近现代经济史[M]. 大连：东北财经大学出版社，2004.
[74] 广东省档案馆. 图说广东改革开放30年[M]. 广州：广东人民出版社，2008.
[75] 广东年鉴编纂委员会. 广东年鉴（1996年）[M]. 广州：广东人民出版社，1996.
[76] 陈瑞林. 中国现代艺术设计[M]. 长沙：湖南科学技术出版社，2002.

[77] 中央美术学院，关山月美术馆．20世纪中国平面设计文献集[C]．南宁：广西美术出版社，2012.

[78] 陈晓华．工艺与设计之间：20世纪中国艺术设计的现代性历程[M]．重庆：重庆出版社，2007.

[79] 曾景祥，肖禾．包装设计研究 [M]．长沙：湖南美术出版社，2002.

[80] 李立新．中国设计艺术史论[M]．天津：天津人民出版社，2004.

[81] 张乃仁．设计辞典[M]．北京：北京理工大学出版社，2002.

[82] 万长林．香港平面设计史[M]．贵阳：贵州教育出版社，2012.

[83] 王受之．世界现代平面设计史[M]．北京：新世纪出版社，1998.

[84] 广州年鉴编撰委员会．广州年鉴：工业：包装工业[M]．广州：广州文化出版社，1987.

[85] 诸葛铠．裂变中的传承[M]．重庆：重庆出版社，2007.

[86] 何人可．工业设计史[M]．北京：高等教育出版社，2004.

[87] 朱和平．现代包装设计理论及应用研究[M]．北京：人民出版社，2008.

[88] 杨先艺．设计史[M]．北京：机械工业出版社，2011.

[89] Wang Shaoqiang. New Packaging[M]. Guangzhou: Sandu Publishing Co. Limited, 2009.

[90] Scott Boylston. Designing Sustainable Packaging[M]. UK: Lawren ce King Publishing Ltd, 2009.

[91] Edward benison & Guang Yu Ren. Thinking Green Packaging Prototypes[M]. UK: Roto Vision SA, 2001.

[92] 杨蕾，黄子源．新设计：包装艺术[M]．南昌：江西美术出版社，2001.

[93] 尹定邦．中国现代艺术设计史[M]．长沙：湖南科学技术出版社，2002.

[94] 袁熙旸．中国现代设计教育发展历程研究[M]．南京：东南大学出版社，2014.

[95] 李绵璐．工艺美术与工艺美术教育[M]．北京：人民美术出版社．1990.

[96] 中国新包装编辑部．中国包装史略[M]．北京：新华出版社，1987.

[97] 王受之．世界现代设计史：1964～1996年[M]．深圳：深圳新世纪出版社，1995.

[98] 尹定邦．设计目标论[M]．广州：暨南大学出版社，1998.

[99] 陈伟，王中向．广东高等教育发展研究[M]．广州：暨南大学出版社，2008.

[100] 上海商业储蓄银行调查部．烟与烟业[M]．上海：上海商业储蓄银行信托部，1934.

[101] 王娟．包装设计[M]．北京：中国水利水电出版社，2013.

期刊

[1] 杜亚泉．商务[J]．东方杂志，1906（3）：45-50.

[2] 黄艳．从历史发展看传统工艺美术的保护[J]．文化遗产，2011.
[3] 李竹雨．晚清至民国外销茶叶包装浅析[J]．农业考古，2015：152.
[4] 万秀锋．外国香水进清宫[J]．紫禁城，2007（3）：189-203.
[5] （韩）朴基水．清代佛山镇的城市发展和手工业、商业行会[J]．中国社会历史评论，2005.
[6] 商标注册暂拟章程[J]．东方杂志，1904（5）.
[7] 黄世瑞．明清时期广东造纸及手工编织技术的发展[J]．岭南文史，1995：48.
[8] 许檀．鸦片战争后珠江三角洲的商品经济与近代化[J]．清史研究，1994：73.
[9] 于海燕．试论清末民初火花的艺术内涵与文化传承[J]．美术大观，2007（6）：40-41.
[10] 李丽华，袁恩培．包装版式设计中的文字构成[J]．包装工程，2006（12）：280.
[11] 张恒．论工艺美术运动与新艺术运动的发展及影响[J]．大舞台，2013（11）：63-64.
[12] 李广，杨虹．上海“月份牌广告”的启示[J]．包装工程，2006：254-258.
[13] 李锋，杨建生．我国二十世纪二三十年代商品包装设计研究[J]．设计艺术，2004（03）：65-67.
[14] 云盈波．战争爆发前后之广州工商业[J]．贯彻评论，1938（2）：10.
[15] 广东省银行经济研究室编委会．近年广东土货出口价值输出口岸及运销地名统计表[J]．广东省银行季刊，1943（1）：27-29.
[16] 马敏，洪振强．民国时期国货展览会研究：1910-1930年[J]．华中师范大学学报（人文社会科学版），2009，48（4）：69-83.
[17] 叶依能．烟草：传入、发展及其他[J]．中国烟草科学，1986（3）：23-26.
[18] 杨小凯．民国经济史[J]．开放时代，2001（09）：61-68.
[19] 张晓辉．近代开拓南洋市场的广货商（1912-1937年）[J]．民国档案，2013（1）：52-58.
[20] 欧阳湘．“文革”动乱和极“左”路线对广交会的干扰与破坏：兼论“文革”时期国民经济状况的评价问题[J]．红光角，2013（4），4-8.
[21] 刘玉生，罗亚明．中国高等教育改革与包装教育的发展[J]．包装工程，2002：158.
[22] 金潇明．对我国“九五”包装教育发展战略的思考[J]．株洲工学学报，1996，10（1）：39-43.
[23] 刘蓓蓓．民国卷烟包装设计风格初探[J]．南京艺术学院学报（美术与设计版），2011（06）：184.
[24] 黄玉涛．民国时期我国香烟广告的题材与策略[J]．现代传播，2009（3）：155.
[25] 胡建华．周恩来与“文革”中的外贸工作[J]．纵横，1998（8）：21-26.
[26] 孟红．“中国第一展”—广交会的沧桑巨变[J]．文史春秋，2010（02）：4-8.
[27] 中国对外贸易包装材料总公司广东省分公司[J]．包装与装潢，1973（3）：10.

[28] 方海. 批判洋奴哲学[J]. 红旗，1974（4）：21-26.

[29] 韩禹锋. 浅析苏联艺术对中国油画发展的影响以及社会主义核心价值的体现[J]．赤峰学院学报，2011（10）：200.

[30] 张可扬，梁瑞. 永远的现实主义——俄罗斯绘画艺术教育与中国之比较[J]. 内蒙古师范大学学报，2006（3）：118.

[31] 陈茉，董顺伟. 对特殊时期烟标设计现象的思考[J]. 大家，2012（14）：15.

[32] 韩笑，王芳，韩梅. 包装世界百年辉煌——纪念[J]. 包装世界，2005（5）：3.

[33] 扈庆学. 葫芦民俗文化意义浅析[J]. 民俗研究，2008（04）：197.

[34] 章文. 艰辛创业的五十年　辉煌发展的五十年[J]. 包装世界，1999（6）：14.

[35] 谢琪. 湖南当代包装设计发展回顾[J]. 湖南包装，2012（4）：3-5.

[36] 韩虞梅，韩笑. 新中国包装事业发展60年回顾[J]. 包装工程，2009（10）：235-236.

[37] 章文. 艰辛创业的五十年辉煌发展的五十年[J]. 包装世界，1999（6）：14.

[38] 孟红. “中国第一展”——广交会的沧桑巨变[J]. 文史春秋，2010（2）：4-12.

[39] 逄锦聚. 辉煌的成就 宝贵的经验——新中国经济50年的回顾与展望[J]. 南开学报（哲学社会科学版），1999（6）：5.

[40] 洪梅芳. 参观《全国包装展览会》有感[J]. 中国包装，1982（4）：32.

[41] 杨浩忠. 检阅过去展望将来——参观全国包装展览会随感[J]. 中国包装，1982（4）：32.

[42] 申永. 记全国第一次包装装潢设计评比会[J]. 中国包装，1984（1）：13-25.

[43] 逄锦聚. 改革开放的伟大历程和基本经验——纪念我国改革开放30周年[J]. 南开学报（哲学社会科学版），2008（2）：1-10.

[44] 韩虞梅，韩笑. 改革开放三十年：中国包装工业大事编年[J]. 中国包装工程，2008（5）：47-49.

[45] 刘向娟. 中国平面设计二十年[J]. 湖北美术学院学报，1999（12）.

[46] 段华明. 广东改革开放30年的历程与经验[J]. 探求，2008（11）：4-10，15.

[47] 唐沫. 华南的设计市场[J]. 装饰，1995（1）：4-7.

[48] 柳冠中. 作为方法论的工业设计——再论“使用方式说”[J]. 装饰，1995（01）：14.

[49] 仇国梁. 双赢的结合——论民俗美术与中国现代艺术设计的本土化[J]. 艺术百家，2008（02）：206-207.

[50] 张文详. 包装装潢设计的学科属性[J]. 中国包装，1984（4）：43-44.

[51] 唐昆碧. 广东包装工业十年[J]. 中国包装，1990，10（04）：67-68.

[52] 杜苏. “CI”热在我国悄然兴起[J]. 福建质量管理，1994（2）：27.

[53] 潘向光，朱利伟. 中国CI热的冷思考[J]. 中国广告，1997（2）：16-17.

[54] 许力戈，黄耀成．CI——企业形象的革命[J]．包装与设计，1994（3）：2.
[55] 俞凤鸣．包装设计与企业经营战略[J]．上海包装，1995（4）：23，24-25.
[56] 徐铭．对我国CI热的反思[J]．上海企业，1995（8）：5-8，1.
[57] 权贤厚．太阳神的成功与CI[J]．党员之友，1995（10）：28.
[58] 董锡健．下一个热门：企业包装[J]．企业销售，1997（12）：12-14.
[59] 陶济．CIS的包装设计[J]．包装世界，1996（6）：38-39.
[60] 刘瑛瑛．广州老字号“皇上皇”发展对策探析[J]．商，2015（13）：102-104.
[61] 王冬梅．三大构成文脉探索与研究[J]．艺术研究，2005（01）：26-27.
[62] 郭应新．靳埭强创作风格形成的启示[J]．包装与设计（1987-1988合订本）.
[63] 王序．“天坛牌”招纸系列化的设计[J]．包装与设计 1982（8）：6-8.
[64] 苏汉新．广东省包装机械的现状和展望[J]．广东机械，1982（04）：5-9.
[65] 唐昆碧．一九九八年广州地区包装及印刷工业展览指南[J]．包装世界，1998（1）：76.
[66] 唐昆碧．包装设计进入电子计算机时代[J]．中国包装，1988（3）：12.
[67] 王雪青．电脑对设计艺术的影响与贡献——对法国国立高等装饰艺术学院Louis-BRIAT教授的采访[J]．装饰，1991（3）：12.
[68] 吕宇翔．电脑平面设计中的图像处理[J]．装饰，1998（2）：8-12.
[69] 张香玉．广东印刷业的现状与未来[J]．今日印刷，2004（08）：2-4
[70] 白松舫．烫金工艺技术简述[J]．今日印刷，2002（9）：45-48.
[71] 黄全明，何观海．包装印刷品后处理技术的现状和发展[J]．印刷杂志，1994（8）.
[72] 卢莹．设计与传统[J]．包装与设计，1998（4）：60.
[73] 赖来源．浅谈出口商品——包装设计与市场效应[J]．包装与设计，1991（4）：22-23.
[74] 林华．信息时代与个性化包装设计[J]．装饰，2000（2）：56-57.
[75] 张杰．谈绿色包装艺术设计[J]．包装工程，2003（6）：69-71.
[76] 周斌．绿色设计思潮对产品包装设计的启示[J]．包装工程，2011（2）：99-101，105.
[77] 李沛生．把握大局 发展适度包装[J]．包装世界，1998（2）：24-25.
[78] 朱源．过度包装当休矣[J]．生态经济，1999（1）：2.
[79] 韦公远．过度豪华包装令人忧[J]．包装世界，2001（5）：79.
[80] 崔晓维．绿色理念在包装设计中的应用及推广[J]．广东印刷，2012（2）：42-44.
[81] 张树恒，肖植雄．广东绿色食品产业现状及发展对策[J]．广东农业科学，2008（10）：152-155.
[82] 韩锦平．中国包装行业30年发展的历史回顾[J]．包装学报，2009（01）：1-4 .
[83] 徐晓玲．包装设计中的人性化关怀[J]．中国包装，2003（12）：2.

[84] 吴丹．包装设计中的人文思想再思考[J]．包装工程，2002（12）：94-96.

[85] 杨凡舒．岭南艺事——广州市立美术学校校史回顾[J]．中国美术，2017（1）：137-143.

[86] 彭国勋．现代包装的发展与包装教育[J]．株洲工学院学报，2004（5）：8-11.

[87] 作者不详．全国包装教育座谈会纪要[J]．中国包装，1984（4）：8-9

[88] 刘听．全国部分院校包装教育情况统计表[J]．中国包装，1988（4）：9.

[89] 作者不详．瑞典专家黎利乌斯在穗举办食品包装设计培训[J]．包装与装潢，1982（22）：9.

[90] 作者不详．我省在湛江举办“外贸包装结构培训班”[J]．包装与装潢，1982（22）：35.

[91] 郭彦峰，潘松年，胡涛．论二十一世纪我国包装教育的发展战略[J]．中国包装工业，2009（9）：4.

[92] 刘玉生，罗亚明．中国高等教育改革与包装教育的发展[J]．包装工程，2002：158.

[93] 金潇明．对我国“九五”包装教育发展战略的思考[J]．株洲工学学报，1996，10（1）：39-43.

[94] 黄玉涛．民国时期我国香烟广告的题材与策略[J]．现代传播，2009（3）：155.

[95] 樊卫国．近代上海的奢侈消费[J]．探索与争鸣，1994（12）：38-41.

[96] 广东省出口包装研究所．包装与装潢[J]．江门印刷厂，1982（20）.

[97] 王娟，胡晓燕．民国时期广东商品包装设计的艺术特征[J]．艺术设计研究，2015（03）：75-81.

[98] 王娟，肖冠杰．中华人民共和国成立前后广东卷烟包装设计的发展演变[J]．装饰，2016（07）：76-79.

[99] 王娟，李雨馨．“文革”时期广东商品包装的艺术特征[J]．包装世界，2018（02）：4-6.

[100] 杨海琼，王娟．改革开放以来广东包装设计的发展特征（1978～2000年）：消费特征研究[J]．文艺生活，2016（09）：35.

[101] 张晓辉，葛洪波．略论民国时期广东经济发展的特征[J]．广东史志，2002.

论文集和论文

[1] 谢琦．瘟疫与晚清广东社会[D]．广州：暨南大学，2001.

[2] 翁舒韵．明清广东瓷器外销研究（1511～1842年）[D]．广州：暨南大学，2002.

[3] 杜静．社会意识形态对我国香烟包装设计的影响研究[D]．苏州：苏州大学，2010.

[4] 王均利．清代外销画表现的民俗文化研究[D]．杭州：浙江理工大学，2009：30.

[5] 丁丽．晚清经济新政与国内商品赛会研究 [D]．石家庄：河北师范大学，2010.

[6] 路明．中国传统“五色观”色彩体系在现代包装设计中的应用研究[D]．呼和浩特：内蒙古师范大学，2011.

[7] 单韩瑶. “月份牌”画风格在现代包装设计中的再生和拓展[D]. 上海：上海师范大学，2011.

[8] 周逸影. 广州工业发展与城市形态演1840～2000年[D]. 广州：华南理工大学，2014.

[9] 马丹. 从“百工之术”到现代设计——《装饰》杂志研究（1958～2001年）[D]. 长春：东北师范大学，2014.

[10] 张思遥. 中国平面设计30年[D]. 无锡：江南大学，2009.

[11] 金银. 世纪年代之后中国设计艺术理论发展研究[D]. 武汉：武汉理工大学，2007.

[12] 李馥佐. 改革开放初期中国小商品包装中的平面设计风格初探——以日化、办公用品等为研究对象[D]. 北京：中央美术学院，2016.

[13] 唐岚. 新时代背景下个性化的包装设计[D]. 沈阳：沈阳师范大学，2013.

[14] 王晓萌. 产品包装绿色设计的研究[D]. 北京：华北电力大学，2017.

[15] 魏祥奇. 辛亥革命与广东画坛[D]. 北京：中国艺术研究院，2013.

[16] 肖冠杰. 清末民初广东包装设计艺术研究与应用[D]. 广州：广东工业大学，2017.

[17] 胡晓燕. 民国时期广东商品包装设计艺术研究[D]. 广州：广东工业大学，2016.

[18] 李雨馨. 建国至“文革”时期广东商品包装设计艺术研究与应用[D]. 广州：广东工业大学，2017.

[19] 裴媛媛. 改革开放以来广东包装设计教学与实践研究[D]. 广州：广东工业大学，2017.

[20] 杨海琼. 改革开放以来广东包装设计艺术研究与应用[D]. 广州：广东工业大学，2017.

报纸

[1] 骆仪. 民国罐头陶罐装 猪蹄保鲜一年多[N]. 南方都市报，2007-12-27（FA33）.

[2] 蒋建国. 时尚消费大潮来袭——清末民初广州日用品广告与社会生活的变迁[N]. 南方都市报，2013-8-27（RB16）.

[3] 市立美术学校招男女新生[N]. 广州民国日报，1924-7-1（2）.

[4] 中华民国工业建设会. 旨趣书[N]. 民声日报，1912-2-18（1）.

[5] 抓革命，促生产[N]. 人民日报，1965-9-30（1）.

[6] 孙中山. 布告国民消融意见蠲除畛域文[N]. 民立报，1912-2-20（1）.

[7] 徐光朝. 周总理救了“广交会”[N]. 信息时报，2006-10-13.

[8] 赵延伟，许晴. 广东：我国包装工业的排头兵[N]. 中国包装报，2007-8-17（001）.

[9] 冯崴. 商业摄影：因地制宜因需而生[N]. 中国摄影报，2017-4-28（001）.

[10] 魏凡. “王老吉”品牌诞生记[N]. 长江商报，2015-3-16（A16）.

[11] 陈阳. “做中国‘喜文化’的传承者”[N]. 中国现代企业报，2008-02-05（A04）.

网络

[1] 李晓瑛，巫菁，方谦华. 西关打铜工艺：千锤方成器 百载有余温[DB/OL]. http://www.gzzxws.gov.cn/gxsl/bngy/gy/201004/t20100430_18273.htm.

[2] 陈坚盈. 黄钰媚，陈李济. 强大需要“倚老卖老”和“见风使舵”[DB/OL]. http://www.gzzxws.gov.cn/gxsl/bngy/gy/200912/t20091208_16290_8.htm.

[3] 李晓军. 被改造的民国广州茶楼［D B/OL］. http://www.gzzxws.gov.cn/gxsl/gzwb/201309/t20130911_32123.htm.

[4] 王月华. 方寸火花折射百年巨变［D B/OL］. http://www.gzzxws.gov.cn/gxsl/gzwb/bwg/201409/t20140922_34839.htm.

[5] 莫萍. 前辈访谈计划（四）：尹定邦. 南中国现代设计的历史（一）[EB/OL].（2010-11-25）. http://blog.sina.com.cn/s/blog_402903810100o1a0.html .

[6] 中华人民共和国教育部. 2016年全国高等学校名单[EB/OL].（2016.06.03）. 中华人民共和国教育部政府门户网站.

[7] 新快报：广州历史建筑普查：民国药行街犹见旧堂号[EB/OL].（2014-01-09）. http://news.xkb.com.cn/shendu/2014/0109/301711.html.

[8] 章宁. [第064期 · 文化工厂之华侨文化]巧明火柴厂：重新点燃一束思想火花[DB/OL]. http://www.gzlib.gov.cn/gzzz/151885.jhtml.

[9] 孙建驹. 百年火花见证中国火柴业发展史 [DB/OL]. http://www.chinanews.com/kj/whww/news/2006/09-06/785921.shtml.

[10] 梁少林. 羊城沧桑[N/OL].（2014-01-09）. http://news.xkb.com.cn/shendu/2014/0109/301711.html.

[11] 何正. 解放前广州印刷制版业点滴［EB/OL］. http://www.gzzxws.gov.cn/gzws/gzws/fl/gs/200809/t20080916_8426.htm.

[12] 作者不详. 首届中国出口商品交易会在广州举行[EB/OL]. http://www.huaxia.com/gdtb/yxgd/lssj/2009/09/1571625.html.

[13] 作者不详. 当前国内外包装业的发展趋势与我们的发展思路及对策［EB/OL］. http://www.wangchao.net.cn/bbsdetail_713980.html.

其他

[1] 李先念副总理接见交易会同志时的讲话[Z].（1972-10-23）. 广东省档案馆藏，档案号324-2-114.

[2] 十一届三中全会决议《中国共产党中央委员会关于建国以来党的若干历史问题的决议》[Z]. 中央政治局书记处，1981-06：第七点第五小点、第八点、二十三点.

后记.

笔者自1994年开始主要从事包装设计的理论和实践研究至今已有20余载，2002年来到广州求学和工作，2005年以来一直在广东工业大学艺术与设计学院从事包装设计、设计史等的教学和科研工作，同时成为广东省包装技术协会设计专业委员会委员。在多年的包装设计教学和实践中发现，国内外还没有一本较为完整地从综合性的学术视角出发去论述20世纪广东包装设计发展的著作出现，这与广东包装设计事业日新月异的发展局面极不相称，也与岭南文化的历史、应有的地位和现在的影响力相去甚远。于是便有意识地开始搜集相关资料和进行基础调研工作，并于2014年成功申请到教育部课题《20世纪广东包装设计艺术史研究》的立项。

课题立项后经过了4年多的文献研究、田野调查、人物访谈、资料搜集、图片鉴定、比较分析以及书稿撰写与修改工作，搁笔掩卷之际，感慨良多。

一方面，深刻体会到以包装作为媒介去窥探历史的进程是一件很有意思的事情。商品包装是一个特殊的时代见证物，它一头连接科技水平和工业发展，另一头连接社会民生和审美文化；一头是经济基础，一头是上层建筑。方寸之物反映了晚清时期广东的商品经济萌芽；反映了民国时期民族资本主义下的社会风尚；反映了中华人民共和国成立至“文革”时期广东对外贸易的独特地位；更反映了改革开放后广东市场经济的蓬勃发展。正因为包装设计的信息容纳性，将20世纪广东包装设计发展历程浓缩为一部历史画卷，客观记录了百余年来广东政治时事、经济文化、审美倾向、人文思想以及社会意识形态方面的变化，每一个历史时期都具有鲜明的时代烙印，可以说是百年来广东历史发展的一个缩影。

另一方面，笔者也深感史论知识的浩瀚，历史的梳理总结不是一件容易的事情。本课题时间跨度比较长，考古及流传下来的史料有限，尤其是晚清、民国和“文革”时期的包装史料比较少，大部分一次性使用的包装盒没有完整保留下来，很多散落民间，造成研究资料欠缺完整性、丰富性和准确性。故包装资料和实物的搜集和鉴别是本课题研究和本书撰写过程中的一个难点。

广东省包装技术协会主办的刊物《广东包装》、中国包装进出口广东公司主办的杂志《包装&设计》等零散地纪录了一些现当代广东包装设计业发展的动态。改革开放以来各类包装设计年鉴以及众多中外包装设计作品集相继出版，但大多是一种停留在技术层面上的研究，没有上升到系统、深入的理论学术研究。因此，如何综合运用艺术学、历史学、考古学、图像学、文化人类学、民俗学、传播学多学科理论，将零散的包装资料结合时代背景、社会变化等进行系统的梳理、归纳、比较、分析和总结，透过表象看本质，既是研究的一个重点也是难点。

所幸在研究和书稿撰写过程中，得到诸多包装设计界的前辈、专家、学者和设计师的大力支持和帮助，并确定了以总结改革开放以来广东包装设计的历史经验为重点的写作思路。随着资料的丰富和研究的深入，20世纪广东商品包装的发展脉络开始慢慢浮于纸上，基本实现了最初的设想。然而完稿之余，仍觉得有很多不足，例如对经济和包装设计业较发达的广府地区的研究较多，对潮汕地区和客家地区的研究较少；注重以纵向的脉络梳理从晚清、民国、中华人民共和国成立、“文革”到改革开放几个历史阶段中广东包装设计的发展历程和演变特点，但与同时代的中国其他地区或世界其他国家的包装设计的横向比较不够；注重历史的客观记录，但运用跨学科理论进行综合论述的深度不足；囿于占有资料的局限性和篇幅所限，各个历史时期所有广东商品包装设计的种类和特点未能全面涵盖，而只是选取了较典型的史实案例来论述其发展历程和演变特点，在全面性、客观性以及研究的广度、深度方面有待提高。希望在日后的研究中能补充和完善本书的不足之处。也希望本书能起到抛砖引玉的作用，为中国包装设计史的研究和未来广东乃至我国包装设计业的发展尽一点绵薄之力。

在书稿即将付梓之际，特别感谢中国包装联合会设计专业委员会副主任、广东省包装技术协会设计专业委员会主任李向荣老师为本书审稿和作序，并提供了大量资料和宝贵建议，使书稿增色不少。感谢《包装&设计》主编黄励老师、蒋素霞老师提供的旧刊资料和诚恳意见。感谢广州美术学院刘达銮教授、郭湘黔教授，深圳大学龙兆曙教授，广东工业大学方海教授、胡飞教授、孙恩乐教授、黄华明教授、黄迅教授等的支持和帮助。感谢研究生胡晓燕、李雨馨、肖冠杰、杨海琼、裴媛媛、梅秉峰、张儒麟、邓小诗、祁乐、黄雪婷等同学参与资料搜集、整理和校稿工作。感谢中国建筑工业出版社的吴佳编辑细致的校稿和诚恳的建议，保证了书稿的完整性和严谨性。对本书中所有文献资料和图例的作者一并表示衷心的感谢。

最后，还望各位前辈及同道不吝赐教！